HOAI 2013
Praxisleitfaden für Ingenieure
und Architekten

Heinz Simmendinger

Ernst & Sohn
A Wiley Brand

BfB

Baurecht für Bauingenieure

HOAI 2013
Praxisleitfaden für Ingenieure und Architekten
inkl. Verordnungstext

Heinz Simmendinger

Dipl. Ing. (FH) Heinz Simmendinger
Sachverständiger für Architekten- und Ingenieurhonorare nach HOAI
Dorfwiesenstraße 15/1
70806 Kornwestheim
Fon: 07154/186170
Fax: 07154/186171
E-Mail: info@HOAI-Gutachter.de
Homepage: www.HOAI-Gutachter.de

Titelbild: Canada Square 16–19, London; Foto: Nicolas Janberg (www.structurae.de)

Bibliografische Information der Deutschen Nationalbibliothek
Die Deutsche Nationalbibliothek verzeichnet diese Publikation in der Deutschen Nationalbibliografie; detaillierte bibliografische Daten sind im Internet über www.//dnb.d-nb.de abrufbar.

Print-ISBN: 978-3-433-03085-1
E-PDF-ISBN: 978-3-433-60392-5
E-PUB-ISBN: 978-3-433-60390-1
E-MOBI-ISBN: 978-3-433-60391-8
O-BOOK-ISBN: 978-3-433-60389-5

© 2013 Ernst & Sohn
Verlag für Architektur und technische Wissenschaften GmbH & Co. KG, Berlin

Alle Rechte, insbesondere die der Übersetzung in andere Sprachen, vorbehalten. Kein Teil dieses Buches darf ohne schriftliche Genehmigung des Verlages in irgendeiner Form – durch Fotokopie, Mikrofilm oder irgendein anderes Verfahren – reproduziert oder in eine von Maschinen, insbesondere von Datenverarbeitungsmaschinen, verwendbare Sprache übertragen oder übersetzt werden.

All rights reserved (including this of translation into other languages). No part of this book may be reproduced in any form – by photoprint, microfilm, or any other means – nor transmitted or translated into a machine language without written permission from the publisher.

Die Wiedergabe von Warenbezeichnungen, Handelsnamen oder sonstigen Kennzeichen in diesem Buch berechtigt nicht zu der Annahme, dass diese von jedermann frei benutzt werden dürfen. Vielmehr kann es sich auch dann um eingetragene Warenzeichen oder sonstige gesetzlich geschützte Kennzeichen handeln, wenn sie nicht eigens als solche markiert sind.

Umschlaggestaltung: Sophie Bleifuß, Berlin
Satz: LVD, Berlin
Produktion: NEUNPLUS1 – Verlag + Service GmbH, Berlin

Printed in Germany.

Vorwort

Seit 17. 07. 2013 ist die neue HOAI 2013 in Kraft. Ingenieure und Architekten müssen sich nun schnellstmöglich auf die neue HOAI umstellen, um die zahlreichen Vorteile zu nutzen und die zumindest ebenso zahlreichen Risiken zu vermeiden. Denn selbst die Erhöhung der Tafelwerte um durchschnittlich 17 % bringt ihnen nicht automatisch eine Erhöhung des Honorars. Wer nicht aufpasst, hat anstelle von 17 % Honorarerhöhung schnell 20 % oder 30 % Honorarverlust. Eine schnelle und umfassende Einführung in die neue HOAI 2013 ist deshalb von großer Wichtigkeit für Ingenieure und Architekten.

Da die Flächenplanungen (Bauleitplanung und Landschaftsplanung) in der Praxis eine untergeordnete Bedeutung im Bereich des Ingenieurwesens besitzen, wurde der Teil 2 der HOAI in diesem Werk nicht berücksichtigt. Auf eine weitergehende Erläuterung der preisrechtlich nicht mehr verordneten Leistungen wurde ebenfalls verzichtet.

Die vorliegende Überarbeitung des Buches „HOAI 2009 – Praxisleitfaden für Ingenieure und Architekten" basiert auf den Erfahrungen der zahlreichen von mir durchgeführten erfolgreichen HOAI-Seminare und meiner langjährigen Berufserfahrung als Sachverständiger für die HOAI. Eingeflossen sind auch Erfahrungen aus meiner langjährigen Mitarbeit am renommierten HOAI-Kommentar von Locher/Koeble/Frik, der Arbeit in der Fachkommission Wasserwirtschaft und Fachkommission Sachverständige im AHO sowie meiner Tätigkeit als ehrenamtlicher Beisitzer der Vergabekammer Baden-Württemberg.

Das Buch ist als Einführung für den Praktiker konzipiert. Ich habe bewusst auf eine theoretische Abarbeitung der Paragrafen verzichtet. Vielmehr steht der praxisbezogene Ablauf, wie er auch den Ingenieuren und Architekten geläufig ist, im Vordergrund. Auch wichtige Urteile zur HOAI wurden einbezogen. Um den schnellen Bezug zu den Vorschriften der HOAI herzustellen, sind diese an den jeweiligen Stellen im Buch in Auszügen abgedruckt. Den vollständigen Text der Verordnung finden Sie am Ende des Buches.

Dipl. Ing, (FH) *Heinz Simmendinger*
Sachverständiger für Architekten-
und Ingenieurhonorare nach HOAI

Inhaltsverzeichnis

Vorwort	V
Synopse zur HOAI 2009 – HOAI 2013	X
Allgemeines zur HOAI	1
1. Der Architekten- und Ingenieurvertrag	1
2. Anwendungsbereich der HOAI	1
2.1 Sitz im Inland	1
2.2 Erfasste Leistungen	1
3. Die HOAI als verbindliches Preisrecht	2
3.1 Wirksame Honorarvereinbarung	3
3.1.1 Schriftform	3
3.1.2 Bei Auftragserteilung	3
3.1.3 Im Rahmen der Mindest- und Höchstsätze	4
3.2 Anrechenbare Kosten innerhalb der Tafelwerte	4
3.3 Ausnahmefälle für eine Unterschreitung der Mindestsätze	4
3.4 Ausnahmefälle für eine Überschreitung der Höchstsätze	5
3.5 Leistungen von Paketanbietern	5
4. Die HOAI als Leistungsbeschreibung	5
4.1 Erfolg der Leistungsphasen	5
4.2 Geschuldete Teilleistungen	6
5. Die unterschiedlichen Leistungsarten der HOAI	7
5.1 Planungs- und Beratungsleistungen	7
5.1.1 Planungsleistungen	7
5.1.2 Beratungsleistungen	7
5.2 Grundleistungen und Besondere Leistungen	8
5.2.1 Grundleistungen	8
5.2.2 Besondere Leistungen	8
5.2.3 Nicht von der HOAI erfasste Leistungen	8

Das Abrechnungssystem der HOAI ... 10

1. Anrechenbare Kosten ... 10
- 1.1 Ermittlung der anrechenbaren Kosten ... 10
- 1.2 Ortsübliche Preise ... 11
- 1.3 Bezugnahme auf die DIN 276 ... 12
    - 1.3.1 Voll anrechenbare Kosten ... 12
    - 1.3.2 Teilweise anrechenbare Kosten ... 13
    - 1.3.3 Bedingt anrechenbare Kosten ... 15
- 1.4 Maßgebliche Kostenermittlung ... 15
    - 1.4.1 Kostenberechnung ... 16
    - 1.4.2 Baukostenvereinbarung ... 16

2. Leistungsbild und Leistungsanteil ... 16

3. Honorarzone ... 18
- 3.1 Objekttrennung ... 18
- 3.2 Vorgehensweise bei der Ermittlung der Honorarzone ... 18
- 3.3 Objektlise ... 19
- 3.4 Überprüfung anhand der Bewertungsmerkmale ... 20
- 3.5 Punktebewertung bei unterschiedlichen Planungsanforderungen ... 20

4. Honorartafel ... 21

5. Bauen im Bestand ... 23
- 5.1 Zuschlag für Umbauten und Modernisierungen ... 23
- 5.2 Berücksichtigung der mitverarbeiteten Bausubstanz ... 23
- 5.3 Zuschlag für Instandhaltungen und Instandsetzungen ... 24
- 5.4 Honorarzone beim Bauen im Bestand ... 24

Besonderheiten ... 26

1. Auftrag für mehrere Gebäude ... 26
- 1.1 Ausnahme für mehrere vergleichbare Objekte nach Abs. 2 ... 26
- 1.2 Ausnahme für mehrere im Wesentlichen gleiche Objekte nach Abs. 3 ... 27
- 1.3 Ausnahme bei gleichen Objekten früherer Aufträge nach Abs. 4 ... 27

2. Planungsänderungen ... 27

3. Abrechnung von preisrechtlich nicht geregelten Leistungen	28
3.1 Leistungen der örtlichen Bauüberwachung	28
3.2 Leistungen der Verfahrens- und Prozesstechnik	29
4. Ermittlung von angemessenen Stundensätzen	30
5 Bonus-/Malusregelung	31
6. Nebenkosten	32
7. Vorzeitige Vertragsbeendigung	32
7.1 Kündigung aus wichtigem Grund	32
7.2 Kündigung ohne wichtigen Grund	33

Honorarschlussrechnung ... 34

1. Fälligkeitsvoraussetzungen	34
1.1 Abnahme der Leistung	34
1.2 Prüffähige Schlussrechnung	34
2. Bindung an die Schlussrechnung	35
3. Was tun, wenn die Zahlung ausbleibt?	35
4. Prozessfinanzierung	36

Praxisbeispiel mit prüfbarer Schlussrechnung ... 37

1. Honorarvereinbarung	37
2. Anrechenbare Kosten	37
2.1 Anrechenbare Kosten Objektplanung Ingenieurbauwerk	37
2.2 Anrechenbare Kosten Fachplanung Tragwerksplanung	38
2.3 Anrechenbare Kosten Fachplanung Technische Ausrüstung	39
2.4 Anrechenbare Kosten Objektplanung Freianlagen	40
3. Prüffähige Schlussrechnung	40

Arbeitshilfen ... 49

1. Teilleistungstabellen	49
Teilleistungstabelle Objektplanung Gebäude	50
Teilleistungstabelle Objektplanung Innenräume	54
Teilleistungstabelle Objektplanung Freianlagen	58
Teilleistungstabelle Objektplanung Ingenieurbauwerke	62
Teilleistungstabelle Objektplanung Verkehrsanlagen	66
Teilleistungstabelle Fachplanung Tragwerksplanung	70
Teilleistungstabelle Fachplanung Technische Ausrüstung	72
2. Anrechenbarkeit der Kostengruppen nach DIN 276	76
Anrechenbarkeit der Kostengruppen: Objektplanung Ingenieurbauwerke	77
Anrechenbarkeit der Kostengruppen: Tragwerksplanung Ingenieurbauwerke	78
Anrechenbarkeit der Kostengruppen: Technische Ausrüstung	79
Anrechenbarkeit der Kostengruppen: Objektplanung Gebäude	80

Anrechenbarkeit der Kostengruppen: Objektplanung Innenräume 81
Anrechenbarkeit der Kostengruppen für die Tragwerksplanung von Gebäuden. 82

Verordnungstext HOAI 2013. 83
Teil 1 Allgemeine Vorschriften 86
Teil 2 Flächenplanung 92
Teil 3 Objektplanung 103
Teil 4 Fachplanung 113
Teil 5 Übergangs- und Schlussvorschriften 118
Anlagen zum Verordnungstext 119
    Anlage 1 Beratungsleistungen 119
    Anlage 2 zu § 18 Absatz 2 139
    Anlage 3 zu § 19 Absatz 2 139
    Anlage 4 zu § 23 Absatz 2 140
    Anlage 5 zu § 24 Absatz 2 141
    Anlage 6 zu § 25 Absatz 2 142
    Anlage 7 zu § 26 Absatz 2 143
    Anlage 8 zu § 27 Absatz 2 144
    Anlage 9 zu §§ 18 Absatz 2, 19 Absatz 2, 23 Absatz 2, 24 Absatz 2, 25 Absatz 2,
                   26 Absatz 2, 27 Absatz 2 145
    Anlage 10 zu §§ 34 Absatz 1, 35 Absatz 6 147
    Anlage 11 zu §§ 39 Absatz 4, 40 Absatz 5 157
    Anlage 12 zu §§ 43 Absatz 5, 44 Absatz 5 164
    Anlage 13 zu §§ 47 Absatz 2, 48 Absatz 5 175
    Anlage 14 zu §§ 51 Absatz 6, 52 Absatz 2 182
    Anlage 15 zu §§ 55 Absatz 3, 56 Absatz 3 188

Synopse zur HOAI 2009 – HOAI 2013

Ausschuss der Verbände und Kammern
der Ingenieure und Architekten
für die Honorarordnung e.V.

Der AHO in Berlin erstellte mit viel Aufwand eine komplette Synopse zur HOAI, und stellte diese freundlicherweise zur Verfügung. Der Vergleich zeigt die wichtigsten Unterschiede zwischen HOAI 2009 und HOAI 2013. Für das Buch wurde die Synopse entsprechend den behandelten Leistungsbildern Objektplanung Gebäude und Innenräume, Freianlagen, Ingenieurbauwerke und Verkehrsanlagen sowie Fachplanungen Tragwerksplanung und Technische Ausrüstung gekürzt.

HOAI 2009	HOAI 2013
Teil 1 **Allgemeine Vorschriften**	**Teil 1** **Allgemeine Vorschriften**
§ 1 Anwendungsbereich	**§ 1 Anwendungsbereich**
Diese Verordnung regelt die Berechnung der Entgelte für die Leistungen der Architekten und Architektinnen und der Ingenieure und Ingenieurinnen (Auftragnehmer oder Auftragnehmerinnen) mit Sitz im Inland, soweit die **Leistungen** durch diese Verordnung erfasst und vom Inland aus erbracht werden.	Diese Verordnung regelt die Berechnung der Entgelte für die Grundleistungen der Architekten und Architektinnen und der Ingenieure und Ingenieurinnen (Auftragnehmer oder Auftragnehmerinnen) mit Sitz im Inland, soweit die **Grundleistungen** durch diese Verordnung erfasst und vom Inland aus erbracht werden.
§ 2 Begriffsbestimmungen	**§ 2 Begriffsbestimmungen**
Für diese Verordnung gelten folgende Begriffsbestimmungen: 1. „Objekte" sind Gebäude, raumbildende Ausbauten, Freianlagen, Ingenieurbauwerke, Verkehrsanlagen, Tragwerke und Anlagen der Technischen Ausrüstung; 2. „Gebäude" sind selbstständig benutzbare, überdeckte bauliche Anlagen, die von Menschen betreten werden können und geeignet oder bestimmt sind, dem Schutz von Menschen, Tieren oder Sachen zu dienen; 3. „Neubauten und Neuanlagen" sind Objekte, die neu errichtet oder neu hergestellt werden; 4. „Wiederaufbauten" sind **vormals zerstörte** Objekte, **die auf** vorhandenen Bau- oder Anlageteilen wiederhergestellt werden; sie gelten als Neubauten, sofern eine neue Planung erforderlich ist; 5. „Erweiterungsbauten" sind Ergänzungen eines vorhandenen Objekts; 6. „Umbauten" sind Umgestaltungen eines vorhandenen Objekts mit Eingriffen in Konstruktion oder Bestand;	(1) Objekte sind Gebäude, Innenräume, Freianlagen, Ingenieurbauwerke, Verkehrsanlagen. Objekte sind auch Tragwerke und Anlagen der Technischen Ausrüstung. (2) Neubauten und Neuanlagen sind Objekte, die neu errichtet oder neu hergestellt werden. (3) Wiederaufbauten sind **Objekte, bei denen die zerstörten Teile auf noch** vorhandenen Bau- oder Anlagenteilen wiederhergestellt werden. **Wiederaufbauten** gelten als Neubauten, sofern eine neue Planung erforderlich ist. (4) Erweiterungsbauten sind Ergänzungen eines vorhandenen Objekts. (5) Umbauten sind Umgestaltungen eines vorhandenen Objekts mit wesentlichen Eingriffen in Konstruktion oder Bestand.

HOAI 2009	HOAI 2013
7. „Modernisierungen" sind bauliche Maßnahmen zur nachhaltigen Erhöhung des Gebrauchswertes eines Objekts, soweit **sie** nicht unter die **Nummern 5, 6 oder Nummer 9** fallen;	(6) Modernisierungen sind bauliche Maßnahmen zur nachhaltigen Erhöhung des Gebrauchswertes eines Objekts, soweit **diese Maßnahmen** nicht unter **Absatz 4, 5 oder 8** fallen.
	(7) Mitzuverarbeitende Bausubstanz ist der Teil des zu planenden Objekts, der bereits durch Bauleistungen hergestellt ist und durch Planungs- oder Überwachungsleistungen technisch oder gestalterisch mitverarbeitet wird.
9. „Instandsetzungen" sind Maßnahmen zur Wiederherstellung des zum bestimmungsgemäßen Gebrauch geeigneten Zustandes (Soll-Zustandes) eines Objekts, soweit sie nicht unter **Nummer 4** fallen **oder durch Maßnahmen nach Nummer 7 verursacht sind**;	(8) Instandsetzungen sind Maßnahmen zur Wiederherstellung des zum bestimmungsgemäßen Gebrauch geeigneten Zustandes (Soll-Zustandes) eines Objekts, soweit diese Maßnahmen nicht unter **Absatz 3** fallen.
10. „Instandhaltungen" sind Maßnahmen zur Erhaltung des Soll-Zustandes eines Objekts;	(9) Instandhaltungen sind Maßnahmen zur Erhaltung des Soll-Zustandes eines Objekts.
12. **„fachlich allgemein anerkannte Regeln der Technik" sind schriftlich fixierte technische Festlegungen für Verfahren, die nach herrschender Auffassung der beteiligten Fachleute, Verbraucher und der öffentlichen Hand geeignet sind, die Ermittlung der anrechenbaren Kosten nach dieser Verordnung zu ermöglichen, und die sich in der Praxis allgemein bewährt haben oder deren Bewährung nach herrschender Auffassung in überschaubarer Zeit bevorsteht;**	
13. „Kostenschätzung" ist **eine** überschlägige Ermittlung der Kosten auf der Grundlage der Vorplanung; **sie** ist die vorläufige Grundlage für Finanzierungsüberlegungen; **ihr liegen** Vorplanungsergebnisse, Mengenschätzungen, erläuternde Angaben zu den planerischen Zusammenhängen, Vorgängen und Bedingungen sowie Angaben zum Baugrundstück und zur Erschließung **zugrunde**; wird die Kostenschätzung nach § 4 Absatz 1 Satz 3 auf der Grundlage der DIN 276, in der Fassung vom Dezember 2008 (DIN 276-1: 2008-12)*⁾ erstellt, müssen die Gesamtkosten nach Kostengruppen bis zur ersten Ebene der Kostengliederung ermittelt werden;	(10) Kostenschätzung ist **die** überschlägige Ermittlung der Kosten auf der Grundlage der Vorplanung. **Die Kostenschätzung** ist die vorläufige Grundlage für Finanzierungsüberlegungen. **Der Kostenschätzung liegen zugrunde:** 1. Vorplanungsergebnisse, 2. Mengenschätzungen, 3. erläuternde Angaben zu den planerischen Zusammenhängen, Vorgängen sowie Bedingungen und 4. Angaben zum Baugrundstück und zu dessen Erschließung. Wird die Kostenschätzung nach § 4 Absatz 1 Satz 3 auf der Grundlage der DIN 276 in der Fassung vom Dezember 2008 (DIN 276-1: 2008-12) erstellt, müssen die Gesamtkosten

HOAI 2009	HOAI 2013
	nach Kostengruppen mindestens bis zur ersten Ebene der Kostengliederung ermittelt werden.
14. „Kostenberechnung" ist **eine** Ermittlung der Kosten auf der Grundlage der Entwurfsplanung; **ihr liegen** durchgearbeitete Entwurfszeichnungen oder auch Detailzeichnungen wiederkehrender Raumgruppen, Mengenberechnungen und für die Berechnung und Beurteilung der Kosten relevante Erläuterungen **zugrunde**; wird **sie** nach § 4 Absatz 1 Satz 3 auf der Grundlage der DIN 276 erstellt, müssen die Gesamtkosten nach Kostengruppen bis zur zweiten Ebene der Kostengliederung ermittelt werden;	(11) Kostenberechnung ist **die** Ermittlung der Kosten auf der Grundlage der Entwurfsplanung. Der Kostenberechnung **liegen zugrunde**: 1. durchgearbeitete Entwurfszeichnungen oder Detailzeichnungen wiederkehrender Raumgruppen, 2. Mengenberechnungen und 3. für die Berechnung und Beurteilung der Kosten relevante Erläuterungen. Wird **die Kostenberechnung** nach § 4 Absatz 1 Satz 3 auf der Grundlage der DIN 276 erstellt, müssen die Gesamtkosten nach Kostengruppen **mindestens** bis zur zweiten Ebene der Kostengliederung ermittelt werden.
15. „Honorarzonen" stellen den Schwierigkeitsgrad eines Objektes oder einer Flächenplanung dar.	
§ 3 Leistungen und Leistungsbilder (1) Die Honorare für **Leistungen** sind in den Teilen 2 bis 4 dieser Verordnung verbindlich geregelt. Die Honorare für Beratungsleistungen sind in der Anlage 1 zu dieser Verordnung enthalten und nicht verbindlich geregelt. (2) **Leistungen**, die zur ordnungsgemäßen Erfüllung eines Auftrags im Allgemeinen erforderlich sind, sind in Leistungsbildern erfasst. **Andere Leistungen, die durch eine Änderung des Leistungsziels, des Leistungsumfangs, einer Änderung des Leistungsablaufs oder anderer Anordnungen des Auftraggebers erforderlich werden, sind von den Leistungsbildern nicht erfasst und gesondert frei zu vereinbaren und zu vergüten.** (3) **Besondere Leistungen sind in der Anlage 2 aufgeführt**, die Aufzählung ist nicht abschließend.	**§ 3 Leistungen und Leistungsbilder** (1) Die Honorare für **Grundleistungen der Flächen-, Objekt- und Fachplanung** sind in den Teilen 2 bis 4 dieser Verordnung verbindlich geregelt. Die Honorare für Beratungsleistungen der Anlage 1 sind nicht verbindlich geregelt. (2) **Grundleistungen**, die zur ordnungsgemäßen Erfüllung eines Auftrags im Allgemeinen erforderlich sind, sind in Leistungsbildern erfasst. **Die Leistungsbilder gliedern sich in Leistungsphasen gemäß den Regelungen in den Teilen 2 bis 4.** (3) Die Aufzählung **der Besonderen Leistungen in dieser Verordnung und in den Leistungsbildern ihrer Anlagen** ist nicht abschließend. **Die Besonderen Leistungen können auch für Leistungsbilder und Leistungsphasen, denen sie nicht zugeordnet**

HOAI 2009	HOAI 2013
Die Honorare für Besondere Leistungen können frei vereinbart werden. (4) Die Leistungsbilder nach dieser Verordnung gliedern sich in die folgenden Leistungsphasen 1 bis 9: 1. Grundlagenermittlung, 2. Vorplanung, 3. Entwurfsplanung, 4. Genehmigungsplanung, 5. Ausführungsplanung, 6. Vorbereitung der Vergabe, 7. Mitwirkung bei der Vergabe, 8. Objektüberwachung (Bauüberwachung oder Bauoberleitung), 9. Objektbetreuung und Dokumentation. (5) Die Tragwerksplanung umfasst nur die Leistungsphasen 1 bis 6. **(6)** Abweichend von Absatz 4 Satz 1 sind die Leistungsbilder des Teils 2 in bis zu fünf dort angegebenen Leistungsphasen zusammengefasst. Die Wirtschaftlichkeit der Leistung ist stets zu beachten. (7) Die Leistungsphasen in den Teilen 2 bis 4 dieser Verordnung werden in Prozentsätzen der Honorare bewertet. (8) Das Ergebnis jeder Leistungsphase ist mit dem Auftraggeber zu erörtern.	**sind**, vereinbart werden, **soweit sie dort keine Grundleistungen darstellen.** Die Honorare für Besondere Leistungen können frei vereinbart werden. **(4)** Die Wirtschaftlichkeit der Leistung ist stets zu beachten.
§ 4 Anrechenbare Kosten (1) Anrechenbare Kosten sind Teil der Kosten zur Herstellung, zum Umbau, zur Modernisierung, Instandhaltung oder Instandsetzung von Objekten sowie den damit zusammenhängenden Aufwendungen. Sie sind nach **fachlich** allgemein anerkannten Regeln der Technik oder nach Verwaltungsvorschriften (Kostenvorschriften) auf der Grundlage ortsüblicher Preise zu ermitteln. Wird in dieser Verordnung die DIN 276 in Bezug genommen, so ist diese in der Fassung vom Dezember 2008 (DIN 276-1:2008-12) bei der Ermittlung der anrechenbaren Kosten zugrunde zu legen. Die auf die Kosten von Objekten entfallende Umsatzsteuer ist nicht Bestandteil der anrechenbaren Kosten.	**§ 4 Anrechenbare Kosten** (1) Anrechenbare Kosten sind Teil der Kosten **für die** Herstellung, **den** Umbau, **die** Modernisierung, Instandhaltung oder Instandsetzung von Objekten sowie **für die** damit zusammenhängenden Aufwendungen. Sie sind nach allgemein anerkannten Regeln der Technik oder nach Verwaltungsvorschriften (Kostenvorschriften) auf der Grundlage ortsüblicher Preise zu ermitteln. Wird in dieser Verordnung **im Zusammenhang mit der Kostenermittlung** die DIN 276 in Bezug genommen, so ist die Fassung vom Dezember 2008 (DIN 276-1:2008-12) bei der Ermittlung der anrechenbaren Kosten zugrunde zu legen. **Umsatzsteuer, die auf die Kosten von Objekten entfällt**, ist nicht Bestandteil der anrechenbaren Kosten.

HOAI 2009	HOAI 2013
(2) Als anrechenbare Kosten gelten ortsübliche Preise, wenn der Auftraggeber 1. selbst Lieferungen oder Leistungen übernimmt, 2. von bauausführenden Unternehmen oder von Lieferanten sonst nicht übliche Vergünstigungen erhält, 3. Lieferungen oder Leistungen in Gegenrechnung ausführt oder 4. vorhandene oder vorbeschaffte Baustoffe oder Bauteile einbauen lässt.	(2) **Die anrechenbaren Kosten richten sich nach** den ortsüblichen Preisen, wenn der Auftraggeber 1. selbst Lieferungen oder Leistungen übernimmt, 2. von bauausführenden Unternehmen oder von Lieferanten sonst nicht übliche Vergünstigungen erhält, 3. Lieferungen oder Leistungen in Gegenrechnung ausführt oder 4. vorhandene oder vorbeschaffte Baustoffe oder Bauteile einbauen lässt. (3) **Der Umfang der mitzuverarbeitenden Bausubstanz im Sinne des § 2 Absatz 7 ist bei den anrechenbaren Kosten angemessen zu berücksichtigen. Umfang und Wert der mitzuverarbeitenden Bausubstanz sind zum Zeitpunkt der Kostenberechnung oder, sofern keine Kostenberechnung vorliegt, zum Zeitpunkt der Kostenschätzung objektbezogen zu ermitteln und schriftlich zu vereinbaren.**
§ 5 Honorarzonen (1) Die Objekt-, Bauleit- und Tragwerksplanung wird den folgenden Honorarzonen zugeordnet: 1. Honorarzone I: sehr geringe Planungsanforderungen, 2. Honorarzone II: geringe Planungsanforderungen, 3. Honorarzone III: durchschnittliche Planungsanforderungen, 4. Honorarzone IV: überdurchschnittliche Planungsanforderungen, 5. Honorarzone V: sehr hohe Planungsanforderungen. (2) **Abweichend von Absatz 1 werden Landschaftspläne** und die Planung der technischen Ausrüstung den folgenden Honorarzonen zugeordnet: 1. Honorarzone I: geringe Planungsanforderungen, 2. Honorarzone II: durchschnittliche Planungsanforderungen, 3. Honorarzone III: hohe Planungsanforderungen. (3) **Abweichend von den Absätzen 1 und 2 werden Grünordnungspläne und Land-**	**§ 5 Honorarzonen** (1) Die Objekt- und Tragwerksplanung wird den folgenden Honorarzonen zugeordnet: 1. Honorarzone I: sehr geringe Planungsanforderungen, 2. Honorarzone II: geringe Planungsanforderungen, 3. Honorarzone III: durchschnittliche Planungsanforderungen, 4. Honorarzone IV: **hohe** Planungsanforderungen, 5. Honorarzone V: sehr hohe Planungsanforderungen. (2) **Flächenplanungen** und die Planung der Technischen Ausrüstung werden den folgenden Honorarzonen zugeordnet: 1. Honorarzone I: geringe Planungsanforderungen, 2. Honorarzone II: durchschnittliche Planungsanforderungen, 3. Honorarzone III: hohe Planungsanforderungen.

HOAI 2009	HOAI 2013
schaftsrahmenpläne den folgenden Honorarzonen zugeordnet: 1. **Honorarzone I: durchschnittliche Planungsanforderungen,** 2. **Honorarzone II: hohe Planungsanforderungen.** (4) Die Honorarzonen sind anhand der Bewertungsmerkmale in den Honorarregelungen der jeweiligen Leistungsbilder der Teile 2 bis 4 zu ermitteln. Die Zurechnung zu den einzelnen Honorarzonen ist nach Maßgabe der Bewertungsmerkmale, gegebenenfalls der Bewertungspunkte und anhand der Regelbeispiele in den Objektlisten der Anlage 3 vorzunehmen.	(3) Die Honorarzonen sind anhand der Bewertungsmerkmale in den Honorarregelungen der jeweiligen Leistungsbilder der Teile 2 bis 4 zu ermitteln. Die Zurechnung zu den einzelnen Honorarzonen ist nach Maßgabe der Bewertungsmerkmale **und** gegebenenfalls der Bewertungspunkte **sowie unter Berücksichtigung** der Regelbeispiele in den Objektlisten **der Anlagen dieser Verordnung** vorzunehmen.
§ 6 Grundlagen des Honorars (1) Das Honorar für Leistungen nach dieser Verordnung richtet sich 1. für die Leistungsbilder **der Teile 3 und 4** nach den anrechenbaren Kosten des Objektes auf der Grundlage der Kostenberechnung oder, soweit diese nicht vorliegt, auf der Grundlage der Kostenschätzung **und für die Leistungsbilder des Teils 2, nach Flächengrößen oder Verrechnungseinheiten,** 2. nach dem Leistungsbild, 3. nach der Honorarzone, 4. nach der dazugehörigen Honorartafel, 5. bei Leistungen im Bestand zusätzlich nach den §§ 35 und 36.	**§ 6 Grundlagen des Honorars** (1) Das Honorar für **Grundleistungen** nach dieser Verordnung richtet sich 1. für die Leistungsbilder **des Teils 2 nach der Größe der Fläche und für die Leistungsbilder der Teile 3 und 4** nach den anrechenbaren Kosten des Objekts auf der Grundlage der Kostenberechnung oder, sofern **keine Kostenberechnung** vorliegt, auf der Grundlage der Kostenschätzung, 2. nach dem Leistungsbild, 3. nach der Honorarzone, 4. nach der dazugehörigen Honorartafel.
§ 35 (2): Honorare für Leistungen bei Umbauten und Modernisierungen **von Objekten im Sinne des § 2 Nummer 6 und 7** sind nach den anrechenbaren Kosten, der Honorarzone, den Leistungsphasen und der Honorartafel, die dem Umbau oder der Modernisierung sinngemäß zuzuordnen ist, zu ermitteln. § 35 (1): Für Leistungen bei Umbauten und Modernisierungen kann für Objekte ein Zuschlag bis zu 80 Prozent vereinbart werden.	(2) Honorare für Leistungen bei Umbauten und Modernisierungen gemäß **§ 2 Absatz 5 und Absatz 6** sind zu ermitteln nach 1. den anrechenbaren Kosten, 2. der Honorarzone, welcher der Umbau oder die Modernisierung in sinngemäßer Anwendung der Bewertungsmerkmale zuzuordnen ist, 3. den Leistungsphasen, 4. der Honorartafel **und** 5. **dem Umbau- oder Modernisierungszuschlag auf das Honorar.**

HOAI 2009	HOAI 2013
Sofern kein Zuschlag schriftlich vereinbart ist, fällt für Leistungen ab der Honorarzone II ein Zuschlag von 20 Prozent an.	**Der Umbau- oder Modernisierungszuschlag ist unter Berücksichtigung des Schwierigkeitsgrads der Leistungen schriftlich zu vereinbaren. Die Höhe des Zuschlags auf das Honorar ist in den jeweiligen Honorarregelungen der Leistungsbilder der Teile 3 und 4 geregelt. Sofern keine schriftliche Vereinbarung getroffen wurde, wird unwiderleglich vermutet, dass ein Zuschlag von 20 Prozent ab einem durchschnittlichen Schwierigkeitsgrad vereinbart ist.**
§ 6 (2): Wenn zum Zeitpunkt der Beauftragung noch keine Planungen als Voraussetzung für eine Kostenschätzung oder Kostenberechnung vorliegen, können die Vertragsparteien abweichend von Absatz 1 schriftlich vereinbaren, dass das Honorar auf der Grundlage der anrechenbaren Kosten einer Baukostenvereinbarung nach den Vorschriften dieser Verordnung berechnet wird. Dabei werden nachprüfbare Baukosten einvernehmlich festgelegt.	(3) Wenn zum Zeitpunkt der Beauftragung noch keine Planungen als Voraussetzung für eine Kostenschätzung oder Kostenberechnung vorliegen, können die Vertragsparteien abweichend von Absatz 1 schriftlich vereinbaren, dass das Honorar auf der Grundlage der anrechenbaren Kosten einer Baukostenvereinbarung nach den Vorschriften dieser Verordnung berechnet wird. Dabei werden nachprüfbare Baukosten einvernehmlich festgelegt.
§ 7 Honorarvereinbarung (1) Das Honorar richtet sich nach der schriftlichen Vereinbarung, die die Vertragsparteien bei Auftragserteilung im Rahmen der durch diese Verordnung festgesetzten Mindest- und Höchstsätze treffen. (2) Liegen die ermittelten anrechenbaren Kosten, **Werte oder Verrechnungseinheiten** außerhalb der **Tafelwerte** dieser Verordnung, sind die Honorare frei vereinbar. (3) Die in dieser Verordnung festgesetzten Mindestsätze können durch schriftliche Vereinbarung in Ausnahmefällen unterschritten werden. (4) Die in dieser Verordnung festgesetzten Höchstsätze dürfen nur bei außergewöhnlichen oder ungewöhnlich lange dauernden **Leistungen** durch schriftliche Vereinbarung überschritten werden. Dabei bleiben Umstände, soweit sie bereits für die Einordnung in Honorarzonen oder für die Einordnung in den Rahmen der Mindest- und Höchstsätze mitbestimmend gewesen sind, außer Betracht.	**§ 7 Honorarvereinbarung** (1) Das Honorar richtet sich nach der schriftlichen Vereinbarung, die die Vertragsparteien bei Auftragserteilung im Rahmen der durch diese Verordnung festgesetzten Mindest- und Höchstsätze treffen. (2) Liegen die ermittelten anrechenbaren Kosten **oder Flächen** außerhalb der **in den Honorartafeln** dieser Verordnung **festgelegten Honorarsätze**, sind die Honorare frei vereinbar. (3) Die in dieser Verordnung festgesetzten Mindestsätze können durch schriftliche Vereinbarung in Ausnahmefällen unterschritten werden. (4) Die in dieser Verordnung festgesetzten Höchstsätze dürfen nur bei außergewöhnlichen oder ungewöhnlich lange dauernden **Grundleistungen** durch schriftliche Vereinbarung überschritten werden. Dabei bleiben Umstände, soweit sie bereits für die Einordnung in **die** Honorarzonen oder für die Einordnung in den Rahmen der Mindest- und Höchstsätze mitbestimmend gewesen sind, außer Betracht.

HOAI 2009	HOAI 2013
(7) Sofern nicht bei Auftragserteilung etwas anderes schriftlich vereinbart worden ist, **gelten** die jeweiligen Mindestsätze gemäß Absatz 1 als vereinbart. Sofern keine Honorarvereinbarung nach Absatz 1 getroffen worden ist, sind die Leistungsphasen 1 und 2 bei der Flächenplanung mit den Mindestsätzen in Prozent des jeweiligen Honorars zu bewerten.	(5) Sofern nicht bei Auftragserteilung etwas anderes schriftlich vereinbart worden ist, **wird unwiderleglich vermutet, dass** die jeweiligen Mindestsätze gemäß Absatz 1 vereinbart **sind**.
(8) **Für Kostenunterschreitungen, die unter Ausschöpfung** technisch-wirtschaftlicher oder umweltverträglicher Lösungsmöglichkeiten zu einer wesentlichen Kostensenkung ohne Verminderung des vertraglich festgelegten Standards führen, kann ein Erfolgshonorar schriftlich vereinbart werden, das bis zu 20 Prozent des vereinbarten Honorars betragen kann. In Fällen des Überschreitens der einvernehmlich festgelegten anrechenbaren Kosten kann ein Malus-Honorar in Höhe von bis zu 5 Prozent des Honorars vereinbart werden.	(6) **Für Planungsleistungen, die** technisch-wirtschaftliche oder umweltverträgliche Lösungsmöglichkeiten **nutzen und** zu einer wesentlichen Kostensenkung ohne Verminderung des vertraglich festgelegten Standards führen, kann ein Erfolgshonorar schriftlich vereinbart werden. Das Erfolgshonorar kann bis zu 20 Prozent des vereinbarten Honorars betragen. **Für den Fall, dass schriftlich festgelegte anrechenbare** Kosten **überschritten werden**, kann ein Malus-Honorar in Höhe von bis zu 5 Prozent des Honorars schriftlich vereinbart werden.
§ 8 Berechnung des Honorars in besonderen Fällen	**§ 8 Berechnung des Honorars in besonderen Fällen**
(1) Werden nicht alle Leistungsphasen eines Leistungsbildes übertragen, so dürfen nur die für die übertragenen Phasen vorgesehenen Prozentsätze berechnet und vertraglich vereinbart werden.	(1) Werden **dem Auftragnehmer** nicht alle Leistungsphasen eines Leistungsbildes übertragen, so dürfen nur die für die übertragenen Phasen vorgesehenen Prozentsätze berechnet und vereinbart werden. Die Vereinbarung hat schriftlich zu erfolgen.
(2) Werden nicht alle **Leistungen** einer Leistungsphase übertragen, so darf für die übertragenen Leistungen nur ein Honorar berechnet und vereinbart werden, das dem Anteil der übertragenen Leistungen an der gesamten Leistungsphase entspricht. Das Gleiche gilt, wenn wesentliche Teile von Leistungen dem Auftragnehmer nicht übertragen werden.	(2) Werden **dem Auftragnehmer** nicht alle **Grundleistungen** einer Leistungsphase übertragen, so darf für die übertragenen Grundleistungen nur ein Honorar berechnet und vereinbart werden, das dem Anteil der übertragenen **Grundleistungen** an der gesamten Leistungsphase entspricht. **Die Vereinbarung hat schriftlich zu erfolgen. Entsprechend ist zu verfahren,** wenn **dem Auftragnehmer** wesentliche Teile von Grundleistungen nicht übertragen werden.
Ein zusätzlicher Koordinierungs- und Einarbeitungsaufwand ist zu berücksichtigen.	(3) **Die gesonderte Vergütung eines zusätzlichen Koordinierungs- oder Einarbeitungsaufwands ist schriftlich zu vereinbaren.**
§ 9 Berechnung des Honorars bei Beauftragung von Einzelleistungen	**§ 9 Berechnung des Honorars bei Beauftragung von Einzelleistungen**
(1) Wird **bei Bauleitplänen**, Gebäuden und **raumbildenden Ausbauten**, Freianlagen,	(1) Wird **die Vorplanung oder Entwurfsplanung bei** Gebäuden und **Innenräumen**,

HOAI 2009	HOAI 2013

Ingenieurbauwerken, Verkehrsanlagen und technischer Ausrüstung die Vorplanung oder Entwurfsplanung als Einzelleistung in Auftrag gegeben, können die entsprechenden Leistungsbewertungen der jeweiligen Leistungsphase
1. für die Vorplanung den Prozentsatz der Vorplanung **zuzüglich der Anteile bis zum Höchstsatz des Prozentsatzes der vorangegangenen Leistungsphase** und
2. für die Entwurfsplanung den Prozentsatz der Entwurfsplanung **zuzüglich der Anteile bis zum Höchstsatz des Prozentsatzes der vorangegangenen Leistungsphase betragen.**
(3) Wird die Vorläufige Planfassung bei Landschaftsplänen oder Grünordnungsplänen als Einzelleistung in Auftrag gegeben, können abweichend von den Leistungsbewertungen in Teil 2 Abschnitt 2 bis zu 60 Prozent für die Vorplanung vereinbart werden.
 	
(2) Wird bei Gebäuden oder der Technischen Ausrüstung die Objektüberwachung als Einzelleistung in Auftrag gegeben, können **die entsprechenden** Leistungsbewertungen der Objektüberwachung
1. für die Technische Ausrüstung den Prozentsatz der Objektüberwachung zuzüglich Anteile **bis zum Höchstsatz des Prozentsatzes der vorangegangenen Leistungsphase** betragen und
2. für Gebäude anstelle der Mindestsätze nach den §§ 33 und 34 folgende Prozentsätze der anrechenbaren Kosten nach § 32 berechnet werden:
   a) 2,3 Prozent bei Gebäuden der Honorarzone II,
   b) 2,5 Prozent bei Gebäuden der Honorarzone III,
   c) 2,7 Prozent bei Gebäuden der Honorarzone IV,
   d) 3,0 Prozent bei Gebäuden der Honorarzone V.
	Freianlagen, Ingenieurbauwerken, Verkehrsanlagen, der Tragwerksplanung und der Technischen Ausrüstung als Einzelleistung in Auftrag gegeben, können für die Leistungsbewertung der jeweiligen Leistungsphase
	1. für die Vorplanung **höchstens** der Prozentsatz der Vorplanung **und der Prozentsatz der Grundlagenermittlung herangezogen werden** und
	2. für die Entwurfsplanung **höchstens** der Prozentsatz der Entwurfsplanung und **der Prozentsatz der Vorplanung herangezogen werden. Die Vereinbarung hat schriftlich zu erfolgen.**
	(2) Zur Bauleitplanung ist Absatz 1 Satz 1 Nummer 2 für den Entwurf der öffentlichen Auslegung entsprechend anzuwenden. Bei der Landschaftsplanung ist Absatz 1 Satz 1 Nummer 1 für die vorläufige Fassung sowie Absatz 1 Satz 1 Nummer 2 für die abgestimmte Fassung entsprechend anzuwenden. Die Vereinbarung hat schriftlich zu erfolgen.
	(3) Wird die Objektüberwachung bei der Technischen Ausrüstung oder bei Gebäuden als Einzelleistung in Auftrag gegeben, können **für die** Leistungsbewertung der Objektüberwachung **höchstens der Prozentsatz** der Objektüberwachung **und die Prozentsätze der Grundlagenermittlung und Vorplanung herangezogen werden. Die Vereinbarung hat schriftlich zu erfolgen.**

HOAI 2009	HOAI 2013
§ 10 Mehrere Vorentwurfs- oder Entwurfsplanungen Werden auf Veranlassung des Auftraggebers mehrere Vorentwurfs- oder Entwurfsplanungen für dasselbe Objekt nach grundsätzlich verschiedenen Anforderungen gefertigt, so sind für die vollständige Vorentwurfs- oder Entwurfsplanung die vollen Prozentsätze dieser Leistungsphasen nach § 3 Absatz 4 vertraglich zu vereinbaren. Bei der Berechnung des Honorars für jede weitere Vorentwurfs- oder Entwurfsplanung sind die anteiligen Prozentsätze der entsprechenden Leistungen vertraglich zu vereinbaren.	
§ 7 (5): Ändert sich der beauftragte Leistungsumfang **auf Veranlassung des Auftraggebers** während der Laufzeit des Vertrages mit der Folge von Änderungen der anrechenbaren Kosten, **Werten oder Verrechnungseinheiten,** ist die dem Honorar zugrunde liegende **Vereinbarung** durch schriftliche Vereinbarung anzupassen.	**§ 10 Berechnung des Honorars bei vertraglichen Änderungen des Leistungsumfangs** (1) **Einigen sich Auftraggeber und Auftragnehmer** während der Laufzeit des Vertrages darauf, dass der Umfang der beauftragten Leistung geändert wird, und ändern sich dadurch die anrechenbaren Kosten **oder Flächen, so ist die Honorarberechnungsgrundlage für die Grundleistungen, die infolge des veränderten Leistungsumfangs zu erbringen sind,** durch schriftliche Vereinbarung anzupassen. (2) **Einigen sich Auftraggeber und Auftragnehmer über die Wiederholung von Grundleistungen, ohne dass sich dadurch die anrechenbaren Kosten oder Flächen ändern, ist das Honorar für diese Grundleistungen entsprechend ihrem Anteil an der jeweiligen Leistungsphase schriftlich zu vereinbaren.**
§ 11 Auftrag für mehrere Objekte (1) Umfasst ein Auftrag mehrere Objekte, so sind die Honorare vorbehaltlich der folgenden Absätze für jedes Objekt getrennt zu berechnen. **Dies gilt nicht für Objekte mit weitgehend vergleichbaren Objektbedingungen** derselben Honorarzone, die im zeitlichen und örtlichen Zusammenhang als Teil einer Gesamtmaßnahme geplant, **betrieben und genutzt werden.** Das Honorar ist dann nach der Summe der anrechenbaren Kosten zu berechnen.	**§ 11 Auftrag für mehrere Objekte** (1) Umfasst ein Auftrag mehrere Objekte, so sind die Honorare vorbehaltlich der folgenden Absätze für jedes Objekt getrennt zu berechnen.

HOAI 2009	HOAI 2013
(2) Umfasst ein Auftrag mehrere im Wesentlichen **gleichartige Objekte**, die im zeitlichen oder örtlichen Zusammenhang unter gleichen baulichen Verhältnissen geplant und errichtet werden sollen, oder Objekte nach Typenplanung oder Serienbauten, so sind für die erste bis vierte Wiederholung die Prozentsätze der **Leistungsphase 1 bis 7** um 50 Prozent, **von der** fünften bis siebten Wiederholung um 60 Prozent und ab der achten Wiederholung um 90 Prozent zu mindern. **(3)** Umfasst ein Auftrag Leistungen, die bereits Gegenstand eines anderen Auftrages zwischen den Vertragsparteien waren, so **findet Absatz 2** für die Prozentsätze der beauftragten Leistungsphasen in Bezug auf den neuen Auftrag auch dann Anwendung, wenn die Leistungen nicht im zeitlichen oder örtlichen Zusammenhang erbracht werden sollen. **(4)** Die Absätze 1 bis 3 gelten nicht bei der Flächenplanung. Soweit bei bauleitplanerischen Leistungen im Sinne der §§ 17 bis 21 die Festlegungen, Ergebnisse oder Erkenntnisse anderer Pläne, insbesondere die Bestandsaufnahme und Bewertungen von Landschaftsplänen und sonstigen Plänen herangezogen werden, ist das Honorar angemessen zu reduzieren; dies gilt auch, wenn mit der Aufstellung dieser Pläne andere Auftragnehmer betraut waren.	**(2)** Umfasst ein Auftrag mehrere **vergleichbare Gebäude, Ingenieurbauwerke, Verkehrsanlagen oder Tragwerke mit weitgehend gleichartigen Planungsbedingungen,** die derselben Honorarzone zuzuordnen sind und die im zeitlichen und örtlichen Zusammenhang als Teil einer Gesamtmaßnahme geplant **und errichtet werden sollen, ist das Honorar nach der Summe der anrechenbaren Kosten zu berechnen.** **(3)** Umfasst ein Auftrag mehrere im Wesentlichen gleiche **Gebäude, Ingenieurbauwerke, Verkehrsanlagen oder Tragwerke**, die im zeitlichen oder örtlichen Zusammenhang unter gleichen baulichen Verhältnissen geplant und errichtet werden sollen, oder **mehrere** Objekte nach Typenplanung oder Serienbauten, so sind die Prozentsätze der **Leistungsphasen 1 bis 6** für die erste bis vierte Wiederholung um 50 Prozent, **für die** fünfte bis siebte Wiederholung um 60 Prozent und ab der achten Wiederholung um 90 Prozent zu mindern. **(4)** Umfasst ein Auftrag **Grundleistungen**, die bereits Gegenstand eines anderen Auftrages **über ein gleiches Gebäude, Ingenieurbauwerk oder Tragwerk** zwischen den Vertragsparteien waren, so **ist Absatz 3** für die Prozentsätze der beauftragten Leistungsphasen in Bezug auf den neuen Auftrag auch dann **anzuwenden**, wenn die **Grundleistungen** nicht im zeitlichen oder örtlichen Zusammenhang erbracht werden sollen.
§ 36 Instandhaltungen und Instandsetzungen **(2)** Honorare für Leistungen bei Instandhaltungen und Instandsetzungen von Objekten sind nach den anrechenbaren Kosten, der Honorarzone, den Leistungsphasen und der Honorartafel, der die Instandhaltungs- und Instandsetzungsmaßnahme zuzuordnen ist, zu ermitteln. **(1)** Für Leistungen bei Instandhaltungen und Instandsetzungen von Objekten **kann vereinbart werden, den Prozentsatz für die Bau-**	**§ 12 Instandsetzungen und Instandhaltungen** **(1)** Honorare für **Grundleistungen** bei Instandsetzungen und Instandhaltungen von Objekten sind nach den anrechenbaren Kosten, der Honorarzone, den Leistungsphasen und der Honorartafel, der die Instandhaltungs- und Instandsetzungsmaßnahme zuzuordnen ist, zu ermitteln. **(2)** Für **Grundleistungen** bei Instandsetzungen und Instandhaltungen von Objekten kann **schriftlich** vereinbart werden, **dass der Prozentsatz**

HOAI 2009	HOAI 2013
überwachung um bis zu 50 Prozent zu erhöhen.	für die Objektüberwachung oder Bauoberleitung um bis zu 50 Prozent der Bewertung dieser Leistungsphase erhöht wird.
§ 13 Interpolation Die Mindest- und Höchstsätze für Zwischenstufen der in den Honorartafeln angegebenen anrechenbaren Kosten, **Werte und Verrechnungseinheiten** sind durch lineare Interpolation zu ermitteln.	**§ 13 Interpolation** Die Mindest- und Höchstsätze für Zwischenstufen der in den Honorartafeln angegebenen anrechenbaren Kosten **und Flächen** sind durch lineare Interpolation zu ermitteln.
§ 14 Nebenkosten (1) Die bei der Ausführung des Auftrags entstehenden Nebenkosten des Auftragnehmers können, soweit sie erforderlich sind, abzüglich der nach § 15 Absatz 1 des Umsatzsteuergesetzes abziehbaren Vorsteuern neben den Honoraren dieser Verordnung berechnet werden. Die Vertragsparteien können bei Auftragserteilung schriftlich vereinbaren, dass abweichend von Satz 1 eine Erstattung ganz oder teilweise ausgeschlossen ist. (2) Zu den Nebenkosten gehören insbesondere: 1. Versandkosten, Kosten für Datenübertragungen, 2. Kosten für Vervielfältigungen von Zeichnungen und schriftlichen Unterlagen sowie Anfertigung von Filmen und Fotos, 3. Kosten für ein Baustellenbüro einschließlich der Einrichtung, Beleuchtung und Beheizung, 4. Fahrtkosten für Reisen, die über einen Umkreis von 15 Kilometern um den Geschäftssitz des Auftragnehmers hinausgehen, in Höhe der steuerlich zulässigen Pauschalsätze, sofern nicht höhere Aufwendungen nachgewiesen werden, 5. Trennungsentschädigungen und Kosten für Familienheimfahrten nach den steuerlich zulässigen Pauschalsätzen, sofern nicht höhere Aufwendungen an Mitarbeiter oder Mitarbeiterinnen des Auftragnehmers auf Grund von tariflichen Vereinbarungen bezahlt werden,	**§ 14 Nebenkosten** (1) Der Auftragnehmer kann neben den Honoraren dieser Verordnung auch die für die Ausführung des Auftrags erforderlichen Nebenkosten in Rechnung stellen; ausgenommen sind die abziehbaren Vorsteuern gemäß § 15 Absatz 1 des Umsatzsteuergesetzes **in der Fassung der Bekanntmachung vom 21. Februar 2005 (BGBl. I S. 386), das zuletzt durch Artikel 2 des Gesetzes vom 8. Mai 2012 (BGBl. I S. 1030) geändert worden ist.** Die Vertragsparteien können bei Auftragserteilung schriftlich vereinbaren, dass abweichend von Satz 1 eine Erstattung ganz oder teilweise ausgeschlossen ist. (2) Zu den Nebenkosten gehören insbesondere: 1. Versandkosten, Kosten für Datenübertragungen, 2. Kosten für Vervielfältigungen von Zeichnungen und schriftlichen Unterlagen sowie für die Anfertigung von Filmen und Fotos, 3. Kosten für ein Baustellenbüro einschließlich der Einrichtung, Beleuchtung und Beheizung, 4. Fahrtkosten für Reisen, die über einen Umkreis von 15 Kilometern um den Geschäftssitz des Auftragnehmers hinausgehen, in Höhe der steuerlich zulässigen Pauschalsätze, sofern nicht höhere Aufwendungen nachgewiesen werden, 5. Trennungsentschädigungen und Kosten für Familienheimfahrten in Höhe der steuerlich zulässigen Pauschalsätze, sofern nicht höhere Aufwendungen an Mitarbeiter oder Mitarbeiterinnen des Auftragnehmers auf Grund von tariflichen Vereinbarungen bezahlt werden,

HOAI 2009	HOAI 2013
6. Entschädigungen für den sonstigen Aufwand bei längeren Reisen nach Nummer 4, sofern die Entschädigungen vor der Geschäftsreise schriftlich vereinbart worden sind, 7. Entgelte für nicht dem Auftragnehmer obliegende Leistungen, die von ihm im Einvernehmen mit dem Auftraggeber Dritten übertragen worden sind. (3) Nebenkosten können pauschal oder nach Einzelnachweis abgerechnet werden. Sie sind nach Einzelnachweis abzurechnen, sofern bei Auftragserteilung keine pauschale Abrechnung schriftlich vereinbart worden ist.	6. Entschädigungen für den sonstigen Aufwand bei längeren Reisen nach Nummer 4, sofern die Entschädigungen vor der Geschäftsreise schriftlich vereinbart worden sind, 7. Entgelte für nicht dem Auftragnehmer obliegende Leistungen, die von ihm im Einvernehmen mit dem Auftraggeber Dritten übertragen worden sind. (3) Nebenkosten können pauschal oder nach Einzelnachweis abgerechnet werden. Sie sind nach Einzelnachweis abzurechnen, sofern bei Auftragserteilung keine pauschale Abrechnung schriftlich vereinbart worden ist.
§ 15 Zahlungen (1) Das Honorar wird fällig, soweit nichts anderes vertraglich vereinbart ist, wenn die Leistung vertragsgemäß erbracht und eine prüffähige Honorarschlussrechnung überreicht worden ist. (2) Abschlagszahlungen können zu den vereinbarten Zeitpunkten oder in angemessenen zeitlichen Abständen für nachgewiesene Leistungen gefordert werden. (3) Die Nebenkosten sind auf Nachweis fällig, sofern bei Auftragserteilung nicht etwas anderes vereinbart worden ist. (4) Andere Zahlungsweisen können schriftlich vereinbart werden.	**§ 15 Zahlungen** (1) Das Honorar wird fällig, wenn die Leistung abgenommen und eine prüffähige Honorarschlussrechnung überreicht worden ist, es sei denn, es wurde etwas anderes schriftlich vereinbart. (2) Abschlagszahlungen können zu den schriftlich vereinbarten Zeitpunkten oder in angemessenen zeitlichen Abständen für nachgewiesene Grundleistungen gefordert werden. (3) Die Nebenkosten sind auf **Einzelnachweis oder bei pauschaler Abrechnung mit der Honorarrechnung fällig**. (4) Andere Zahlungsweisen können schriftlich vereinbart werden.
§ 16 Umsatzsteuer (1) Der Auftragnehmer hat Anspruch auf Ersatz der gesetzlich geschuldeten Umsatzsteuer für nach dieser Verordnung abrechenbare Leistungen, sofern nicht die Kleinunternehmerregelung nach § 19 des Umsatzsteuergesetzes angewendet wird. Satz 1 gilt auch hinsichtlich der um die nach § 15 des Umsatzsteuergesetzes abziehbare Vorsteuer gekürzten Nebenkosten, die nach § 14 dieser Verordnung weiterberechenbar sind. (2) Auslagen gehören nicht zum Entgelt für die Leistung des Auftragnehmers. Sie sind als durchlaufende Posten im umsatzsteuerrechtlichen Sinn einschließlich einer gegebenenfalls enthaltenen Umsatzsteuer weiter zu berechnen.	**§ 16 Umsatzsteuer** (1) Der Auftragnehmer hat Anspruch auf Ersatz der gesetzlich geschuldeten Umsatzsteuer für nach dieser Verordnung abrechenbare Leistungen, sofern nicht die Kleinunternehmerregelung nach § 19 des Umsatzsteuergesetzes angewendet wird. Satz 1 **ist** auch hinsichtlich der um die nach § 15 des Umsatzsteuergesetzes abziehbaren Vorsteuer gekürzten Nebenkosten **anzuwenden**, die **nach § 14** dieser Verordnung weiterberechenbar sind. (2) Auslagen gehören nicht zum Entgelt für die Leistung des Auftragnehmers. Sie sind als durchlaufende Posten im umsatzsteuerrechtlichen Sinn einschließlich einer gegebenenfalls enthaltenen Umsatzsteuer weiter zu berechnen.

HOAI 2009	HOAI 2013
Teil 3 Objektplanung	**Teil 3 Objektplanung**
Abschnitt 1 Gebäude und raumbildende Ausbauten	**Abschnitt 1 Gebäude und Innenräume**
§ 32 Besondere Grundlagen des Honorars (1) Anrechenbar sind für **Leistungen** bei Gebäuden und **raumbildenden Ausbauten** die Kosten der Baukonstruktion. (2) Anrechenbar für **Leistungen** bei Gebäuden und **raumbildenden Ausbauten** sind auch die Kosten für Technische Anlagen, die der Auftragnehmer nicht fachlich plant oder deren Ausführung er nicht fachlich überwacht, 1. vollständig bis zu 25 Prozent der sonstigen anrechenbaren Kosten und 2. zur Hälfte mit dem 25 Prozent der sonstigen anrechenbaren Kosten übersteigenden Betrag. (3) Nicht anrechenbar sind insbesondere die Kosten für das Herrichten, die nicht öffentliche Erschließung sowie Leistungen für Ausstattung und Kunstwerke, soweit der Auftragnehmer sie nicht plant, bei der Beschaffung mitwirkt oder ihre Ausführung oder ihren Einbau fachlich überwacht.	**§ 33 Besondere Grundlagen des Honorars** (1) Für **Grundleistungen** bei Gebäuden und **Innenräumen** sind die Kosten der Baukonstruktion anrechenbar. (2) Für **Grundleistungen** bei Gebäuden und **Innenräumen** sind auch die Kosten für Technische Anlagen, die der Auftragnehmer nicht fachlich plant oder deren Ausführung er nicht fachlich überwacht, 1. vollständig anrechenbar bis zu einem Betrag von 25 Prozent der sonstigen anrechenbaren Kosten und 2. zur Hälfte anrechenbar mit dem Betrag, der 25 Prozent der sonstigen anrechenbaren Kosten übersteigt. (3) Nicht anrechenbar sind insbesondere die Kosten für das Herrichten, für die nichtöffentliche Erschließung sowie für Leistungen zur Ausstattung und zu Kunstwerken, soweit der Auftragnehmer die Leistungen weder plant noch bei der Beschaffung mitwirkt oder ihre Ausführung oder ihren Einbau fachlich überwacht.
§ 33 Leistungsbild Gebäude und raumbildende Ausbauten Das Leistungsbild Gebäude und **raumbildende Ausbauten** umfasst Leistungen für Neubauten, Neuanlagen, Wiederaufbauten, Erweiterungsbauten, Umbauten, Modernisierungen, **raumbildende Ausbauten**, Instandhaltungen und Instandsetzungen. – § 2 Nr. 8. „raumbildende Ausbauten" sind die **innere** Gestaltung oder Erstellung von Innenräumen ohne wesentliche Eingriffe in Bestand oder Konstruktion; sie können im Zusammenhang mit Leistungen nach den Nummern 3 bis 7 anfallen; – (§ 33 S. 2) Die Leistungen sind in neun Leistungsphasen zusammengefasst und werden wie folgt in Prozentsätzen der Honorare des **§ 34** bewertet:	**§ 34 Leistungsbild Gebäude und Innenräume** (1) Das Leistungsbild Gebäude und **Innenräume** umfasst Leistungen für Neubauten, Neuanlagen, Wiederaufbauten, Erweiterungsbauten, Umbauten, Modernisierungen, Instandsetzungen und Instandhaltungen. (2) **Leistungen für Innenräume** sind die Gestaltung oder Erstellung von Innenräumen ohne wesentliche Eingriffe in Bestand oder Konstruktion. (3) Die Grundleistungen sind in neun Leistungsphasen unterteilt und werden wie folgt in Prozentsätzen der Honorare des § 35 bewertet:

Synopse zur HOAI 2009 – HOAI 2013

HOAI 2009	HOAI 2013
1. für die Leistungsphase 1 (Grundlagenermittlung) mit je **3 Prozent** bei Gebäuden und raumbildenden Ausbauten, 2. für die Leistungsphase 2 (Vorplanung) mit je 7 Prozent bei Gebäuden und raumbildenden Ausbauten, 3. für die Leistungsphase 3 (Entwurfsplanung) mit **11 Prozent bei Gebäuden und 14 Prozent bei raumbildenden Ausbauten**, 4. für die Leistungsphase 4 (Genehmigungsplanung) mit **6 Prozent bei Gebäuden** und 2 Prozent bei raumbildenden Ausbauten, 5. für die Leistungsphase 5 (Ausführungsplanung) mit 25 Prozent bei Gebäuden und 30 Prozent bei raumbildenden Ausbauten, 6. für die Leistungsphase 6 (Vorbereitung der Vergabe) mit 10 Prozent bei Gebäuden und 7 Prozent bei raumbildenden Ausbauten, 7. für die Leistungsphase 7 (Mitwirkung bei der Vergabe) mit 4 Prozent bei Gebäuden und 3 Prozent bei raumbildenden Ausbauten, 8. für die Leistungsphase 8 (Objektüberwachung – Bauüberwachung –) mit je **31 Prozent bei Gebäuden und raumbildenden Ausbauten**, 9. für die Leistungsphase 9 (Objektbetreuung und Dokumentation) mit je **3 Prozent bei Gebäuden und raumbildenden Ausbauten**. Die **einzelnen Leistungen** jeder Leistungsphase sind in **Anlage 11** geregelt.	1. für die Leistungsphase 1 (Grundlagenermittlung) mit je **2 Prozent** für Gebäude und **Innenräume**, 2. für die Leistungsphase 2 (Vorplanung) mit je 7 Prozent für Gebäude und Innenräume, 3. für die Leistungsphase 3 (Entwurfsplanung) mit **15 Prozent für Gebäude und Innenräume**, 4. für die Leistungsphase 4 (Genehmigungsplanung) mit **3 Prozent für Gebäude** und 2 Prozent für **Innenräume**, 5. für die Leistungsphase 5 (Ausführungsplanung) mit 25 Prozent für Gebäude und 30 Prozent für **Innenräume**, 6. für die Leistungsphase 6 (Vorbereitung der Vergabe) mit 10 Prozent für Gebäude und 7 Prozent für **Innenräume**, 7. für die Leistungsphase 7 (Mitwirkung bei der Vergabe) mit 4 Prozent für Gebäude und 3 Prozent für **Innenräume**, 8. für die Leistungsphase 8 (Objektüberwachung – Bauüberwachung **und Dokumentation**) mit **32 Prozent für Gebäude und Innenräume**, 9. für die Leistungsphase 9 (Objektbetreuung) mit je **2 Prozent für Gebäude und Innenräume**. (4) **Anlage 10 Nummer 10.1** regelt die **Grundleistungen** jeder Leistungsphase **und enthält Beispiele für Besondere Leistungen**.
§ 34 Honorare für Leistungen bei Gebäuden und raumbildenden Ausbauten (1) Die Mindest- und Höchstsätze der Honorare für die in § 33 aufgeführten Leistungen bei Gebäuden und raumbildenden Ausbauten sind in der folgenden Honorartafel festgesetzt: **Honorartafel zu § 34 Absatz 1** – Gebäude und raumbildende Ausbauten – nicht abgedruckt –	**§ 35 Honorare für Grundleistungen bei Gebäuden und Innenräumen** (1) Die Mindest- und Höchstsätze der Honorare für die in **§ 34 und der Anlage 10, Nummer 10.1,** aufgeführten Grundleistungen für Gebäude und Innenräume sind in der folgenden Honorartafel festgesetzt: **Honorartafel zu § 35 Absatz 1** – nicht abgedruckt –

HOAI 2009	HOAI 2013
(2) Die Zuordnung zu den Honorarzonen für Leistungen bei Gebäuden wird anhand folgender Bewertungsmerkmale ermittelt: 1. Anforderungen an die Einbindung in die Umgebung, 2. Anzahl der Funktionsbereiche, 3. gestalterische Anforderungen, 4. konstruktive Anforderungen, 5. technische Ausrüstung, 6. Ausbau. (3) Die Zuordnung zu den Honorarzonen für Leistungen bei raumbildenden Ausbauten wird anhand folgender Bewertungsmerkmale ermittelt: 1. **Funktionsbereich**, 2. Anforderungen an die Lichtgestaltung, 3. Anforderungen an die Raum-Zuordnung und Raum-Proportion, 4. Technische Ausrüstung, 5. Farb- und Materialgestaltung, 6. konstruktive Detailgestaltung. (4) Sind für ein Gebäude **oder einen raumbildenden Ausbau** Bewertungsmerkmale aus mehreren Honorarzonen anwendbar und bestehen deswegen Zweifel, welcher Honorarzone das Gebäude oder der **raumbildende Ausbau** zugeordnet werden kann, so ist die Anzahl der Bewertungspunkte **nach Absatz 5** zu ermitteln; (...) (5) Bei der Zuordnung zu den Honorarzonen sind entsprechend dem Schwierigkeitsgrad der Planungsanforderungen die Bewertungsmerkmale für Gebäude nach Absatz 2 Nummern 1, 4 bis 6 mit je bis zu 6 Punkten, die Bewertungsmerkmale nach Absatz 2 Nummern 2 und 3 mit je bis zu 9 Punkten**,** **für raumbildende Ausbauten** **nach** Absatz 3 Nummern 1 bis 4 mit je bis zu 6 Punkten, die Bewertungsmerkmale nach Absatz 3 Nummern 5 und 6 mit je bis zu 9 Punkten **zu bewerten**.	(2) **Welchen Honorarzonen die Grundleistungen für Gebäude zugeordnet werden, richtet sich nach** folgenden Bewertungsmerkmalen: 1. Anforderungen an die Einbindung in die Umgebung, 2. Anzahl der Funktionsbereiche, 3. gestalterische Anforderungen, 4. konstruktive Anforderungen, 5. technische Ausrüstung, 6. Ausbau. (3) Welchen Honorarzonen die Grundleistungen für Innenräume zugeordnet werden, richtet sich nach folgenden Bewertungsmerkmalen: 1. **Anzahl der Funktionsbereiche**, 2. Anforderungen an die Lichtgestaltung, 3. Anforderungen an die Raum-Zuordnung und Raum-Proportion, 4. technische Ausrüstung, 5. Farb- und Materialgestaltung, 6. konstruktive Detailgestaltung. (4) Sind für ein Gebäude Bewertungsmerkmale aus mehreren Honorarzonen anwendbar und bestehen deswegen Zweifel, welcher Honorarzone das Gebäude oder der **Innenraum** zugeordnet werden kann, so ist **zunächst** die Anzahl der Bewertungspunkte zu ermitteln. **Zur Ermittlung der Bewertungspunkte werden die Bewertungsmerkmale wie folgt gewichtet:** **1.** die Bewertungsmerkmale gemäß Absatz 2 Nummer 1, 4 bis 6 mit je bis zu 6 Punkten und **2.** die Bewertungsmerkmale gemäß Absatz 2 Nummer 2 und 3 mit je bis zu 9 Punkten. (5) **Sind für Innenräume Bewertungsmerkmale aus mehreren Honorarzonen anwendbar und bestehen deswegen Zweifel, welcher Honorarzone das Gebäude oder der Innenraum zugeordnet werden kann, so ist zunächst die Anzahl der Bewertungspunkte zu ermitteln.** Zur Ermittlung der Bewertungspunkte werden die Bewertungsmerkmale **wie folgt gewichtet**: 1. die Bewertungsmerkmale **gemäß** Absatz 3 Nummer 1 bis 4 mit je bis zu 6 Punkten und

HOAI 2009	HOAI 2013
(§ 34 Abs. 4, 2. Hs.) (…); das Gebäude oder der raumbildende Ausbau ist **nach der Summe der Bewertungspunkte** folgenden Honorarzonen zuzuordnen: 1. Honorarzone I: Gebäude bzw. der raumbildende Ausbau mit bis zu 10 Punkten 2. Honorarzone II: Gebäude bzw. der raumbildende Ausbau mit 11 bis 18 Punkten 3. Honorarzone III: Gebäude bzw. der raumbildende Ausbau mit 19 bis 26 Punkten 4. Honorarzone IV: Gebäude bzw. der raumbildende Ausbau mit 27 bis 34 Punkten 5. Honorarzone V: Gebäude bzw. der raumbildende Ausbau mit 35 bis 42 Punkten	2. die Bewertungsmerkmale **gemäß** Absatz 3 Nummer 5 und 6 mit je bis zu 9 Punkten. **(6)** Das Gebäude oder der **Innenraum** ist **anhand der nach Absatz 5 ermittelten Bewertungspunkte** einer der Honorarzonen zuzuordnen: 1. Honorarzone I: bis zu 10 Punkte, 2. Honorarzone II: 11 bis 18 Punkte, 3. Honorarzone III: 19 bis 26 Punkte, 4. Honorarzone IV: 27 bis 34 Punkte, 5. Honorarzone V: 35 bis 42 Punkte. **(7)** Für die Zuordnung zu den Honorarzonen ist die Objektliste der Anlage 10, Nummer 10.2 und Nummer 10.3, zu berücksichtigen.
	§ 36 Umbauten und Modernisierungen von Gebäuden und Innenräumen **(1)** Für Umbauten und Modernisierungen von Gebäuden kann bei einem durchschnittlichen Schwierigkeitsgrad ein Zuschlag gemäß § 6 Absatz 2 Satz 3 bis 33 Prozent auf das ermittelte Honorar schriftlich vereinbart werden. **(2)** Für Umbauten und Modernisierungen von Innenräumen in Gebäuden kann bei einem durchschnittlichen Schwierigkeitsgrad ein Zuschlag gemäß § 6 Absatz 2 Satz 3 bis 50 Prozent auf das ermittelte Honorar schriftlich vereinbart werden.
§ 32 Besondere Grundlagen des Honorars **(4)** § 11 Absatz 1 **gilt nicht**, wenn die getrennte Berechnung weniger als 7500 Euro anrechenbare Kosten **der Freianlagen zum Gegenstand hätte. Absatz 3 ist insoweit nicht anzuwenden.**	**§ 37 Aufträge für Gebäude und Freianlagen oder für Gebäude und Innenräume** **(1)** § 11 Absatz 1 **ist nicht anzuwenden**, wenn die getrennte Berechnung **der Honorare für Freianlagen** weniger als 7500 Euro anrechenbare Kosten **ergeben würde**. **(2)** Werden Grundleistungen für Innenräume in Gebäuden, die neu gebaut, wiederaufgebaut, erweitert oder umgebaut werden, einem Auftragnehmer übertragen, dem auch Grundleistungen für dieses Gebäude nach § 34 übertragen werden, so sind die Grundleistungen für Innenräume

HOAI 2009	HOAI 2013
	im Rahmen der festgesetzten Mindest- und Höchstsätze bei der Vereinbarung des Honorars für die Grundleistungen am Gebäude zu berücksichtigen. Ein gesondertes Honorar nach § 11 Absatz 1 darf für die Grundleistungen für Innenräume nicht berechnet werden.
Abschnitt 2 **Freianlagen**	**Abschnitt 2** **Freianlagen**
§ 37 Besondere Grundlagen des Honorars	**§ 38 Besondere Grundlagen des Honorars**
(1) Zu den anrechenbaren Kosten für Leistungen bei Freianlagen rechnen neben den Kosten für Außenanlagen auch die Kosten für folgende Bauwerke und Anlagen, soweit sie der Auftragnehmer plant und überwacht: 1. Einzelgewässer mit überwiegend ökologischen und landschaftsgestalterischen Elementen, 2. Teiche ohne Dämme, 3. flächenhafter Erdbau zur Geländegestaltung, 4. einfache Durchlässe und Uferbefestigungen als Mittel zur Geländegestaltung, soweit keine Leistungen nach Teil 4 erforderlich sind, 5. Lärmschutzwälle als Mittel zur Geländegestaltung, 6. Stützbauwerke und Geländeabstützungen ohne Verkehrsbelastung als Mittel zur Geländegestaltung, soweit keine **Leistungen nach Teil 4** erforderlich sind, 7. Stege und Brücken, soweit keine **Leistungen nach Teil 4** erforderlich sind, 8. Wege ohne Eignung für den regelmäßigen Fahrverkehr mit einfachen Entwässerungsverhältnissen sowie andere Wege und befestigte Flächen, die als Gestaltungselement der Freianlagen geplant werden und für die **Leistungen nach Teil 3** nicht erforderlich sind. (2) Nicht anrechenbar sind die Kosten für **Leistungen** bei Freianlagen für: 1. das Gebäude sowie die in **§ 32** Absatz 3 genannten Kosten und	(1) **Für Grundleistungen** bei Freianlagen **sind die** Kosten für Außenanlagen **anrechenbar, insbesondere** für folgende Bauwerke und Anlagen, soweit diese durch den Auftragnehmer geplant oder überwacht **werden**: 1. Einzelgewässer mit überwiegend ökologischen und landschaftsgestalterischen Elementen, 2. Teiche ohne Dämme, 3. flächenhafter Erdbau zur Geländegestaltung, 4. einfache Durchlässe und Uferbefestigungen als Mittel zur Geländegestaltung, soweit keine **Grundleistungen** nach Teil 4 **Abschnitt 1** erforderlich sind, 5. Lärmschutzwälle als Mittel zur Geländegestaltung, 6. Stützbauwerke und Geländeabstützungen ohne Verkehrsbelastung als Mittel zur Geländegestaltung, soweit keine **Tragwerke mit durchschnittlichem Schwierigkeitsgrad** erforderlich sind, 7. Stege und Brücken, soweit keine **Grundleistungen nach Teil 4 Abschnitt 1** erforderlich sind, 8. Wege ohne Eignung für den regelmäßigen Fahrverkehr mit einfachen Entwässerungsverhältnissen sowie andere Wege und befestigte Flächen, die als Gestaltungselement der Freianlagen geplant werden und für die keine **Grundleistungen nach Teil 3 Abschnitt 3 und 4** erforderlich sind. (2) Nicht anrechenbar sind für **Grundleistungen** bei Freianlagen die Kosten für 1. das Gebäude sowie die in **§ 33** Absatz 3 genannten Kosten und

HOAI 2009	HOAI 2013
2. den Unter- und Oberbau von Fußgängerbereichen, ausgenommen die Kosten für die Oberflächenbefestigung. (3) § 11 Absatz 1 gilt nicht, wenn die getrennte Berechnung 7500 Euro anrechenbare Kosten der Gebäude unterschreitet. Absatz 2 ist insoweit nicht anzuwenden.	2. den Unter- und Oberbau von Fußgängerbereichen, ausgenommen die Kosten für die Oberflächenbefestigung.
§ 2 Nr. 11. „Freianlagen" sind planerisch gestaltete Freiflächen und Freiräume sowie entsprechend gestaltete Anlagen in Verbindung mit Bauwerken oder in Bauwerken; § 38 Leistungsbild Freianlagen (1) § 33 Absatz 1 Satz 1 gilt **mit Ausnahme der Ausführungen zu den raumbildenden Ausbauten** entsprechend. Die **Leistungen** bei Freianlagen sind in neun Leistungsphasen zusammengefasst und werden wie folgt in Prozentsätzen der Honorare des **§ 39** bewertet: 1. für die Leistungsphase 1 (Grundlagenermittlung) mit 3 Prozent, 2. für die Leistungsphase 2 (Vorplanung) mit 10 Prozent, 3. für die Leistungsphase 3 (Entwurfsplanung) mit **15** Prozent, 4. für die Leistungsphase 4 (Genehmigungsplanung) mit **6** Prozent, 5. für die Leistungsphase 5 (Ausführungsplanung) mit **24** Prozent, 6. für die Leistungsphase 6 (Vorbereitung der Vergabe) mit 7 Prozent, 7. für die Leistungsphase 7 (Mitwirkung bei der Vergabe) mit 3 Prozent, 8. für die Leistungsphase 8 (Objektüberwachung – Bauüberwachung) mit **29** Prozent und 9. für die Leistungsphase 9 (Objektbetreuung **und Dokumentation**) mit **3** Prozent. (2) **Die einzelnen Leistungen** jeder Leistungsphase **sind in** Anlage 11 **geregelt**.	§ 39 Leistungsbild Freianlagen (1) Freianlagen sind planerisch gestaltete Freiflächen und Freiräume sowie entsprechend gestaltete Anlagen in Verbindung mit Bauwerken oder in Bauwerken **und landschaftspflegerische Freianlagenplanungen in Verbindung mit Objekten.** (2) § 34 Absatz 1 gilt entsprechend. (3) Die **Grundleistungen** bei Freianlagen sind in neun Leistungsphasen unterteilt und werden wie folgt in Prozentsätzen der Honorare des **§ 40** bewertet: 1. für die Leistungsphase 1 (Grundlagenermittlung) mit 3 Prozent, 2. für die Leistungsphase 2 (Vorplanung) mit 10 Prozent, 3. für die Leistungsphase 3 (Entwurfsplanung) mit **16** Prozent, 4. für die Leistungsphase 4 (Genehmigungsplanung) mit **4** Prozent, 5. für die Leistungsphase 5 (Ausführungsplanung) mit **25** Prozent, 6. für die Leistungsphase 6 (Vorbereitung der Vergabe) mit 7 Prozent, 7. für die Leistungsphase 7 (Mitwirkung bei der Vergabe) mit 3 Prozent, 8. für die Leistungsphase 8 (Objektüberwachung – Bauüberwachung und Dokumentation) mit **30** Prozent und 9. für die Leistungsphase 9 (Objektbetreuung) mit **2** Prozent. (4) Anlage 11 **Nummer 11.1 regelt die Grundleistungen** jeder Leistungsphase **und enthält Beispiele für Besondere Leistungen.**
§ 39 Honorare für Leistungen bei Freianlagen (1) Die Mindest- und Höchstsätze der Honorare für die in § 38 aufgeführten Leistungen bei	§ 40 Honorare für Grundleistungen bei Freianlagen (1) Die Mindest- und Höchstsätze der Honorare für die in **§ 39 und der Anlage 11 Num-**

HOAI 2009	HOAI 2013
Freianlagen sind in der folgenden Honorartafel festgesetzt:	mer 11.1 aufgeführten Grundleistungen für Freianlagen sind in der folgenden Honorartafel festgesetzt:
Honorartafel zu § 39 Absatz 1 – **Freianlagen – nicht abgedruckt –**	**Honorartafel** zu § 40 Absatz 1 – **Freianlagen – nicht abgedruckt –**
(2) Die Zuordnung zu den Honorarzonen wird anhand folgender Bewertungsmerkmale **für die planerischen Anforderungen ermittelt**: 1. Anforderungen an die Einbindung in die Umgebung, 2. Anforderungen an Schutz, Pflege und Entwicklung von Natur und Landschaft, 3. Anzahl der Funktionsbereiche, 4. gestalterische Anforderungen, 5. Ver- und Entsorgungseinrichtungen. (3) Sind für eine Freianlage Bewertungsmerkmale aus mehreren Honorarzonen anwendbar und bestehen deswegen Zweifel, welcher Honorarzone die Freianlage zugeordnet werden kann, so ist die Anzahl der Bewertungspunkte **nach Absatz 4** zu ermitteln; (…). **(4) Bei der Zuordnung einer Freianlage zu einer Honorarzone sind entsprechend dem Schwierigkeitsgrad der Planungsanforderungen** die Bewertungsmerkmale nach Absatz 2 Nummer 1, 2 und 4 mit je bis zu 8 Punkten, die Bewertungsmerkmale nach Absatz 2 Nummer 3 und 5 mit je bis zu 6 Punkten zu bewerten.	(2) Welchen Honorarzonen **die Grundleistungen** zugeordnet werden, **richtet** sich nach folgenden Bewertungsmerkmalen: 1. Anforderungen an die Einbindung in die Umgebung, 2. Anforderungen an Schutz, Pflege und Entwicklung von Natur und Landschaft, 3. Anzahl der Funktionsbereiche, 4. gestalterische Anforderungen, 5. Ver- und Entsorgungseinrichtungen. (3) Sind für eine Freianlage Bewertungsmerkmale aus mehreren Honorarzonen anwendbar und bestehen deswegen Zweifel, welcher Honorarzone die Freianlage zugeordnet werden kann, so ist **zunächst** die Anzahl der Bewertungspunkte zu ermitteln. **Zur Ermittlung der Bewertungspunkte werden die Bewertungsmerkmale wie folgt gewichtet:** **1.** die Bewertungsmerkmale gemäß Absatz 2 Nummer 1, 2 und 4 mit je bis zu 8 Punkten, **2.** die Bewertungsmerkmale gemäß Absatz 2 Nummer 3 und 5 mit je bis zu 6 Punkten.
(3) 2. Hs. (…); die Freianlage ist **nach der Summe der Bewertungsmerkmale folgenden** Honorarzonen zuzuordnen: 1. Honorarzone I: Freianlagen mit bis zu 8 Punkten, 2. Honorarzone II: Freianlagen mit 9 bis 15 Punkten, 3. Honorarzone III: Freianlagen mit 16 bis 22 Punkten, 4. Honorarzone IV: Freianlagen mit 23 bis 29 Punkten, 5. Honorarzone V: Freianlagen mit 30 bis 36 Punkten.	(4) Die Freianlage ist **anhand der nach Absatz 3 ermittelten Bewertungspunkte einer** der Honorarzonen zuzuordnen: 1. Honorarzone I: bis zu 8 Punkte, 2. Honorarzone II: 9 bis 15 Punkte, 3. Honorarzone III: 16 bis 22 Punkte, 4. Honorarzone IV: 23 bis 29 Punkte, 5. Honorarzone V: 30 bis 36 Punkte. **(5) Für die Zuordnung zu den Honorarzonen ist die Objektliste der Anlage 11 Nummer 11.2 zu berücksichtigen.** **(6) § 36 Absatz 1 ist für Freianlagen entsprechend anzuwenden.**

Synopse zur HOAI 2009 – HOAI 2013

HOAI 2009	HOAI 2013
Abschnitt 3 Ingenieurbauwerke	Abschnitt 3 Ingenieurbauwerke
§ 40 Anwendungsbereich Ingenieurbauwerke umfassen: 1. Bauwerke und Anlagen der Wasserversorgung, 2. Bauwerke und Anlagen der Abwasserentsorgung, 3. Bauwerke und Anlagen des Wasserbaus, ausgenommen Freianlagen nach § 2 Nummer 11, 4. Bauwerke und Anlagen für Ver- und Entsorgung mit Gasen, Feststoffen einschließlich wassergefährdenden Flüssigkeiten, ausgenommen Anlagen nach § 51, 5. Bauwerke und Anlagen der Abfallentsorgung, 6. konstruktive Ingenieurbauwerke für Verkehrsanlagen, 7. sonstige Einzelbauwerke, ausgenommen Gebäude und Freileitungsmaste.	§ 41 Anwendungsbereich Ingenieurbauwerke umfassen: 1. Bauwerke und Anlagen der Wasserversorgung, 2. Bauwerke und Anlagen der Abwasserentsorgung, 3. Bauwerke und Anlagen des Wasserbaus ausgenommen Freianlagen nach **§ 39 Absatz 1**, 4. Bauwerke und Anlagen für Ver- und Entsorgung mit Gasen, Feststoffen und wassergefährdenden Flüssigkeiten, ausgenommen Anlagen der Technischen Ausrüstung nach § 53 Absatz 2, 5. Bauwerke und Anlagen der Abfallentsorgung, 6. konstruktive Ingenieurbauwerke für Verkehrsanlagen, 7. sonstige Einzelbauwerke, ausgenommen Gebäude und Freileitungsmaste.
§ 41 Besondere Grundlagen des Honorars (1) Anrechenbar sind für Leistungen bei Ingenieurbauwerken die Kosten der Baukonstruktion. (2) Anrechenbar für Leistungen bei Ingenieurbauwerken sind auch die Kosten für Technische Anlagen **mit Ausnahme von Absatz 3 Nummer 7**, die der Auftragnehmer nicht fachlich plant oder deren Ausführung er oder sie nicht fachlich überwacht, 1. vollständig bis zu 25 Prozent der sonstigen anrechenbaren Kosten und 2. zur Hälfte mit dem 25 Prozent der sonstigen anrechenbaren Kosten übersteigenden Betrag. (3) Nicht anrechenbar sind, soweit der Auftragnehmer die Anlagen weder plant noch ihre Ausführung überwacht, die Kosten für:	§ 42 Besondere Grundlagen des Honorars (1) Für Grundleistungen bei Ingenieurbauwerken sind die Kosten der Baukonstruktion anrechenbar. **Die Kosten für die Anlagen der Maschinentechnik, die der Zweckbestimmung des Ingenieurbauwerks dienen, sind anrechenbar, soweit der Auftragnehmer diese plant oder deren Ausführung überwacht.** (2) Für **Grundleistungen** bei Ingenieurbauwerken sind auch die Kosten für Technische Anlagen, die der Auftragnehmer nicht fachlich plant oder deren Ausführung der Auftragnehmer nicht fachlich überwacht, 1. vollständig anrechenbar **bis zum Betrag von** 25 Prozent der sonstigen anrechenbaren Kosten und 2. zur Hälfte anrechenbar mit dem Betrag, der 25 Prozent der sonstigen anrechenbaren Kosten übersteigt. (3) Nicht anrechenbar sind, soweit der Auftragnehmer die Anlagen weder plant noch ihre Ausführung überwacht, die Kosten für:

XXX

HOAI 2009	HOAI 2013
1. das Herrichten des Grundstücks, 2. die öffentliche Erschließung, 3. die nichtöffentliche Erschließung und die Außenanlagen, 4. verkehrsregelnde Maßnahmen während der Bauzeit, das Umlegen und Verlegen von Leitungen, die Ausstattung und Nebenanlagen von Straßen sowie Ausrüstung und Nebenanlagen von Gleisanlagen und 5. Anlagen der Maschinentechnik, die der Zweckbestimmung des Ingenieurbauwerks dienen.	1. das Herrichten des Grundstücks, 2. die öffentliche und die nichtöffentliche Erschließung, die Außenanlagen, das Umlegen und Verlegen von Leitungen, 3. verkehrsregelnde Maßnahmen während der Bauzeit, 4. die Ausstattung und Nebenanlagen von Ingenieurbauwerken.
§ 42 Leistungsbild Ingenieurbauwerke (1) **§ 33 Absatz 1 Satz 1** gilt entsprechend. Die Leistungen für Ingenieurbauwerke sind in neun Leistungsphasen zusammengefasst und werden wie folgt in Prozentsätzen der Honorare des § 43 bewertet: 1. für die Leistungsphase 1 (Grundlagenermittlung) mit 2 Prozent, 2. für die Leistungsphase 2 (Vorplanung) mit **15** Prozent, 3. für die Leistungsphase 3 (Entwurfsplanung) mit **30** Prozent, 4. für die Leistungsphase 4 (Genehmigungsplanung) mit 5 Prozent, 5. für die Leistungsphase 5 (Ausführungsplanung) mit 15 Prozent, 6. für die Leistungsphase 6 (Vorbereitung der Vergabe) mit **10** Prozent, 7. für die Leistungsphase 7 (Mitwirkung bei der Vergabe) mit **5** Prozent, 8. für die Leistungsphase 8 (Bauoberleitung) mit 15 Prozent, 9. für die Leistungsphase 9 (Objektbetreuung und Dokumentation) mit **3** Prozent. (…) Abweichend von der Bewertung der Leistungsphase 2 (Vorplanung) mit **15 Prozent**, wird die Leistungsphase 2 bei Objekten nach § 40 Nummer 6 und 7, die eine Tragwerksplanung erfordern, mit **8** Prozent bewertet.	**§ 43 Leistungsbild Ingenieurbauwerke** (1) § 34 Absatz 1 gilt entsprechend. Die Grundleistungen für Ingenieurbauwerke sind in neun Leistungsphasen unterteilt und werden wie folgt in Prozentsätzen der Honorare des § 44 bewertet: 1. für die Leistungsphase 1 (Grundlagenermittlung) mit 2 Prozent, 2. für die Leistungsphase 2 (Vorplanung) mit **20** Prozent, 3. für die Leistungsphase 3 (Entwurfsplanung) mit **25** Prozent, 4. für die Leistungsphase 4 (Genehmigungsplanung) mit 5 Prozent, 5. für die Leistungsphase 5 (Ausführungsplanung) mit 15 Prozent, 6. für die Leistungsphase 6 (Vorbereitung der Vergabe) mit **13** Prozent, 7. für die Leistungsphase 7 (Mitwirkung bei der Vergabe) mit **4** Prozent, 8. für die Leistungsphase 8 (Bauoberleitung) mit 15 Prozent, 9. für die Leistungsphase 9 (Objektbetreuung) mit **1** Prozent. (2) Abweichend von **Absatz 1 Nummer 2** wird die Leistungsphase 2 bei Objekten nach § 41 Nummer 6 und 7, die eine Tragwerksplanung erfordern, mit **10** Prozent bewertet. (3) **Die Vertragsparteien können abweichend von Absatz 1 schriftlich vereinbaren, dass** 1. die Leistungsphase 4 mit 5 bis 8 Prozent bewertet wird, wenn dafür ein

HOAI 2009	HOAI 2013
§ 42 Abs. 1 S. 2: **Die einzelnen Leistungen** jeder Leistungsphase sind in Anlage 12 geregelt. (3) Die Teilnahme an bis zu fünf Erläuterungs- oder Erörterungsterminen mit Bürgern und Bürgerinnen oder politischen Gremien, die bei Leistungen nach Anlage 12 anfallen, sind als Leistungen mit den Honoraren nach § 43 abgegolten.	eigenständiges Planfeststellungsverfahren erforderlich ist. 2. die Leistungsphase 5 mit 15 bis 35 Prozent bewertet wird, wenn ein überdurchschnittlicher Aufwand an Ausführungszeichnungen erforderlich wird. (4) Anlage 12 Nummer 12.1 regelt die **Grundleistungen** jeder Leistungsphase **und enthält Beispiele für Besondere Leistungen.** – Regelung entfallen; vgl. jedoch Konkretisierung in den Leistungsphasen 2 bis 4 der Anlage 12, Nummer 12.1 –
§ 43 Honorare für Leistungen bei Ingenieurbauwerken (1) Die Mindest- und Höchstsätze der Honorare für die in § 42 aufgeführten Leistungen bei Ingenieurbauwerken sind in der folgenden Honorartafel für den Anwendungsbereich des § 40 festgesetzt: **Honorartafel zu § 43 Absatz 1 – Ingenieurbauwerke (Anwendungsbereich des § 40)** – nicht abgedruckt – (2) Die Zuordnung zu den Honorarzonen wird anhand folgender Bewertungsmerkmale für die planerischen Anforderungen ermittelt: 1. geologische und baugrundtechnische Gegebenheiten, 2. technische Ausrüstung und Ausstattung, 3. Einbindung in die Umgebung oder das Objektfeld, 4. Umfang der Funktionsbereiche oder der konstruktiven oder technischen Anforderungen, 5. fachspezifische Bedingungen. (3) Sind für Ingenieurbauwerke Bewertungsmerkmale aus mehreren Honorarzonen anwendbar und bestehen deswegen Zweifel, welcher Honorarzone das Objekt zugeordnet werden kann, so ist die Anzahl der Bewertungspunkte nach Absatz 4 zu ermitteln. (…) (4) Bei der Zuordnung eines Ingenieurbauwerks zu den Honorarzonen sind entsprechend dem Schwierigkeitsgrad der Planungsanforde-	**§ 44 Honorare für Grundleistungen bei Ingenieurbauwerken** (1) Die Mindest- und Höchstsätze der Honorare für die in § 43 und der Anlage 12 Nummer 12.1 aufgeführten Grundleistungen bei Ingenieurbauwerken sind in der folgenden Honorartafel für den Anwendungsbereich des § 41 festgesetzt: **Honorartafel zu § 44 Absatz 1** – nicht abgedruckt – (2) Welchen Honorarzonen die Grundleistungen zugeordnet werden, richtet sich nach folgenden Bewertungsmerkmalen: 1. geologische und baugrundtechnische Gegebenheiten, 2. technische Ausrüstung und Ausstattung, 3. Einbindung in die Umgebung oder in das Objektumfeld, 4. Umfang der Funktionsbereiche oder der konstruktiven oder technischen Anforderungen, 5. fachspezifische Bedingungen. (3) Sind für Ingenieurbauwerke Bewertungsmerkmale aus mehreren Honorarzonen anwendbar und bestehen deswegen Zweifel, welcher Honorarzone das Objekt zugeordnet werden kann, so ist **zunächst** die Anzahl der Bewertungspunkte zu ermitteln. **Zur Ermittlung der Bewertungspunkte werden die Bewertungsmerkmale wie folgt gewichtet:**

HOAI 2009	HOAI 2013
rungen die Bewertungsmerkmale wie folgt zu bewerten: 1. nach Absatz 2 Nummer 1, 2 und 3 mit bis zu 5 Punkten, 2. nach Absatz 2 Nummer 4 mit bis zu 10 Punkten, 3. nach Absatz 2 Nummer 5 mit bis zu 15 Punkten. (3) S. 2: Das Objekt ist nach der Summe der Bewertungsmerkmale folgenden Honorarzonen zuzuordnen: 1. Honorarzone I: Objekte mit bis zu 10 Punkten, 2. Honorarzone II: Objekte mit 11 bis 17 Punkten, 3. Honorarzone III: Objekte mit 18 bis 25 Punkten, 4. Honorarzone IV: Objekte mit 26 bis 33 Punkten, 5. Honorarzone V: Objekte mit 34 bis 40 Punkten. § 42 (2) Die §§ 35 und 36 Absatz 2 gelten entsprechend.	1. **die Bewertungsmerkmale gemäß** Absatz 2 Nummer 1, 2 und 3 mit bis zu 5 Punkten, 2. **das Bewertungsmerkmal gemäß** Absatz 2 Nummer 4 mit bis zu 10 Punkten, 3. **das Bewertungsmerkmal gemäß** Absatz 2 Nummer 5 mit bis zu 15 Punkten. (4) **Das Ingenieurbauwerk ist anhand der nach Absatz 3 ermittelten Bewertungspunkte einer der** Honorarzonen zuzuordnen: 1. Honorarzone I: bis zu 10 Punkte, 2. Honorarzone II: 11 bis 17 Punkte, 3. Honorarzone III: 18 bis 25 Punkte, 4. Honorarzone IV: 26 bis 33 Punkte, 5. Honorarzone V: 34 bis 40 Punkte. (5) Für die Zuordnung zu den Honorarzonen ist die Objektliste der Anlage 12 Nummer 12.2 zu berücksichtigen. (6) Für Umbauten und Modernisierungen von Ingenieurbauwerken kann bei einem durchschnittlichen Schwierigkeitsgrad ein Zuschlag gemäß § 6 Absatz 2 Satz 3 bis 33 Prozent schriftlich vereinbart werden. (7) Steht der Planungsaufwand für Ingenieurbauwerke mit großer Längenausdehnung, die unter gleichen baulichen Bedingungen errichtet werden, in einem Missverhältnis zum ermittelten Honorar, ist § 7 Absatz 3 anzuwenden.
Abschnitt 4 **Verkehrsanlagen**	**Abschnitt 4** **Verkehrsanlagen**
§ 44 Anwendungsbereich Verkehrsanlagen umfassen: 1. Anlagen des Straßenverkehrs, ausgenommen selbstständige Rad-, Geh- und Wirtschaftswege und Freianlagen nach § 2 Nummer 11, 2. Anlagen des Schienenverkehrs, 3. Anlagen des Flugverkehrs.	**§ 45 Anwendungsbereich** Verkehrsanlagen sind: 1. Anlagen des Straßenverkehrs, ausgenommen selbstständige Rad-, Geh- und Wirtschaftswege und Freianlagen nach § 39 Absatz 1, 2. Anlagen des Schienenverkehrs, 3. Anlagen des Flugverkehrs.

HOAI 2009	HOAI 2013
§ 45 Besondere Grundlagen des Honorars (1) **§ 41 gilt entsprechend.**	**§ 46 Besondere Grundlagen des Honorars** (1) Für Grundleistungen bei Verkehrsanlagen sind die Kosten der Baukonstruktion anrechenbar. Soweit der Auftragnehmer die Ausstattung von Anlagen des Straßen-, Schienen- und Flugverkehrs einschließlich der darin enthaltenen Entwässerungsanlagen, die der Zweckbestimmung der Verkehrsanlagen dienen, plant oder deren Ausführung überwacht, sind die dadurch entstehenden Kosten anrechenbar. (2) Für Grundleistungen bei Verkehrsanlagen sind auch die Kosten für Technische Anlagen, die der Auftragnehmer nicht fachlich plant oder deren Ausführung der Auftragnehmer nicht fachlich überwacht, 1. vollständig anrechenbar bis zu einem Betrag von 25 Prozent der sonstigen anrechenbaren Kosten und 2. zur Hälfte anrechenbar mit dem Betrag, der 25 Prozent der sonstigen anrechenbaren Kosten übersteigt. (3) Nicht anrechenbar sind, soweit der Auftragnehmer die Anlagen weder plant noch ihre Ausführung überwacht, die Kosten für: 1. das Herrichten des Grundstücks, 2. die öffentliche und die nichtöffentliche Erschließung, die Außenanlagen, das Umlegen und Verlegen von Leitungen, 3. die Nebenanlagen von Anlagen des Straßen-, Schienen- und Flugverkehrs, 4. verkehrsregelnde Maßnahmen während der Bauzeit.
(2) **Anrechenbar sind** für **Leistungen** der Leistungsphasen 1 bis 7 und 9 **der Anlage 12** bei Verkehrsanlagen: 1. die Kosten für Erdarbeiten einschließlich Felsarbeiten bis zu 40 Prozent der sonstigen anrechenbaren Kosten nach Absatz 1 und 2. 10 Prozent der Kosten für Ingenieurbauwerke, wenn dem Auftragnehmer nicht gleichzeitig **Leistungen nach § 46** für diese Ingenieurbauwerke übertragen werden. (3) **Anrechenbar sind** für **Leistungen der Leistungsphasen** 1 bis 7 und 9 **des § 46** bei Straßen mit mehreren durchgehenden Fahrspuren, wenn diese eine gemeinsame Entwurfsachse und eine gemeinsame Entwurfsgradiente	(4) Für **Grundleistungen** der Leistungsphasen 1 bis 7 und 9 bei Verkehrsanlagen **sind**: 1. die Kosten für Erdarbeiten einschließlich Felsarbeiten **anrechenbar bis zu einem Betrag von** 40 Prozent der sonstigen anrechenbaren Kosten nach Absatz 1 und 2. 10 Prozent der Kosten für Ingenieurbauwerke **anrechenbar**, wenn dem Auftragnehmer **für diese Ingenieurbauwerke** nicht gleichzeitig **Grundleistungen nach § 43** übertragen werden. (5) Die nach den **Absätzen 1 bis 4** ermittelten Kosten **sind für Grundleistungen des § 47 Absatz 1 Satz 2 Nummer** 1 bis 7 und 9

HOAI 2009	HOAI 2013
haben, sowie bei Gleis- und Bahnsteiganlagen mit zwei Gleisen, wenn diese ein gemeinsames Planum haben, **nur folgende Prozentsätze der nach den Absätzen 1 und 2 ermittelten Kosten**: 1. bei dreistreifigen Straßen 85 Prozent, 2. bei vierstreifigen Straßen 70 Prozent, 3. bei mehr als vierstreifigen Straßen 60 Prozent, 4. bei Gleis- und Bahnsteiganlagen mit zwei Gleisen 90 Prozent.	1. bei Straßen, die mehrere durchgehende Fahrspuren mit einer gemeinsamen Entwurfsachse und einer gemeinsamen Entwurfsgradiente haben, **wie folgt anteilig anrechenbar:** a) bei dreistreifigen Straßen zu 85 Prozent, b) bei vierstreifigen Straßen zu 70 Prozent und c) bei mehr als vierstreifigen Straßen zu 60 Prozent, 2. bei Gleis- und Bahnsteiganlagen, die zwei Gleise mit einem gemeinsamen Planum haben, zu 90 Prozent anrechenbar. **Das Honorar für Gleis- und Bahnsteiganlagen mit mehr als zwei Gleisen oder Bahnsteigen kann frei vereinbart werden.**
§ 46 Leistungsbild Verkehrsanlagen (1) Die Sätze 1 und 2 des § 33 Absatz 1 gelten entsprechend. Sie sind in der folgenden Tabelle für Verkehrsanlagen in Prozentsätzen der Honorare des § 47 bewertet: 1. für die Leistungsphase 1 (Grundlagenermittlung) mit 2 Prozent, 2. für die Leistungsphase 2 (Vorplanung) mit **15** Prozent, 3. für die Leistungsphase 3 (Entwurfsplanung) mit **30** Prozent, 4. für die Leistungsphase 4 (Genehmigungsplanung) mit **5** Prozent, 5. für die Leistungsphase 5 (Ausführungsplanung) mit 15 Prozent, 6. für die Leistungsphase 6 (Vorbereitung der Vergabe) mit 10 Prozent, 7. für die Leistungsphase 7 (Mitwirkung bei der Vergabe) mit **5** Prozent, 8. für die Leistungsphase 8 (Bauoberleitung) mit 15 Prozent, 9. für die Leistungsphase 9 (Objektbetreuung und Dokumentation) mit **3** Prozent. (2) **Die einzelnen Leistungen jeder Leistungsphase sind in Anlage 12 geregelt.**	**§ 47 Leistungsbild Verkehrsanlagen** (1) § 34 Absatz 1 gilt entsprechend. Die Grundleistungen für Verkehrsanlagen sind in neun Leistungsphasen unterteilt und werden wie folgt in Prozentsätzen der Honorare des § 48 bewertet: 1. für die Leistungsphase 1 (Grundlagenermittlung) mit 2 Prozent, 2. für die Leistungsphase 2 (Vorplanung) mit **20** Prozent, 3. für die Leistungsphase 3 (Entwurfsplanung) mit **25** Prozent, 4. für die Leistungsphase 4 (Genehmigungsplanung) mit **8** Prozent, 5. für die Leistungsphase 5 (Ausführungsplanung) mit 15 Prozent, 6. für die Leistungsphase 6 (Vorbereitung der Vergabe) mit 10 Prozent, 7. für die Leistungsphase 7 (Mitwirkung bei der Vergabe) mit **4** Prozent, 8. für die Leistungsphase 8 (Bauoberleitung) mit 15 Prozent, 9. für die Leistungsphase 9 (Objektbetreuung) mit **1** Prozent. (2) **Anlage 13 Nummer 13.1 regelt die Grundleistungen jeder Leistungsphase und enthält Beispiele für Besondere Leistungen.**

HOAI 2009	HOAI 2013
§ 47 Honorare für Leistungen bei Verkehrsanlagen (1) Die Mindest- und Höchstsätze der Honorare für die in § 46 aufgeführten Leistungen bei Verkehrsanlagen sind in der folgenden Honorartafel für den Anwendungsbereich des § 44 festgesetzt: **Honorartafel zu § 47 Absatz 1 – Verkehrsanlagen (Anwendungsbereich des § 44)** – nicht abgedruckt – (2) § 43 Absatz 2 bis 4 gilt entsprechend.	**Verkehrsanlagen** (1) Die Mindest- und Höchstsätze der Honorare für die in § 47 und der Anlage 13 Nummer 13.1 aufgeführten Grundleistungen bei Verkehrsanlagen sind in der folgenden Honorartafel für den Anwendungsbereich des § 45 festgesetzt: **Honorartafel zu § 48 Abs. 1** – nicht abgedruckt – (2) Welchen Honorarzonen die Grundleistungen zugeordnet werden, richtet sich nach folgenden Bewertungsmerkmalen: 1. geologische und baugrundtechnische Gegebenheiten, 2. technische Ausrüstung und Ausstattung, 3. Einbindung in die Umgebung oder das Objektumfeld, 4. Umfang der Funktionsbereiche oder der konstruktiven oder technischen Anforderungen, 5. fachspezifische Bedingungen. **§ 48 Honorare für Grundleistungen bei** (3) Sind für Verkehrsanlagen Bewertungsmerkmale aus mehreren Honorarzonen anwendbar und bestehen deswegen Zweifel, welcher Honorarzone das Objekt zugeordnet werden kann, so ist zunächst die Anzahl der Bewertungspunkte zu ermitteln. Zur Ermittlung der Bewertungspunkte werden die Bewertungsmerkmale wie folgt gewichtet: 1. die Bewertungsmerkmale gemäß Absatz 2 Nummer 1, 2 mit bis zu 5 Punkten, 2. das Bewertungsmerkmal gemäß Absatz 2 Nummer 3 mit bis zu 15 Punkten, 3. das Bewertungsmerkmal gemäß Absatz 2 Nummer 4 mit bis zu 10 Punkten, 4. das Bewertungsmerkmal gemäß Absatz 2 Nummer 5 mit bis zu 5 Punkten, (4) Die Verkehrsanlage ist anhand der nach Absatz 3 ermittelten Bewertungspunkte einer der Honorarzonen zuzuordnen: 1. Honorarzone I: bis zu 10 Punkte, 2. Honorarzone II: 11 bis 17 Punkte, 3. Honorarzone III: 18 bis 25 Punkte, 4. Honorarzone IV: 26 bis 33 Punkte,

HOAI 2009	HOAI 2013
§ 46 (3) Die §§ 35 und 36 Absatz 2 gelten entsprechend.	5. Honorarzone V: 34 bis 40 Punkte. (5) Für die Zuordnung zu den Honorarzonen ist die Objektliste der Anlage 13 Nummer 13.2 zu berücksichtigen. **(6) Für Umbauten und Modernisierungen von Verkehrsanlagen kann bei einem durchschnittlichen Schwierigkeitsgrad ein Zuschlag gemäß § 6 Absatz 2 Satz 3 bis 33 Prozent schriftlich vereinbart werden.**
Teil 4 Fachplanung	Teil 4 Fachplanung
Abschnitt 1 Tragwerksplanung	Abschnitt 1 Tragwerksplanung
	§ 49 Anwendungsbereich (1) Leistungen der Tragwerksplanung sind die statische Fachplanung für die Objektplanung Gebäude und Ingenieurbauwerke. (2) Das Tragwerk bezeichnet das statische Gesamtsystem der miteinander verbundenen, lastabtragenden Konstruktionen, die für die Standsicherheit von Gebäuden, Ingenieurbauwerken, und Traggerüsten bei Ingenieurbauwerken maßgeblich sind.
§ 48 Besondere Grundlagen des Honorars (1) Anrechenbare Kosten sind bei Gebäuden und zugehörigen baulichen Anlagen 55 Prozent der **Bauwerk**–Baukonstruktionskosten und 10 Prozent der Kosten der Technischen Anlagen. (2) Die Vertragsparteien können bei Gebäuden mit einem hohen Anteil an Kosten der Gründung und der Tragkonstruktionen **sowie bei Umbauten bei der Auftragserteilung** schriftlich vereinbaren, dass die anrechenbaren Kosten abweichend von Absatz 1 nach Absatz 3 **Nummer 1 bis 12** ermittelt werden. (3) Anrechenbare Kosten sind bei Ingenieurbauwerken **die vollständigen Kosten für:** 1. Erdarbeiten, 2. Mauerarbeiten, 3. Beton- und Stahlbetonarbeiten, 4. Naturwerksteinarbeiten, 5. Betonwerksteinarbeiten, 6. Zimmer- und Holzbauarbeiten, 7. Stahlbauarbeiten,	§ 50 Besondere Grundlagen des Honorars (1) Bei Gebäuden und zugehörigen baulichen Anlagen sind 55 Prozent der Baukonstruktionskosten und 10 Prozent der Kosten der Technischen Anlagen anrechenbar. (2) Die Vertragsparteien können bei Gebäuden mit einem hohen Anteil an Kosten der Gründung und der Tragkonstruktionen schriftlich vereinbaren, dass die anrechenbaren Kosten abweichend von Absatz 1 nach Absatz 3 ermittelt werden. (3) Bei Ingenieurbauwerken **sind 90 Prozent der Baukonstruktionskosten und 15 Prozent der Kosten der Technischen Anlagen anrechenbar.**

HOAI 2009	HOAI 2013
8. Tragwerke und Tragwerksteile aus Stoffen, die anstelle der in den vorgenannten Leistungen enthaltenen Stoffe verwendet werden, 9. Abdichtungsarbeiten, 10. Dachdeckungs- und Dachabdichtungsarbeiten, 11. Klempnerarbeiten, 12. Metallbau- und Schlosserarbeiten für tragende Konstruktionen, 13. Bohrarbeiten, außer Bohrungen zur Baugrunderkundung, 14. Verbauarbeiten für Baugruben, 15. Rammarbeiten, 16. Wasserhaltungsarbeiten, einschließlich der Kosten für Baustelleneinrichtungen. Absatz 4 bleibt unberührt. **(4) Nicht anrechenbar sind bei Anwendung von Absatz 2 oder Absatz 3 die Kosten für:** 1. das Herrichten des Baugrundstücks, 2. Oberbodenauftrag, 3. Mehrkosten für außergewöhnliche Ausschachtungsarbeiten, 4. Rohrgräben ohne statischen Nachweis, 5. nichttragendes Mauerwerk, das kleiner als 11,5 Zentimeter ist, 6. Bodenplatten ohne statischen Nachweis, 7. Mehrkosten für Sonderausführungen, 8. Winterbauschutzvorkehrungen und sonstige zusätzliche Maßnahmen für den Winterbau, 9. Naturwerkstein-, Betonwerkstein-, Zimmer- und Holzbau-, Stahlbau- und Klempnerarbeiten, die in Verbindung mit dem Ausbau eines Gebäudes oder Ingenieurbauwerks ausgeführt werden, 10. die Baunebenkosten. **(5)** Anrechenbare Kosten für Traggerüste bei Ingenieurbauwerken sind die Herstellkosten einschließlich der zugehörigen Kosten für Baustelleneinrichtungen. Bei mehrfach verwendeten Bauteilen ist der Neuwert anrechenbar. **(6)** Die Vertragsparteien können **bei Ermittlung der anrechenbaren Kosten** vereinbaren, dass Kosten von Arbeiten, die nicht in den Absätzen 1 bis 3 erfasst sind, **sowie die in Absatz 4 Nummer 7 und bei Gebäuden die in Absatz 3 Nummer 13 bis 16 genannten**	**(4)** Für Traggerüste bei Ingenieurbauwerken sind die Herstellkosten einschließlich der zugehörigen Kosten für Baustelleneinrichtungen **anrechenbar**. Bei mehrfach verwendeten Bauteilen ist der Neuwert anrechenbar. **(5)** Die Vertragsparteien können vereinbaren, dass Kosten von Arbeiten, die nicht in den Absätzen 1 bis 3 erfasst sind, ganz oder teilweise **anrechenbar sind**, wenn der Auftragnehmer wegen dieser Arbeiten Mehrleistungen für das Tragwerk nach **§ 51** erbringt.

HOAI 2009	HOAI 2013
Kosten ganz oder teilweise **zu den anrechenbaren Kosten gehören**, wenn der Auftragnehmer wegen dieser Arbeiten Mehrleistungen für das Tragwerk nach **§ 49** erbringt.	
§ 49 Leistungsbild Tragwerksplanung (1) Die **Leistungen** bei der Tragwerksplanung sind für Gebäude und zugehörige bauliche Anlagen sowie für Ingenieurbauwerke nach **§ 40** Nummer 1 bis 5 in den **in der Anlage 13 aufgeführten** Leistungsphasen 1 bis 6, für Ingenieurbauwerke nach **§ 40** Nummer 6 und 7 in den **in der Anlage 13 aufgeführten** Leistungsphasen 2 bis 6 zusammengefasst und werden wie folgt in Prozentsätzen der Honorare des **§ 50** bewertet: 1. für die Leistungsphase 1 (Grundlagenermittlung) mit **3** Prozent, 2. für die Leistungsphase 2 (Vorplanung) mit **10** Prozent, 3. für die Leistungsphase 3 (Entwurfsplanung) mit **12** Prozent, 4. für die Leistungsphase 4 (Genehmigungsplanung) mit **30** Prozent, 5. für die Leistungsphase 5 (Ausführungsplanung) mit **42** Prozent, 6. für die Leistungsphase 6 (Vorbereitung der Vergabe) mit **3** Prozent. (2) Die Leistungsphase 5 ist abweichend von Absatz 1 mit **26** Prozent der Honorare des **§ 50** zu bewerten: 1. im Stahlbetonbau, sofern keine Schalpläne in Auftrag gegeben werden, 2. **im Stahlbau, sofern der Auftragnehmer die Werkstattzeichnungen nicht auf Übereinstimmung mit der Genehmigungsplanung und den Ausführungszeichnungen nach Anlage 13 Leistungsphase 5 überprüft,** 3. im Holzbau mit unterdurchschnittlichem Schwierigkeitsgrad. **§ 49 Abs. 1 S. 2, S. 3: Die einzelnen Leistungen jeder Leistungsphase sind in der Anlage 13 geregelt. Die Leistungen** der Leistungsphase 1 für Ingenieurbauwerke nach **§ 40** Nummer 6 und 7 sind im Leistungsbild der Ingenieurbauwerke des **§ 42** enthalten.	**§ 51 Leistungsbild Tragwerksplanung** (1) Die **Grundleistungen** der Tragwerksplanung sind für Gebäude und zugehörige bauliche Anlagen sowie für Ingenieurbauwerke nach **§ 41** Nummer 1 bis 5 in den Leistungsphasen 1 bis 6 sowie für Ingenieurbauwerke nach **§ 41** Nummer 6 und 7 in den Leistungsphasen 2 bis 6 zusammengefasst und werden wie folgt in Prozentsätzen der Honorare des **§ 52** bewertet: 1. für die Leistungsphase 1 (Grundlagenermittlung) mit **3** Prozent, 2. für die Leistungsphase 2 (Vorplanung) mit **10** Prozent, 3. für die Leistungsphase 3 (Entwurfsplanung) mit **15** Prozent, 4. für die Leistungsphase 4 (Genehmigungsplanung) mit **30** Prozent, 5. für die Leistungsphase 5 (Ausführungsplanung) mit **40** Prozent, 6. für die Leistungsphase 6 (Vorbereitung der Vergabe) mit **2** Prozent. (2) Die Leistungsphase 5 ist abweichend von Absatz 1 mit **30** Prozent der Honorare des **§ 52** zu bewerten: 1. im Stahlbetonbau, sofern keine Schalpläne in Auftrag gegeben werden, 2. im Holzbau mit unterdurchschnittlichem Schwierigkeitsgrad. **(3) Die Leistungsphase 5 ist abweichend von Absatz 1 mit 20 Prozent der Honorare des § 52 zu bewerten, sofern nur Schalpläne in Auftrag gegeben werden.** (4) Bei sehr enger Bewehrung kann die Bewertung der Leistungsphase 5 um bis zu 4 Prozent erhöht werden. **(5) Anlage 14 Nummer 14.1 regelt die Grundleistungen** jeder Leistungsphase **und enthält Beispiele für Besondere Leistungen.** Für Ingenieurbauwerke nach **§ 41** Nummer 6 und 7 sind die **Grundleistungen** der Tragwerksplanung zur Leistungsphase 1 im Leistungsbild der Ingenieurbauwerke **gemäß § 43** enthalten.

HOAI 2009	HOAI 2013
§ 50 Honorare für Leistungen bei Tragwerksplanungen	**§ 52 Honorare für Grundleistungen bei Tragwerksplanungen**
(1) Die Mindest- und Höchstsätze der Honorare für die in **§ 49** aufgeführten **Leistungen** bei Tragwerksplanungen sind in der folgenden Honorartafel festgesetzt:	(1) Die Mindest- und Höchstsätze der Honorare für die in **§ 51 und der Anlage 14 Nummer 14.1** aufgeführten Grundleistungen der Tragwerksplanungen sind in der folgenden Honorartafel festgesetzt:
Honorartafel zu § 50 Absatz 1 – Tragwerksplanung – nicht abgedruckt –	**Honorartafel zu § 52 Absatz 1** – nicht abgedruckt –
(2) Die Honorarzone wird bei der Tragwerksplanung nach dem statisch-konstruktiven Schwierigkeitsgrad **auf Grund folgender** Bewertungsmerkmale ermittelt: (…) (3) Sind für ein Tragwerk Bewertungsmerkmale aus mehreren Honorarzonen anwendbar und bestehen deswegen Zweifel, welcher Honorarzone das Tragwerk zugeordnet werden kann, so ist für die Zuordnung die Mehrzahl der in den jeweiligen Honorarzonen nach Absatz 2 aufgeführten Bewertungsmerkmale und ihre Bedeutung im Einzelfall maßgebend. **§ 49 (3) Die §§ 35 und 36 Absatz 2 gelten entsprechend.**	(2) Die Honorarzone wird nach dem statisch-konstruktiven Schwierigkeitsgrad **anhand der in Anlage 14 Nummer 14.2 dargestellten** Bewertungsmerkmale ermittelt. (3) Sind für ein Tragwerk Bewertungsmerkmale aus mehreren Honorarzonen anwendbar und bestehen deswegen Zweifel, welcher Honorarzone das Tragwerk zugeordnet werden kann, so ist für die Zuordnung die Mehrzahl der in den jeweiligen Honorarzonen nach Absatz 2 aufgeführten Bewertungsmerkmale und ihre Bedeutung im Einzelfall maßgebend. **(4) Für Umbauten und Modernisierungen kann bei einem durchschnittlichen Schwierigkeitsgrad ein Zuschlag gemäß § 6 Absatz 2 Satz 3 bis 50 Prozent schriftlich vereinbart werden. (5) Steht der Planungsaufwand für Tragwerke bei Ingenieurbauwerken mit großer Längenausdehnung, die unter gleichen baulichen Bedingungen errichtet werden, in einem Missverhältnis zum ermittelten Honorar, ist § 7 Absatz 3 anzuwenden.**
Abschnitt 2 Technische Ausrüstung	**Abschnitt 2 Technische Ausrüstung**
§ 51 Anwendungsbereich (1) Die Leistungen der Technischen Ausrüstung umfassen die Fachplanungen für **die Objektplanung**. (2) **Die** Technische Ausrüstung **umfasst** folgende Anlagegruppen: 1. Abwasser-, Wasser- und Gasanlagen, 2. Wärmeversorgungsanlagen, 3. Lufttechnische Anlagen,	**§ 53 Anwendungsbereich** (1) Die Leistungen der Technischen Ausrüstung umfassen die Fachplanungen für **Objekte**. (2) **Zur** Technischen Ausrüstung **gehören** folgende Anlagengruppen: 1. Abwasser-, Wasser- und Gasanlagen, 2. Wärmeversorgungsanlagen, 3. Lufttechnische Anlagen,

HOAI 2009	HOAI 2013
4. Starkstromanlagen, 5. Fernmelde- und informationstechnische Anlagen, 6. Förderanlagen, 7. nutzungsspezifische Anlagen, **einschließlich maschinen- und elektrotechnische Anlagen in Ingenieurbauwerken,** 8. Gebäudeautomation.	4. Starkstromanlagen, 5. Fernmelde- und informationstechnische Anlagen, 6. Förderanlagen, 7. nutzungsspezifische Anlagen **und verfahrenstechnische Anlagen**, 8. Gebäudeautomation **und Automation von Ingenieurbauwerken**.
§ 52 Besondere Grundlagen des Honorars (1) Das Honorar für Leistungen bei der Technischen Ausrüstung richtet sich **nach den anrechenbaren Kosten** der Anlagen einer Anlagengruppe **nach § 51 Absatz 2.** Anrechenbar **bei Anlagen in Gebäuden** sind auch sonstige Maßnahmen für technische Anlagen. (2) § 11 Absatz 1 gilt nicht, soweit mehrere Anlagen in einer Anlagengruppe nach § 51 Absatz 2 zusammengefasst werden und in zeitlichem und örtlichem Zusammenhang als Teil einer Gesamtmaßnahme geplant, betrieben und genutzt werden. (3) Nicht anrechenbar sind die Kosten für die nichtöffentliche Erschließung und die Technischen Anlagen in Außenanlagen, soweit Auftragnehmer diese nicht plant oder ihre Ausführung überwacht. (4) Werden Teile der Technischen Ausrüstung in Baukonstruktionen ausgeführt, so können die Vertragsparteien vereinbaren, dass die Kosten	**§ 54 Besondere Grundlagen des Honorars** (1) Das Honorar für Grundleistungen bei der Technischen Ausrüstung richtet sich **für das jeweilige Objekt im Sinne des § 2 Absatz 1 Satz 1 nach der Summe der anrechenbaren Kosten** der Anlagen jeder Anlagengruppe. **Dies gilt für nutzungsspezifische Anlagen nur, wenn die Anlagen funktional gleichartig sind.** Anrechenbar sind auch sonstige Maßnahmen für technische Anlagen. (2) **Umfasst ein Auftrag für unterschiedliche Objekte im Sinne des § 2 Absatz 1 Satz 1 mehrere Anlagen, die unter funktionalen und technischen Kriterien eine Einheit bilden, werden die anrechenbaren Kosten der Anlagen jeder Anlagengruppe zusammengefasst. Dies gilt für nutzungsspezifische Anlagen nur, wenn diese Anlagen funktional gleichartig sind. § 11 Absatz 1 ist nicht anzuwenden.** (3) **Umfasst ein Auftrag im Wesentlichen gleiche Anlagen, die unter weitgehend vergleichbaren Bedingungen für im Wesentlichen gleiche Objekte geplant werden, ist die Rechtsfolge des § 11 Absatz 3 anzuwenden. Umfasst ein Auftrag im Wesentlichen gleiche Anlagen, die bereits Gegenstand eines anderen Vertrags zwischen den Vertragsparteien waren, ist die Rechtsfolge des § 11 Absatz 4 anzuwenden.** (4) Nicht anrechenbar sind die Kosten für die nichtöffentliche Erschließung und die Technischen Anlagen in Außenanlagen, soweit der Auftragnehmer diese nicht plant oder ihre Ausführung nicht überwacht. (5) Werden Teile der Technischen Ausrüstung in Baukonstruktionen ausgeführt, so können die Vertragsparteien **schriftlich** vereinbaren, dass

HOAI 2009	HOAI 2013
hierfür ganz oder teilweise zu den anrechenbaren Kosten gehören. Satz 1 gilt entsprechend für Bauteile der Kostengruppe Baukonstruktionen, deren Abmessung oder Konstruktion durch die Leistung der Technischen Ausrüstung wesentlich beeinflusst wird.	die Kosten hierfür ganz oder teilweise zu den anrechenbaren Kosten gehören. Satz 1 ist entsprechend für Bauteile der Kostengruppe Baukonstruktionen anzuwenden, deren Abmessung oder Konstruktion durch die Leistung der Technischen Ausrüstung wesentlich beeinflusst wird.
§ 53 Leistungsbild Technische Ausrüstung (1) Das Leistungsbild „Technische Ausrüstung" umfasst Leistungen für Neuanlagen, Wiederaufbauten, Erweiterungsbauten, Umbauten, Modernisierungen, Instandhaltungen und Instandsetzungen. Die **Leistungen** bei der Technischen Ausrüstung sind in neun Leistungsphasen zusammengefasst und werden wie folgt in Prozentsätzen der Honorare des **§ 54** bewertet: 1. für die Leistungsphase 1 (Grundlagenermittlung) mit **3** Prozent, 2. für die Leistungsphase 2 (Vorplanung) mit **11** Prozent, 3. für die Leistungsphase 3 (Entwurfsplanung) mit **15** Prozent, 4. für die Leistungsphase 4 (Genehmigungsplanung) mit **6** Prozent, 5. für die Leistungsphase 5 (Ausführungsplanung) mit **18** Prozent, 6. für die Leistungsphase 6 (Vorbereitung der Vergabe) mit **6** Prozent, 7. für die Leistungsphase 7 (Mitwirkung bei der Vergabe) mit 5 Prozent, 8. für die Leistungsphase 8 (Objektüberwachung – Bauüberwachung) mit **33** Prozent 9. für die Leistungsphase 9 (Objektbetreuung und Dokumentation) mit **3** Prozent. (…) (2) Die Leistungsphase 5 ist abweichend von Absatz 1, sofern das Anfertigen von Schlitz- und Durchbruchsplänen nicht in Auftrag gegeben wird, **mit 14 Prozent der Honorare des § 54** zu bewerten. § 53 (1) (…) Die einzelnen Leistungen jeder Leistungsphase **sind in Anlage 14 geregelt.**	**§ 55 Leistungsbild Technische Ausrüstung** (1) Das Leistungsbild „Technische Ausrüstung" umfasst Grundleistungen für Neuanlagen, Wiederaufbauten, Erweiterungsbauten, Umbauten, Modernisierungen, Instandhaltungen und Instandsetzungen. Die **Grundleistungen** bei der Technischen Ausrüstung sind in neun Leistungsphasen zusammengefasst und werden wie folgt in Prozentsätzen der Honorare des **§ 56** bewertet: 1. für die Leistungsphase 1 (Grundlagenermittlung) mit **2** Prozent, 2. für die Leistungsphase 2 (Vorplanung) mit **9** Prozent, 3. für die Leistungsphase 3 (Entwurfsplanung) mit **17** Prozent, 4. für die Leistungsphase 4 (Genehmigungsplanung) mit **2** Prozent, 5. für die Leistungsphase 5 (Ausführungsplanung) mit **22** Prozent, 6. für die Leistungsphase 6 (Vorbereitung der Vergabe) mit **7** Prozent, 7. für die Leistungsphase 7 (Mitwirkung bei der Vergabe) mit 5 Prozent, 8. für die Leistungsphase 8 (Objektüberwachung – Bauüberwachung) mit **35** Prozent, 9. für die Leistungsphase 9 (Objektbetreuung) mit **1** Prozent. (2) Die Leistungsphase 5 ist abweichend von Absatz 1 **Satz 2 mit einem Abschlag von jeweils 4 Prozent** zu bewerten, sofern das Anfertigen von Schlitz- und Durchbruchsplänen **oder das Prüfen der Montage- und Werkstattpläne der ausführenden Firmen** nicht in Auftrag gegeben wird. (3) Anlage 15 Nummer 15.1 regelt die **Grundleistungen** jeder Leistungsphase **und enthält Beispiele für Besondere Leistungen.**
§ 54 Honorare für Leistungen bei der Technischen Ausrüstung (1) Die Mindest- und Höchstsätze der Honorare für die in **§ 53** aufgeführten **Leistungen**	**§ 56 Honorare für Grundleistungen der Technischen Ausrüstung** (1) Die Mindest- und Höchstsätze der Honorare für die in **§ 55 und der Anlage 15.1 auf-**

HOAI 2009	HOAI 2013
bei einzelnen Anlagen sind in der folgenden Honorartafel festgesetzt:	**geführten Grundleistungen** bei einzelnen Anlagen sind in der folgenden Honorartafel festgesetzt:
Honorartafel zu § 54 Absatz 1 – Technische Ausrüstung – nicht abgedruckt –	**Honorartafel zu § 56 Absatz 1** - nicht abgedruckt -
(2) Die Zuordnung zu den Honorarzonen wird anhand folgender Bewertungsmerkmale ermittelt: 1. Anzahl der Funktionsbereiche, 2. Integrationsansprüche, 3. technische Ausgestaltung, 4. Anforderungen an die Technik, 5. konstruktive Anforderungen.	(2) Welchen Honorarzonen die Grundleistungen zugeordnet werden, richtet sich nach folgenden Bewertungsmerkmalen: 1. Anzahl der Funktionsbereiche, 2. Integrationsansprüche, 3. technische Ausgestaltung, 4. Anforderungen an die Technik, 5. konstruktive Anforderungen. **(3) Für die Zuordnung zu den Honorarzonen ist die Objektliste der Anlage 15 Nummer 15.2 zu berücksichtigen.**
(3) Werden Anlagen einer **Anlagengruppe** verschiedenen Honorarzonen zugeordnet, so ergibt sich das Honorar nach Absatz 1 aus der Summe der Einzelhonorare. Ein Einzelhonorar wird **jeweils für die** Anlagen ermittelt, die einer Honorarzone zugeordnet werden. Für die Ermittlung des Einzelhonorars ist zunächst für die Anlagen jeder Honorarzone das Honorar zu berechnen, das sich ergeben würde, wenn die gesamten anrechenbaren Kosten der Anlagengruppe nur der Honorarzone zugeordnet würden, für die das Einzelhonorar berechnet wird. Das Einzelhonorar ist dann nach dem Verhältnis der Summe der anrechenbaren Kosten der Anlagen einer Honorarzone zu den gesamten anrechenbaren Kosten der Anlagengruppe zu ermitteln. **§ 53 (3)** Die §§ 35 und 36 gelten entsprechend.	(4) Werden Anlagen einer **Gruppe** verschiedenen Honorarzonen zugeordnet, so ergibt sich das Honorar nach Absatz 1 aus der Summe der Einzelhonorare. Ein Einzelhonorar wird **dabei für alle** Anlagen ermittelt, die einer Honorarzone zugeordnet werden. Für die Ermittlung des Einzelhonorars ist zunächst das Honorar für die Anlagen jeder Honorarzone zu berechnen, das sich ergeben würde, wenn die gesamten anrechenbaren Kosten der Anlagengruppe nur der Honorarzone zugeordnet würden, für die das Einzelhonorar berechnet wird. Das Einzelhonorar ist dann nach dem Verhältnis der Summe der anrechenbaren Kosten der Anlagen einer Honorarzone zu den gesamten anrechenbaren Kosten der Anlagengruppe zu ermitteln. **(5) Für Umbauten und Modernisierungen kann bei einem durchschnittlichen Schwierigkeitsgrad ein Zuschlag gemäß § 6 Absatz 2 Satz 3 bis 50 Prozent schriftlich vereinbart werden.** **(6) Steht der Planungsaufwand für die Technische Ausrüstung von Ingenieurbauwerken mit großer Längenausdehnung, die unter gleichen baulichen Bedingungen errichtet werden, in einem Missverhältnis zum ermittelten Honorar, ist § 7 Absatz 3 anzuwenden.**

HOAI 2009	HOAI 2013
Teil 5 Übergangs- und Schlussvorschriften	Teil 5 Übergangs- und Schlussvorschriften
§ 55 Übergangsvorschrift Die Verordnung **gilt nicht für Leistungen**, die vor ihrem Inkrafttreten vertraglich vereinbart wurden; insoweit bleiben die bisherigen Vorschriften anwendbar.	**§ 57 Übergangsvorschrift** Diese Verordnung **ist nicht auf Grundleistungen anzuwenden**, die vor ihrem Inkrafttreten vertraglich vereinbart wurden; insoweit bleiben die bisherigen Vorschriften anwendbar.
§ 56 Inkrafttreten, Außerkrafttreten Diese Verordnung tritt am Tag nach der Verkündung in Kraft. Gleichzeitig tritt die Honorarordnung für Architekten und Ingenieure **in der Fassung der Bekanntmachung vom 4. März 1991 (BGBl. I S. 533), die zuletzt durch Artikel 5 des Gesetzes vom 10. November 2001 (BGBl. I S. 2992) geändert worden ist,** außer Kraft.	**§ 58 Inkrafttreten, Außerkrafttreten** Diese Verordnung tritt am Tag nach der Verkündung in Kraft. Gleichzeitig tritt die Honorarordnung für Architekten und Ingenieure **vom 11. August 2009 (BGBl. I S. 2732)** außer Kraft.

Allgemeines zur HOAI

1. Der Architekten- und Ingenieurvertrag

Das Bürgerliche Gesetzbuch BGB kennt den Architekten- und Ingenieurvertrag nicht als eigenständigen Vertragstyp. Nach der derzeitigen Rechtsprechung ist er dem Werkvertrag zuzuordnen.

> **BGB § 631 vertragstypische Pflichten beim Werkvertrag**
> (1) Durch den Werkvertrag wird der Unternehmer zur Herstellung des versprochenen Werkes, der Besteller zur Entrichtung der vereinbarten Vergütung verpflichtet.
> (2) Gegenstand des Werkvertrags kann sowohl die Herstellung oder Veränderung einer Sache als auch ein anderer durch Arbeit oder Dienstleistung herbeizuführender Erfolg sein.

Zentrale Charakteristik des Werkvertrages ist die gegenüber dem Besteller eingegangene Verpflichtung des Unternehmers, das versprochene Werk zu erstellen – in der Regel unabhängig davon, welche Einzelleistungen hierzu erforderlich sind.

Der Architekten- oder Ingenieurvertrag kann schriftlich, mündlich oder durch konkludentes Handeln geschlossen werden. Eine bestimmte Vorgabe besteht nicht, jedoch empfiehlt sich aus Gründen des Nachweises immer eine schriftliche Beauftragung.

2. Anwendungsbereich der HOAI

Der Anwendungsbereich der HOAI wird in §1 geregelt.

> **HOAI § 1 Anwendungsbereich**
> Diese Verordnung regelt die Berechnung der Entgelte für die Grundleistungen der Architekten und Architektinnen und der Ingenieure und Ingenieurinnen (Auftragnehmer oder Auftragnehmerinnen) mit Sitz im Inland, soweit die Grundleistungen durch diese Verordnung erfasst und vom Inland aus erbracht werden.

Damit ist die Anwendung der HOAI auf nachfolgend aufgeführte Bereiche begrenzt.

2.1 Sitz im Inland

Die Vorschriften der HOAI gelten seit der neuesten Novelle nur noch für Auftragnehmer mit Sitz im Inland. Für Auftragnehmer mit Sitz im Ausland finden die preisrechtlichen Vorschriften der HOAI keine Anwendung.

Wobei der Auslandssitz nur in engen Grenzen Anerkennung findet. Immer wenn ein Architekt oder Ingenieur die Tätigkeit faktisch mittels einer festen Einrichtung im Inland auf unbestimmte Zeit ausübt, gilt er als in Deutschland niedergelassen.

2.2 Erfasste Leistungen

Darüber hinaus gelten die preisrechtlichen Regelungen gem. § 1 HOAI nur für die von der Verordnung erfassten Grundleistungen.

Für alle nicht in der HOAI erfassten Leistungen finden die preisrechtlichen Vorschriften der HOAI keine Anwendung.

3. Die HOAI als verbindliches Preisrecht

Die HOAI stellt auch in der aktuellen Fassung nach wie vor eine verbindliche Rechtsverordnung dar und beruht auf dem Gesetz zur Regelung von Ingenieur- und Architektenleistungen.
Zweck der Mindestsätze ist die Vermeidung eines ruinösen Preiswettbewerbs im Bereich der Architektur- und Ingenieurdienstleistungen, der die Qualität der Planungstätigkeit gefährden würde.

Dies wird deutlich in § 3 HOAI.

> **§ 3 Leistungen und Leistungsbilder**
> (1) Die Honorare für Grundleistungen der Flächen-, Objekt- und Fachplanung sind in den Teilen 2 bis 4 dieser Verordnung verbindlich geregelt. Die Honorare für Beratungsleistungen der Anlage 1 sind nicht verbindlich geregelt.

Dies sind die Leistungen für:
- die Flächenplanung nach Teil 2 (Flächenplanung: Bauleitplanung, Landschaftsplanung)
- die Objektplanung nach Teil 3 (Objektplanung: Gebäude und Innenräume, Freianlagen, Ingenieurbauwerke, Verkehrsanlagen))
- die Fachplanung nach Teil 4 (Fachplanung: Tragwerksplanung, Technische Ausrüstung)

Die HOAI regelt also für die in Teil 2, Teil 3 und Teil 4 geregelten Leistungen das Honorar, welches bei Erreichen des werkvertraglich geschuldeten Erfolgs vom Auftraggeber zu bezahlen ist.

> **§ 7 Honorarvereinbarung**
> (1) Das Honorar richtet sich nach der schriftlichen Vereinbarung, die die Vertragsparteien bei Auftragserteilung im Rahmen der durch diese Verordnung festgesetzten Mindest- und Höchstsätze treffen.
> (2) Liegen die ermittelten anrechenbaren Kosten oder Flächen außerhalb der in den Honorartafeln dieser Verordnung festgelegten Honorarsätze, sind die Honorare frei vereinbar.
> (3) Die in dieser Verordnung festgesetzten Mindestsätze können durch schriftliche Vereinbarung in Ausnahmefällen unterschritten werden.
> (4) Die in dieser Verordnung festgesetzten Höchstsätze dürfen nur bei außergewöhnlichen oder ungewöhnlich lange dauernden Grundleistungen durch schriftliche Vereinbarung überschritten werden. Dabei bleiben Umstände, soweit sie bereits für die Einordnung in die Honorarzonen oder für die Einordnung in den Rahmen der Mindest- und Höchstsätze mitbestimmend gewesen sind, außer Betracht.
> (5) Sofern nicht bei Auftragserteilung etwas anderes schriftlich vereinbart worden ist, wird unwiderleglich vermutet, dass die jeweiligen Mindestsätze gemäß Absatz 1 vereinbart sind.

Die HOAI legt hierbei den Mindest- als auch den Höchstsatz fest, innerhalb dessen ein Honorar vereinbart werden kann.
Für alle Honorarvereinbarungen, welche vom Mindestsatz abweichen, ist eine wirksame Honorarvereinbarung erforderlich.

3.1 Wirksame Honorarvereinbarung

Wirksam ist eine Honorarvereinbarung im Sinne des § 7 Abs. 1 HOAI nur, wenn sie
- schriftlich

und
- bei Auftragserteilung

und
- im Rahmen der Mindest- und Höchstsätze

abgeschlossen wurde.

3.1.1 Schriftform

Im BGB ist geregelt, was unter der Schriftform zu verstehen ist.

> **BGB § 126 Schriftform**
>
> (2) Bei einem Vertrag muss die Unterzeichnung der Parteien auf derselben Urkunde erfolgen. Werden über den Vertrag mehrere gleichlautende Urkunden aufgenommen, so genügt es, wenn jede Partei die für die andere Partei bestimmte Urkunde unterzeichnet.

Eine einseitige schriftliche Auftragsbestätigung oder auch ein kaufmännisches Bestätigungsschreiben genügen i. d. R. der Schriftform nach BGB nicht.[1]

Wurde keine wirksame schriftliche Honorarvereinbarung bei Auftragserteilung getroffen, dürfen gem. § 7 Abs. 5 der HOAI nur die Mindestsätze in Ansatz gebracht werden.

> **§ 7 Honorarvereinbarung**
>
> (5) Sofern nicht bei Auftragserteilung etwas anderes schriftlich vereinbart worden ist, wird unwiderleglich vermutet, dass die jeweiligen Mindestsätze gemäß Absatz 1 vereinbart sind.

Das Schriftformerfordernis nach HOAI betrifft aber lediglich die Honorarvereinbarung, nicht jedoch den Architekten- oder Ingenieurvertrag selbst. Auch hat eine unwirksame Honorarvereinbarung nur Auswirkung auf die Honorierung, nicht aber auf den geschlossenen Vertrag selbst. Dieser kann auch mündlich oder durch konkludentes Handeln wirksam abgeschlossen werden.

3.1.2 Bei Auftragserteilung

Die Formulierung in der HOAI § 7 Abs. 1 „bei Auftragserteilung" ist nach h. M. eng auszulegen. Als Auftragserteilung ist der Zeitpunkt anzusehen, sobald sich Auftraggeber und Auftragnehmer einig sind, dass der Auftragnehmer die Architekten- oder Ingenieurleistungen für ein bestimmtes Objekt erbringen soll. Eine Einigkeit über die Höhe des Honorars ist hierbei noch nicht erforderlich.

Die schriftliche Honorarvereinbarung muss in engem zeitlichem Zusammenhang mit der Auftragserteilung erfolgen.

Als zu spät kann bereits gelten:
- 7 Tage nach mündlicher Auftragserteilung,[2] oder
- kurz vor Einreichung des Baugesuchs,[3] oder
- wenn bereits eine Bauvoranfrage erstellt wurde.[4]

---

[1] BGH, Urteil vom 28. 10. 1993, Az: VII ZR 192/92
(Die im Buch genannten BGH-Urteile finden Sie in vollem Wortlaut auf www.ernst-und-sohn.de/baurecht-praxistipps)
[2] OLG Düsseldorf Urteil vom 22. 07. 1988, Az: 22 U 109/89
[3] OLG Düsseldorf Urteil vom 19. 04. 1996, Az: 22 U 226/95
[4] OLG Düsseldorf Urteil vom 09. 06. 1995, Az: 22 U 6/95

3.1.3 Im Rahmen der Mindest- und Höchstsätze

Die Honorarvereinbarung ist in der Regel nur dann wirksam, wenn das vereinbarte Honorar innerhalb des preisrechtlich vorgeschriebenen Mindest- und Höchstsatzes liegt.

Bei dieser Betrachtung ist auf das Gesamthonorar abzustellen. Es ist nicht maßgeblich, ob einzelne Honorarparameter richtig angesetzt wurden. Maßgeblich ist alleine, ob das Gesamthonorar sich innerhalb der vorgegebenen Grenzen der HOAI bewegt.

3.2 Anrechenbare Kosten innerhalb der Tafelwerte

Bei Objekten, bei denen die ermittelten anrechenbaren Kosten außerhalb der Tafelwerte liegen, finden die preisrechtlichen Vorschriften gemäß § 7 Abs. 2 der HOAI keine Anwendung.

> **§ 7 Honorarvereinbarung**
>
> (2) Liegen die ermittelten anrechenbaren Kosten oder Flächen außerhalb der in den Honorartafeln dieser Verordnung festgelegten Honorarsätze, sind die Honorare frei vereinbar.

Für die Objektplanung von Gebäuden, Ingenieurbauwerken oder Verkehrsanlagen bedeutet dies, dass für Objekte unter 25.000,– Euro anrechenbare Kosten das Honorar frei zu vereinbaren ist. Gleiches gilt bei der Objektplanung von Gebäuden, Ingenieurbauwerken oder Verkehrsanlagen für Objekte mit anrechenbaren Kosten über 25.000.000,– Euro.
Als Anhaltswert für die Honorarvereinbarung bei solch größeren Bauvorhaben wurden durch die RifT[5] unverbindliche Honorartafeln veröffentlicht.

3.3 Ausnahmefälle für eine Unterschreitung der Mindestsätze

Eine Unterschreitung des Mindestsatzes ist zum einen in ausdrücklich geregelten Ausnahmefällen zulässig, wie z. B.
- Enge Beziehungen rechtlicher, wirtschaftlicher, sozialer oder persönlicher Art
- Wenn der Planer mit Geschäftsanteilen an der Gesellschaft des Auftraggebers beteiligt ist
- ständige Geschäftsbeziehungen zwischen den Parteien über einen Rahmenvertrag

Darüber hinaus hat der Verordnungsgeber jedoch auch selbst Regelungen aufgestellt, nach denen eine Unterschreitung des Mindestsatzes zulässig ist, wie z. B. in

> **§ 7 Honorarvereinbarung**
>
> (7) Steht der Planungsaufwand für Ingenieurbauwerke mit großer Längenausdehnung, die unter gleichen baulichen Bedingungen errichtet werden, in einem Missverhältnis zum ermittelten Honorar, ist § 7 Absatz 3 anzuwenden.

---

[5] Richtlinie für die Beauftragung freiberuflich tätiger Architekten und Ingenieure; www.rift-online.de

3.4 Ausnahmefälle für eine Überschreitung der Höchstsätze

Eine Überschreitung des Mindestsatzes ist nur bei außergewöhnlichen oder ungewöhnlich lange dauernden Leistungen durch schriftliche Vereinbarung möglich.

3.5 Leistungen von Paketanbietern

Die preisrechtlichen Vorschriften der HOAI gelten nicht für so genannte Paketanbieter. Darunter werden Anbieter verstanden, welche zusammen mit Bauleistungen auch Architekten- oder Ingenieurleistungen erbringen.[6]

4. Die HOAI als Leistungsbeschreibung

Die HOAI stellt nach höchstrichterlichen Entscheidungen nur Preisrecht und keine Leistungsbeschreibungen dar. Was ein Architekt oder Ingenieur vertraglich schuldet, ergibt sich demzufolge alleine aus dem geschlossenen Vertrag.[7]

> Die HOAI enthält keine normativen Leitbilder für den Inhalt von Architekten- und Ingenieurverträgen. Die in der HOAI geregelten Leistungsbilder sind lediglich Gebührentatbestände für die Berechnung des Honorars der Höhe nach.

4.1 Erfolg der Leistungsphasen

In der Regel schuldet der Auftragnehmer den Erfolg der einzelnen Leistungsphasen.[8]

Leistungsphase 1

Der Erfolg der Leistungsphase 1 ist eingetreten, wenn zum einen der Bauherr in die Lage versetzt wurde, die Tragweite des Bauvorhabens abzuschätzen, und zum anderen die Planer die Vorstellungen des Bauherrn so weit kennen, dass sie in die Vorplanung einsteigen können.

Leistungsphase 2

Bei der Leistungsphase 2 ist der Erfolg dann eingetreten, wenn ein weiterentwicklungsfähiges, den wirtschaftlichen Vorstellungen des Bauherren entsprechendes Vorplanungskonzept sowie eine Kostenschätzung nach DIN 276 vorgelegt werden.

Leistungsphase 3

Der in der Leistungsphase 3 geschuldete Erfolg besteht in der Überlassung technisch und wirtschaftlich mangelfreier, genehmigungsfähiger Entwurfszeichnungen, nebst Objektbeschreibung und Kostenberechnung nach DIN 276.

---

[6] BGH, Urteil vom 22. 05. 1997, Az: VII ZR 290/95
[7] BGH, Urteil vom 24. 10. 1996, Az: VII ZR 283/95
[8] Simmendinger, Die HOAI im Planungsprozess

Leistungsphase 4

In der Leistungsphase 4 schuldet der Planer die Einreichung einer genehmigungsfähigen Planung.

Leistungsphase 5

Der Erfolg in der Leistungsphase 5 liegt in der Erstellung ausführungsreifer Pläne nebst textlicher Erläuterungen. Mit diesen Unterlagen muss nahtlos in die Ausführungsphase, beginnend mit der Zusammenstellung der Ausschreibungsunterlagen, gewechselt werden können.

Leistungsphase 6

Sind alle zur Ausschreibung in technischer Hinsicht erforderlichen Unterlagen, geordnet nach Leistungsbereichen, dem Auftraggeber zur Verfügung gestellt worden, ist der Erfolg dieser Leistungsphase eingetreten. Der Bauherr benötigt nur noch die Ergänzungen um die rechtlichen Vertragsbedingungen, um im Besitz vollständiger Verdingungsunterlagen zu sein.

Leistungsphase 7

In der Leistungsphase 7 ist der Erfolg erreicht, wenn dem Bauherrn technisch, wirtschaftlich und rechtlich einwandfreie Vergabeunterlagen an die Hand gegeben werden. Diese beinhalten einen Vergabevorschlag einschließlich einem Preisspiegel. Aufbauend auf diesen Informationen muss noch ein Kostenanschlag nach DIN 276 erstellt werden.

Leistungsphase 8

Der Erfolg der Leistungsphase 8 besteht in dem Entstehenlassen eines plangerechten, technischen und wirtschaftlich mangelfreien Bauwerks.

4.2 Geschuldete Teilleistungen

Etwas anderes gilt, wenn die Vertragsparteien einzelne „Leistungsbilder" der HOAI zum Vertragsbestandteil gemacht haben. Leider verwenden viele Vertragsmuster immer noch solch unglückliche Formulierungen wie z. B.

Leistungen des Auftragnehmers

Der Auftraggeber überträgt dem Auftragnehmer nachfolgende Leistungen:

- ○ Grundleistungen der Leistungsphase 1
- ○ Grundleistungen der Leistungsphase 2
- ○ Grundleistungen der Leistungsphase 3
- ○ Grundleistungen der Leistungsphase 4
- ○ Grundleistungen der Leistungsphase 5
- ○ Grundleistungen der Leistungsphase 6
- ○ Grundleistungen der Leistungsphase 7
- ○ Grundleistungen der Leistungsphase 8

(Zutreffendes bitte ankreuzen)

Als Folge können bei einer solchen Formulierung die vereinbarten Arbeitsschritte in der Regel als Teilerfolge des Gesamterfolges geschuldet werden. Erbringt der Auftragnehmer einen derartigen Teilerfolg nicht, ist sein Werk mangelhaft. Als Folge kann der Honoraranspruch gemindert werden.[9]

Die Leistungen sind dann als Teilerfolge geschuldet und müssen grundsätzlich in den Leistungsphasen erbracht werden, in denen sie in der HOAI zugeordnet sind. An einer späteren Erbringung dieser Leistungen hat der Auftraggeber regelmäßig kein Interesse mehr, so dass eine Minderung der Vergütung nicht davon abhängt, dass er dem Auftragnehmer eine Frist zur Erbringung gesetzt und die Ablehnung angedroht hat.[10]

Zumal der Verordnungsgeber nunmehr in nahezu jeder Leistungsphase die Erläuterung und Dokumentation als eine Grundleistung festgelegt hat.

5. Die unterschiedlichen Leistungsarten der HOAI

Die HOAI kennt unterschiedliche Arten von Leistungen, nach welchen klar unterschieden werden muss.

5.1 Planungs- und Beratungsleistungen

Nach der Novellierung im Jahre 2013 unterscheidet § 3 Abs. 1 der HOAI nach preisrechtlich verordneten Grundleistungen und frei zu vereinbarende Beratungsleistungen.

> **§ 3 Leistungen und Leistungsbilder**
> (1) Die Honorare für Grundleistungen der Flächen-, Objekt- und Fachplanung sind in den Teilen 2 bis 4 dieser Verordnung verbindlich geregelt. Die Honorare für Beratungsleistungen der Anlage 1 sind nicht verbindlich geregelt.

5.1.1 Planungsleistungen

Bei den preisrechtlich verbindlich geregelten Planungsleistungen handelt es sich um Leistungen zur
- Flächenplanung nach Teil 2
- Objektplanung nach Teil 3
- Fachplanung nach Teil 4

5.1.2 Beratungsleistungen

Bei den Beratungsleistungen handelt es sich um die
- Leistungen zur Umweltverträglichkeitsstudie
- Leistungen der Bauphysik
- Leistungen der Geotechnik
- Leistungen der Ingenieurvermessung

aus der Anlage 1 zur HOAI. Diese Leistungen, welche bis zur Einführung der HOAI 2009 noch preisrechtlich geregelt waren, bleiben auch mit Einführung der HOAI 2013 frei vereinbar.

---

[9] BGH, Urteil vom 24. 06. 2004, Az: VII ZR 259/02
[10] BGH, Urteil vom 11. 11. 2004, Az: VII ZR 128/03

5.2 Grundleistungen und Besondere Leistungen

Bei den preisrechtlich geregelten Planungsleistungen unterscheidet die HOAI in § 3 Abs. 2 und Abs. 3 dann erneut in unterschiedliche Arten von Leistungen.

> **§ 3 Leistungen und Leistungsbilder**
>
> (2) Grundleistungen, die zur ordnungsgemäßen Erfüllung eines Auftrags im Allgemeinen erforderlich sind, sind in Leistungsbildern erfasst.
>
> (3) Die Aufzählung der Besonderen Leistungen in dieser Verordnung und in den Leistungsbildern ihrer Anlagen ist nicht abschließend. Die Besonderen Leistungen können auch für Leistungsbilder und Leistungsphasen, denen sie nicht zugeordnet sind, vereinbart werden, soweit sie dort keine Grundleistungen darstellen. Die Honorare für Besondere Leistungen können frei vereinbart werden.

Gemäß den Regelungen des § 3 Abs. 2 und 3 HOAI wird nach folgenden Leistungen unterschieden:
- preisrechtlich geregelte Grundleistungen
- frei zu vereinbarende Besondere Leistungen.

5.2.1 Grundleistungen

In den preisrechtlichen Regelungen der HOAI sind die Grundleistungen erfasst, welche zur ordnungsgemäßen Erfüllung eines Auftrags im Allgemeinen erforderlich sind.
Diese Leistungen sind in den jeweiligen Leistungsbildern in den Anlagen aufgeführt.

5.2.2 Besondere Leistungen

Darüber hinaus kennt § 3 Abs. 3 der HOAI die Besonderen Leistungen. Diese sind neben den Grundleistungen in den entsprechenden Anlagen aufgeführt. Besonders hervorgehoben wird, dass diese Aufzählung keinesfalls abschließend ist.
Eine umfassendere Zusammenstellung dieser Leistungen wird z. B. in der grünen Schriftenreihe Nr. 4 des AHO vorgenommen.[11]
Das Honorar für Besondere Leistungen kann frei vereinbart werden.

5.2.3 Nicht von der HOAI erfasste Leistungen

Darüber hinaus gibt es nach wie vor noch die Leistungen, welche in der HOAI überhaupt nicht erfasst sind. Beispielhaft können hier die Leistungen der Bedarfsplanung nach DIN 18205 genannt werden.

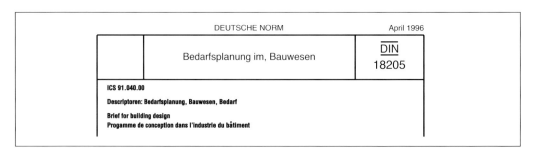

---

[11] Grüne Schriftenreihe Nr. 4 des AHO vom September 2008, www.aho.de
Zusätzlich zu vergütende Leistungen bei der Planung von Objekten der Wasser- und Abfallwirtschaft

Die Bedarfsermittlung stellt eine eigenständige Planungsphase dar, welche noch vor Erbringung der eigentlichen Objektplanungsleistung erbracht werden muss.

Wie in der DIN 18205 im Vorwort beschrieben, sind diese Leistungen keinesfalls mit der Grundlagenermittlung der Leistungsphase 1 abgedeckt, sondern Aufgabe des Bauherrn. Er kann damit jedoch auch Architekten oder Ingenieure beauftragen. Die HOAI findet bei der Bedarfsplanung jedenfalls keine Anwendung.

Der Bedarfsplanung wird in der Praxis jedoch viel zu wenig Bedeutung beigemessen, obwohl die DIN 18205 bereits 1996 veröffentlicht wurde.

In dieser Phase steckt auch das größte Potential zur Kostenbeeinflussung, wie nachfolgende Grafik anschaulich zeigt.

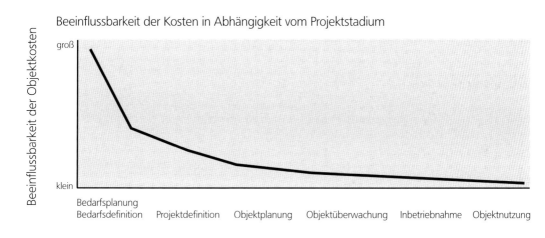

Das Abrechnungssystem der HOAI

Für nahezu alle Planungsleistungen sieht § 6 Abs. 1 HOAI ein grundlegendes Abrechnungssystem vor.

> **§ 6 Grundlagen des Honorars**
>
> (1) Das Honorar für Grundleistungen nach dieser Verordnung richtet sich
>   1. für die Leistungsbilder des Teils 2 nach der Größe der Fläche und für die Leistungsbilder der Teile 3 und 4 nach den anrechenbaren Kosten des Objekts auf der Grundlage der Kostenberechnung oder, sofern keine Kostenberechnung vorliegt, auf der Grundlage der Kostenschätzung,
>   2. nach dem Leistungsbild,
>   3. nach der Honorarzone,
>   4. nach der dazugehörigen Honorartafel

1. Anrechenbare Kosten

In einem ersten Schritt sind die anrechenbaren Kosten zu ermitteln. Dieser erste Baustein der Abrechnung ist zugleich auch der schwierigste. Für die Ermittlung der anrechenbaren Kosten gilt grundlegend § 4 Abs. 1 der HOAI.

> **§ 4 Anrechenbare Kosten**
>
> (1) Anrechenbare Kosten sind Teil der Kosten für die Herstellung, den Umbau, die Modernisierung, Instandhaltung oder Instandsetzung von Objekten sowie für die damit zusammenhängenden Aufwendungen. Sie sind nach allgemein anerkannten Regeln der Technik oder nach Verwaltungsvorschriften (Kostenvorschriften) auf der Grundlage ortsüblicher Preise zu ermitteln. Wird in dieser Verordnung im Zusammenhang mit der Kostenermittlung die DIN 276 in Bezug genommen, so ist die Fassung vom Dezember 2008 (DIN 276-1:2008-12) bei der Ermittlung der anrechenbaren Kosten zugrunde zu legen. Umsatzsteuer, die auf die Kosten von Objekten entfällt, ist nicht Bestandteil der anrechenbaren Kosten.

Als erster Schritt ist jedoch zu prüfen, ob das zu planende Bauvorhaben aus mehreren Objekten im Sinne der HOAI besteht. Denn nach dem Objekttrennungsgrundsatz in § 11 Abs. 1 ist das Honorar im Regelfall für jedes Objekt getrennt zu ermitteln.

> **§ 11 Auftrag für mehrere Objekte**
>
> (1) Umfasst ein Auftrag mehrere Objekte, so sind die Honorare vorbehaltlich der folgenden Absätze für jedes Objekt getrennt zu berechnen.

1.1 Ermittlung der anrechenbaren Kosten

Die anrechenbaren Kosten sind Teil der Kosten zur Herstellung des einzelnen Objekts. Welche Kosten hierfür anrechenbar sind, wird in den jeweiligen Fachteilen in den Paragraphen „Besondere Grundlagen des Honorars" geregelt.

- Objektplanung Gebäude § 33 HOAI
- Objektplanung Freianlagen § 38 HOAI
- Objektplanung Ingenieurbauwerke § 42 HOAI
- Objektplanung Verkehrsanlagen § 46 HOAI
- Fachplanung Tragwerksplanung § 50 HOAI
- Fachplanung Technische Ausrüstung § 54 HOAI

Hier soll **beispielhaft für die Objektplanung von Ingenieurbauwerken** aufgezeigt werden, welche Kosten im Einzelnen anrechenbar sind.

> **§ 42 Besondere Grundlagen des Honorars**
>
> (1) Für Grundleistungen bei Ingenieurbauwerken sind die Kosten der Baukonstruktion anrechenbar. Die Kosten für die Anlagen der Maschinentechnik, die der Zweckbestimmung des Ingenieurbauwerks dienen, sind anrechenbar, soweit der Auftragnehmer diese plant oder deren Ausführung überwacht.
>
> (2) Für Grundleistungen bei Ingenieurbauwerken sind auch die Kosten für Technische Anlagen, die der Auftragnehmer nicht fachlich plant oder deren Ausführung der Auftragnehmer nicht fachlich überwacht,
> 1. vollständig anrechenbar bis zum Betrag von 25 Prozent der sonstigen anrechenbaren Kosten und
> 2. zur Hälfte anrechenbar mit dem Betrag, der 25 Prozent der sonstigen anrechenbaren Kosten übersteigt.
>
> (3) Nicht anrechenbar sind, soweit der Auftragnehmer die Anlagen weder plant noch ihre Ausführung überwacht, die Kosten für:
> 3. das Herrichten des Grundstücks,
> 4. die öffentliche und die nichtöffentliche Erschließung, die Außenanlagen, das Umlegen und Verlegen von Leitungen,
> 5. verkehrsregelnde Maßnahmen während der Bauzeit,
> 6. die Ausstattung und Nebenanlagen von Ingenieurbauwerken.

1.2 Ortsübliche Preise

Die HOAI sieht in § 4 Abs. 2 für die anrechenbaren Kosten den Ansatz marktgerechter Preise vor, soweit diese vom Auftraggeber nicht entrichtet werden müssen.

> **§ 4 Anrechenbare Kosten**
>
> (2) Die anrechenbaren Kosten richten sich nach den ortsüblichen Preisen, wenn der Auftraggeber
> 1. selbst Lieferungen oder Leistungen übernimmt,
> 2. von bauausführenden Unternehmen oder von Lieferanten sonst nicht übliche Vergünstigungen erhält,
> 3. Lieferungen oder Leistungen in Gegenrechnung ausführt oder
> 4. vorhandene oder vorbeschaffte Baustoffe oder Bauteile einbauen lässt.

Der Honorarberechnung soll grundsätzlich der tatsächliche Bauwert zugrunde liegen. Daher enthält Absatz 2 eine Sonderregelung zur Höhe der Kosten für solche Fälle, in denen Leistungen oder Lieferungen unter besonderen Bedingungen und daher nicht zu ortsüblichen Preisen erbracht werden. In diesen Fällen sollen als anrechenbare Kosten stets die ortsüblichen Preise angesetzt werden.

1.3 Bezugnahme auf die DIN 276

In § 4 Abs. 1 der HOAI wird auf die DIN 276 in der Fassung vom Dezember 2008 (DIN 276-1:2008-12) Bezug genommen. Entsprechend dem Urteil des BGH[12] stellt die DIN jedoch lediglich eine Hilfsfunktion dar, da die Norm als technische Regel nur als Auslegungshilfe bei der Honorarermittlung dienen kann.

Seit August 2009 ist von der zuständigen DIN-Kommission zusätzlich ein neuer Teil 4 der DIN 276 erarbeitet worden. Dieser wird als fachlich anerkannte Regel der Technik im Sinne von § 4 Nr. 1 HOAI künftig gleichfalls als Auslegungshilfe für die Honorarermittlung bei Ingenieurbauwerken und Verkehrsanlagen herangezogen werden müssen.

DIN 276-4:2009-08 (D)

Kosten im Bauwesen – Teil 4: Ingenieurbau

Inhalt	Seite
1 Anwendungsbereich	3
2 Begriffe	3
3 Grundsätze der Kostenplanung	3
4 Kostengliederung	4
4.1 Aufbau der Kostengliederung	4
4.2 Ausführungsorientierte Gliederung der Kosten	4
4.3 Darstellung der Kostengliederung	4

Diese Norm gilt für Ingenieurbauwerke und Verkehrsanlagen, insbesondere für die Ermittlung und die Gliederung von Kosten. Sie beschränkt sich auf die spezifischen Festlegungen zu Ingenieurbauwerken und Verkehrsanlagen. Im Übrigen gelten die in DIN 276, Teil 1 getroffenen allgemeinen Aussagen.

1.3.1 Voll anrechenbare Kosten

Entsprechend § 42 Abs. 1 der HOAI sind die Kosten der Baukonstruktion voll anrechenbar.

---

§ 42 Besondere Grundlagen des Honorars

(1) Für Grundleistungen bei Ingenieurbauwerken sind die Kosten der Baukonstruktion anrechenbar. Die Kosten für die Anlagen der Maschinentechnik, die der Zweckbestimmung des Ingenieurbauwerks dienen, sind anrechenbar, soweit der Auftragnehmer diese plant oder deren Ausführung überwacht.

---

[12] BGH, Urteil vom 21. 04. 1994, Az: VII ZR 144/93

Durch die Bezugnahme auf die DIN 276 in der Fassung vom Dezember 2008 ist unter den Kosten der Baukonstruktion die Kostengruppe 300 zu verstehen, welche wie folgt definiert ist.

> **DIN 276**
>
> Kosten von Bauleistungen und Lieferungen zur Herstellung des Bauwerks, jedoch ohne die Technischen Anlagen (Kostengruppe 400).
>
> Dazu gehören auch die mit dem Bauwerk fest verbundenen Einbauten, die der besonderen Zweckbestimmung dienen, sowie übergreifende Maßnahmen in Zusammenhang mit den Baukonstruktionen.
>
> Bei Umbauten und Modernisierungen zählen hierzu auch die Kosten von Teilabbruch-, Instandsetzungs-, Sicherungs- und Demontagearbeiten.

Gleichfalls voll anrechenbar sind die Kosten der Anlagen der Maschinentechnik, soweit diese vom Auftragnehmer geplant oder überwacht werden. Eine Abminderung der Kosten nach Abs. 2 erfolgt nicht.
Was unter den Anlagen der Maschinentechnik und unter der Anspruchsvoraussetzung des „planen oder überwachen" zu verstehen ist, wird in der amtlichen Begründung zu § 42 wie folgt erläutert:

> **Amtliche Begründung zu § 42**
>
> § 42 Absatz 1 Satz 2 stellt klar, dass die Kosten für die Maschinentechnik, die der Zweckbestimmung des Ingenieurbauwerks dienen, anrechenbar sind, soweit der Objektplaner diese plant oder deren Ausführung überwacht. Die Kosten für die Maschinentechnik sind bei den Kosten der Baukonstruktion im Sinne des § 42 Absatz 1 Satz 1 zu berücksichtigen und nicht den Kosten für die Anlagen der Technischen Ausrüstung im Sinne des § 42 Absatz 2 zuzurechnen.
>
> Bei Anlagen der Maschinentechnik handelt es sich um Anlagen ohne jegliche Anschlusstechnik, die als Einheit vom Hersteller geliefert werden, zum Beispiel um Räumer für Absetzbecken bei Kläranlagen und Wasserwerken, Kammerfilterpressen, um Oberflächenbelüfter oder Gasentschwefler sowie um Gasspeicher von Abwasserbehandlungsanlagen. Dazu zählen auch die reinen Stahlbauteile bei Schleusen und Wehren und die Grob- und Feinrechen.
>
> Voraussetzung für die Anrechenbarkeit der Anlagen der Maschinentechnik ist, dass der Auftragnehmer diese plant oder deren Ausführung überwacht. Erforderlich für die Planungsleistung ist nicht, dass der Planer selbst die Konstruktionszeichnungen und weitere Unterlagen für die Anfertigung der Anlagen der Maschinentechnik erstellt. Ausreichend ist, dass der Auftragnehmer auf die Anlagen der Maschinentechnik planerisch Einfluss nimmt. Bei einer Räumerbrücke muss der Objektplaner zum Beispiel auf inneren und äußeren Antrieb, Laufgeschwindigkeit, Windbelastung oder bestimmte Lichtraummaße ebenso Einfluss nehmen wie bei der gesamten technischen Gestaltung der eigentlichen Räumereinrichtung, die mit der Räumerbrücke verbunden ist und wesentliche technische Aufgaben zu erfüllen hat. In diesem Sinn wird die Räumerbrücke vom Objektplaner geplant und regelmäßig wird dann in der Praxis auch ihre Ausführung auf der Baustelle überwacht.

1.3.2 Teilweise anrechenbare Kosten

Die Kosten der technischen Anlagen (KG 400) sind nach § 42 Abs. 2 der HOAI teilweise anrechenbar.

> **§ 42 Besondere Grundlagen des Honorars**
>
> (2) Für Grundleistungen bei Ingenieurbauwerken sind auch die Kosten für Technische Anlagen, die der Auftragnehmer nicht fachlich plant oder deren Ausführung der Auftragnehmer nicht fachlich überwacht,
> 1. vollständig anrechenbar bis zum Betrag von 25 Prozent der sonstigen anrechenbaren Kosten und
> 2. zur Hälfte anrechenbar mit dem Betrag, der 25 Prozent der sonstigen anrechenbaren Kosten übersteigt.

Die Kosten der technischen Anlagen sind in der DIN 276 wie folgt beschrieben:

> **DIN 276**
>
> Kosten aller im Bauwerk eingebauten, daran angeschlossenen oder damit fest verbundenen technischen Anlagen oder Anlagenteile.
>
> Die einzelnen technischen Anlagen enthalten die zugehörigen Gestelle, Befestigungen, Armaturen, Wärme- und Kältedämmung, Schall- und Brandschutzvorkehrungen, Abdeckungen, Verkleidungen, Anstriche, Kennzeichnungen sowie die anlagenspezifischen Mess-, Steuer- und Regelanlagen.

Die Kostengruppe 400 gliedert sich nach DIN 276 in folgende Kostengruppen auf:

- KG 410   Abwasser-, Wasser-, Gasanlagen
- KG 420   Wärmeversorgungsanlagen
- KG 430   Lufttechnische Anlagen
- KG 440   Starkstromanlagen
- KG 450   Fernmelde- und informationstechnische Anlagen
- KG 460   Förderanlagen
- KG 470   Verfahrenstechnische Anlagen
- KG 480   Automation
- KG 490   Sonstige Maßnahmen für technische Anlagen

Dazu führt der Bundesgerichtshof in einem Urteil aus dem Jahre 2004 aus:[13]

> **BGH, Urteil vom 30. 09. 2004, Az: VII ZR 192/03**
>
> Die Technische Ausrüstung beispielsweise, die nicht vom Objektplaner, sondern von Dritten geplant wird, verlangt auch vom Objektplaner so umfangreiche Koordinations- und Integrationsleistungen innerhalb seiner Objektplanung, dass in die Berechnung seines Honorars die Kosten auch der Technischen Ausrüstung in angemessenem Umfang einbezogen werden. Dementsprechend sind diese Kosten teilweise anrechenbar. Damit werden nicht fachplanerische Leistungen honoriert, sondern der in diesem Zusammenhang besondere Umfang der koordinierenden und integrierenden Tätigkeit des Objektplaners.

Erbringt der Auftragnehmer neben der Objektplanung auch noch die Fachplanungsleistung der Technischen Ausrüstung, dann steht ihm dafür ein gesondertes Fachplanungshonorar nach Teil 4 zu.[14]

---

[13] BGH, Urteil vom 30. 09. 2004, Az: VII ZR 192/03; BauR 2004, 1963
[14] OLG Saarbrücken, Urteil vom 28. 11. 2000, Az: 4 U 90/00

1.3.3 Bedingt anrechenbare Kosten

Weitere Kosten sind nach § 41 Abs. 3 HOAI bedingt anrechenbar.

> **§ 42 Besondere Grundlagen des Honorars**
>
> (3) Nicht anrechenbar sind, soweit der Auftragnehmer die Anlagen weder plant noch ihre Ausführung überwacht, die Kosten für:
> 1. das Herrichten des Grundstücks,
> 2. die öffentliche und die nichtöffentliche Erschließung, die Außenanlagen, das Umlegen und Verlegen von Leitungen,
> 3. verkehrsregelnde Maßnahmen während der Bauzeit,
> 4. die Ausstattung und Nebenanlagen von Ingenieurbauwerken.

Diese Kosten sind bedingt anrechenbar, weil die Anrechenbarkeit dieser Kosten davon abhängt, ob der Objektplaner diese Anlagen plant oder deren Ausführung überwacht.
Durch den Bundesgerichtshof wurde in seinem Urteil aus dem Jahre 2004 Folgendes herausgearbeitet:[15]

> **BGH, Urteil vom 30. 09. 2004, Az: VII ZR 192/03**
>
> Für die Anrechenbarkeit von bedingt anrechenbaren Kosten genügt eine bloße koordinierende oder integrierende Tätigkeit im Rahmen der Objektplanung nicht. Eine solche ist ohnehin stets erforderlich.
>
> Wenn der Objektplaner jedoch die entsprechenden Anlagen oder Maßnahmen geplant oder deren Ausführung überwacht hat, sind die dazugehörenden Kosten wiederum anrechenbar.
>
> Als Planungsleistung in diesem Sinne kommen nur solche Planungen in Betracht, die sich direkt auf diese Maßnahmen beziehen. Anderweitige Planungstätigkeiten des Objektplaners führen nicht zur Anrechnung der bedingt anrechenbaren Kosten, selbst wenn sie diese Maßnahmen berühren. Das gilt für die Objektplanung des Ingenieurs ebenso wie für die dazugehörende Koordination zwischen der vorbereitenden Herrichtung des Grundstücks und der Errichtung des Objekts.

1.4 Maßgebliche Kostenermittlung

Bereits mit der HOAI 2009 wurde die Kostendrei- bzw. Kostenzweiteilung aufgegeben. Als Grundlage für die Ermittlung der Anrechenbaren Kosten bleibt die Kostenberechnung maßgebend.

> **§ 6 Grundlagen des Honorars**
>
> (1) Das Honorar für Grundleistungen nach dieser Verordnung richtet sich
> 1. für die Leistungsbilder des Teils 2 nach der Größe der Fläche und für die Leistungsbilder der Teile 3 und 4 nach den anrechenbaren Kosten des Objekts auf der Grundlage der Kostenberechnung oder, sofern keine Kostenberechnung vorliegt, auf der Grundlage der Kostenschätzung,
> 2. …
>
> (3) Wenn zum Zeitpunkt der Beauftragung noch keine Planungen als Voraussetzung für eine Kostenschätzung oder Kostenberechnung vorliegen, können die Vertragsparteien abweichend von Absatz 1 schriftlich vereinbaren, dass das Honorar auf der Grundlage der anrechenbaren Kosten einer Baukostenvereinbarung nach den Vorschriften dieser Verordnung berechnet wird. Dabei werden nachprüfbare Baukosten einvernehmlich festgelegt.

---

[15] BGH, Urteil vom 30. 09. 2004, Az: VII ZR 192/03; BauR 2004, 1963

1.4.1 Kostenberechnung

Durch den Verzicht auf die Anpassung der anrechenbaren Kosten auf Basis des Kostenanschlags beziehungsweise der Kostenfeststellung wurde eine Abkoppelung des Honorars von den tatsächlichen Baukosten erreicht.

1.4.2 Baukostenvereinbarung

Um auch in einem sehr frühen Stadium, in dem noch keine Planungen als Voraussetzung für eine Kostenschätzung, beziehungsweise Kostenberechnung vorliegen, eine Honorarvereinbarung zu ermöglichen, sieht § 6 Abs. 3 optional die Möglichkeit der Baukostenvereinbarung vor.
Damit keine unrealistischen Baukosten und hieraus resultierende Honorare fixiert werden, sind nachprüfbare Baukosten Voraussetzung für eine solche Honorarvereinbarung, die zum Beispiel anhand vergleichbarer Referenzobjekte oder einer Bedarfsplanung, zum Beispiel auf Basis der DIN 18205, ermittelt werden kann.
Der Abschluss einer solchen Baukostenvereinbarung setzt außerdem voraus, dass beide Vertragspartner über den gleichen Informationsstand und das gleiche Fachwissen verfügen. Aus diesem Grunde ist diese Regelung nur als alternative Möglichkeit der Honorarermittlung aufgenommen worden.

2. Leistungsbild und Leistungsanteil

Die Leistungsbilder gliedern sich auch in der 7. Novelle in die bekannten Leistungsphasen.

> **§ 3 Leistungen und Leistungsbilder**
>
> (4) Die Leistungsbilder nach dieser Verordnung gliedern sich in die folgenden Leistungsphasen 1 bis 9:
>   1. Grundlagenermittlung,
>   2. Vorplanung,
>   3. Entwurfsplanung,
>   4. Genehmigungsplanung,
>   5. Ausführungsplanung,
>   6. Vorbereitung der Vergabe,
>   7. Mitwirkung bei der Vergabe,
>   8. Objektüberwachung (Bauüberwachung oder Bauoberleitung),
>   9. Objektbetreuung und Dokumentation.

Diese allgemeine Regelung zu den Leistungsbildern wird in den jeweiligen Fachteilen durch die spezifischen Regelungen zu den Leistungsbildern ergänzt.
Allerdings wurden die Leistungsbilder für die 7. Novelle grundlegend modernisiert. In diesem Zuge fand eine teilweise Verschiebung von Grundleistungen in andere Leistungsbilder statt. Auch neue Grundleistungen sind in diesem Zuge mit eingeführt worden Aus diesem Grund fand auch eine Anpassung der Bewertung der einzelnen Leistungsphasen statt, wie nachfolgend am Beispiel Ingenieurbauwerke dargestellt.

§ 43 Leistungsbild Ingenieurbauwerke

(1) § 34 Absatz 1 gilt entsprechend. Die Grundleistungen für Ingenieurbauwerke sind in neun Leistungsphasen unterteilt und werden wie folgt in Prozentsätzen der Honorare des § 44 bewertet:
1. für die Leistungsphase 1 (Grundlagenermittlung) mit 2 Prozent,
2. für die Leistungsphase 2 (Vorplanung) mit 20 Prozent, *(vorher 15 Prozent)*
3. für die Leistungsphase 3 (Entwurfsplanung) mit 25 Prozent, *(vorher 30 Prozent)*
4. für die Leistungsphase 4 (Genehmigungsplanung) mit 5 Prozent,
5. für die Leistungsphase 5 (Ausführungsplanung) mit 15 Prozent,
6. für die Leistungsphase 6 (Vorbereitung der Vergabe) mit 13 Prozent, *(vorher 10 Prozent)*
7. für die Leistungsphase 7 (Mitwirkung bei der Vergabe) mit 4 Prozent, *(vorher 5 Prozent)*
8. für die Leistungsphase 8 (Bauoberleitung) mit 15 Prozent,
9. für die Leistungsphase 9 (Objektbetreuung) mit 1 Prozent. *(vorher 3 Prozent)*

Die ausführlichen Leistungsbilder sind dann wieder in den jeweilgen Anlagen zur Verordnung ergänzt. In diesem Zusammenhang wurde auch wieder eine gemeinsame Darstellung des Leistungsbildes eingeführt, d.h. Grundleistungen und Besondere Leistungen sind wieder zusammen für jede Leistungsphase dargestellt, wie dies zuletzt in der HOAI 1996 der Fall war.

Die Leistungsphasen werden in Prozentsätzen des jeweiligen Gesamthonorars aus der zugehörigen Honorartabelle bewertet.

Der Verordnungsgeber sieht als kleinste Abrechnungseinheit die Leistungsphase vor. Eine weitergehende preisrechtliche Bewertung der Grundleistungen sieht die HOAI nicht vor. Jedoch schreibt § 8 der HOAI vor:

§ 8 Berechnung des Honorars in besonderen Fällen

(1) Werden dem Auftragnehmer nicht alle Leistungsphasen eines Leistungsbildes übertragen, so dürfen nur die für die übertragenen Phasen vorgesehenen Prozentsätze berechnet und vereinbart werden. Die Vereinbarung hat schriftlich zu erfolgen.

(2) Werden dem Auftragnehmer nicht alle Grundleistungen einer Leistungsphase übertragen, so darf für die übertragenen Grundleistungen nur ein Honorar berechnet und vereinbart werden, das dem Anteil der übertragenen Grundleistungen an der gesamten Leistungsphase entspricht. Die Vereinbarung hat schriftlich zu erfolgen. Entsprechend ist zu verfahren, wenn dem Auftragnehmer wesentliche Teile von Grundleistungen nicht übertragen werden.

(3) Die gesonderte Vergütung eines zusätzlichen Koordinierungs- oder Einarbeitungsaufwands ist schriftlich zu vereinbaren.

Für die Bewertung von einzelnen Grundleistungen können die von mir aufgestellten Teilleistungstabellen in der Anlage Verwendung finden.

Der Verordnungsgeber hat leider auch bei der HOAI 2013 die Leistungen der örtlichen Bauüberwachung bei Ingenieurbauwerken und Verkehrsanlagen preisrechtlich nicht verordnet. Für diese Leistungen kann das Honorar frei vereinbart werden. Eine Honorarempfehlung für diese Leistungen findet sich unter dem Kapitel Besonderheiten. Gleiches gilt für die Leistungen der Verfahrens- und Prozesstechnik.

3. Honorarzone

Der neben den anrechenbaren Kosten bedeutendste Faktor für die Honorarberechnung ist die Honorarzone des Objekts.

3.1 Objekttrennung

Zunächst ist zu prüfen, ob das zu planende Bauvorhaben aus mehreren Objekten im Sinne der HOAI besteht, denn nach dem Objekttrennungsgrundsatz in § 11 Abs. 1 ist das Honorar im Regelfall für jedes Objekt getrennt zu ermitteln.

> **§ 11 Auftrag für mehrere Objekte**
> (1) Umfasst ein Auftrag mehrere Objekte, so sind die Honorare vorbehaltlich der folgenden Absätze für jedes Objekt getrennt zu berechnen.

Hilfestellung bietet die amtliche Begründung zu § 41, welche auf das Prinzip der funktionalen Einheit abstellt.

> **Amtliche Begründung zu § 41**
> Bauwerke oder Anlagen, die funktional eine Einheit bilden, sind als ein Objekt anzusehen. Werden dagegen einem Auftragnehmer die Planung einer Abwasserbehandlungsanlage und eines Abwasser-Kanalnetzes in einem Auftrag übertragen, so handelt es sich hier um die Übertragung der Leistungen für zwei verschiedene Objekte mit jeweils einer eigenen funktionalen Einheit. Das Abwasser-Kanalsystem erfüllt die Transport-Funktion für das Abwasser, die Abwasserbehandlungsanlage erfüllt die Reinigungsfunktion für das Abwasser.

Zum Vorbehalt aus § 11 Abs. 1 HOAI wird im Kapitel Besonderheiten – Auftrag für mehrere Objekte weiter Stellung genommen.

3.2 Vorgehensweise bei der Ermittlung der Honorarzone

An der Vorgehensweise zur Ermittlung der Honorarzone hat sich gegenüber den früheren Fassungen der HOAI nichts Grundlegendes geändert. Die grundsätzliche Vorgehensweise ist zunächst in § 5 Abs. 3 geregelt.

> **§ 5 Honorarzonen**
> (3) Die Honorarzonen sind anhand der Bewertungsmerkmale in den Honorarregelungen der jeweiligen Leistungsbilder der Teile 2 bis 4 zu ermitteln. Die Zurechnung zu den einzelnen Honorarzonen ist nach Maßgabe der Bewertungsmerkmale und gegebenenfalls der Bewertungspunkte sowie unter Berücksichtigung der Regelbeispiele in den Objektlisten der Anlagen dieser Verordnung vorzunehmen.

Für die Praxis ist jedoch die umgekehrte Vorgehensweise bei der Ermittlung der Honorarzone als einfacher und zielführender erwiesen.

Die Vorgehensweise zur Ermittlung der Honorarzone soll hier am Beispiel der **Objektplanung Ingenieurbauwerke** dargestellt werden.

3.3 Objektliste

Als erster Schritt ist anhand der jeweiligen Objektliste aus Anlagen 10 bis 15 zu überprüfen, ob das Objekt dort aufgeführt ist.

Die Objektliste für die Objekt- und Fachplanungsleistungen finden sich in folgenden Anlagen:

- Objektplanung Gebäude   Anlage 10 Nummer 10.2
- Objektplanung Freianlagen   Anlage 11 Nummer 11.2
- Objektplanung Ingenieurbauwerke   Anlage 12 Nummer 12.2
- Objektplanung Verkehrsanlagen   Anlage 13 Nummer 13.2
- Fachplanung Tragwerksplanung   Anlage 14 Nummer 14.2
- Fachplanung Technische Ausrüstung   Anlage 15 Nummer 15.2

Die Objektlisten sind in der HOAI 2013 in einer übersichtlichen Form dargestellt, wie nachfolgend an einem Auszug aus der Objektliste der Ingenieurbauwerke aus Anlage 12 Nummer 12.2 gezeigt werden soll.

Gruppe 1 – Bauwerke und Anlagen der Wasserversorgung	I	II	III	IV	V
Zisternen	X				
– einfache Anlagen zur Gewinnung und Förderung von Wasser, zum Beispiel Quellfassungen, Schachtbrunnen		X			
– Tiefbrunnen			X		
– Brunnengalerien und Horizontalbrunnen				X	
– Leitungen für Wasser ohne Zwangspunkte	X				
– Leitungen für Wasser mit geringen Verknüpfungen und wenigen Zwangspunkten		X			
– Leitungen für Wasser mit zahlreichen Verknüpfungen und mehreren Zwangspunkten				X	
– Einfache Leitungsnetze für Wasser		X			
– Leitungsnetze mit mehreren Verknüpfungen und zahlreichen Zwangspunkten und mit einer Druckzone			X		
– Leitungsnetze für Wasser mit zahlreichen Verknüpfungen und zahlreichen Zwangspunkten				X	
– einfache Anlagen zur Speicherung von Wasser, zum Beispiel Behälter in Fertigbauweise, Feuerlöschbecken		X			
– Speicherbehälter				X	

Die Objektlisten zeigen für die dort exemplarisch aufgeführten Objekte auf, in welche Honorarzone diese in der Regel einzuordnen sind. In jedem der einzelnen Fachteile findet sich ein entsprechender Verweis auf die Anwendung der Objektliste.

> **§ 44 Honorare für Grundleistungen bei Ingenieurbauwerken**
> (5) Für die Zuordnung zu den Honorarzonen ist die Objektliste der Anlage 12 Nummer 12.2 zu berücksichtigen.

Die Verweise zur Anwendung der Objektlisten finden sich in folgenden Paragrafen:

- für die Objektplanung Gebäude § 35 Abs. 7
  mit Verweis auf Anlage 10 Nummer 10.1
- für die Objektplanung Freianlagen § 40 Abs. 5
  mit Verweis auf Anlage 11 Nummer 11.1
- für die Objektplanung Ingenieurbauwerke § 44 Abs. 5
  mit Verweis auf Anlage 12 Nummer 12.1
- für die Objektplanung Verkehrsanlagen § 48 Abs. 5
  mit Verweis auf Anlage 13 Nummer 13.1
- für die Fachplanung Technische Ausrüstung § 56 Abs. 3
  mit Verweis auf Anlage 15 Nummer 15.1

Für die Fachplanung Tragwerksplanung erfolgt gemäß § 52 Abs. 2 die Einordnung der Honorarzone ausschließlich über die Objektliste in Anlage 14 Nummer 14.2

Findet sich das Objekt jedoch nicht in der Objektliste oder bestehen Zweifel über die Einordnung, ist immer noch eine Überprüfung anhand der Bewertungsmerkmale vorzunehmen.

3.4 Überprüfung anhand der Bewertungsmerkmale

Die Bewertungsmerkmale für die Einordnung der Honorarzone sind für jeden Fachteil getrennt geregelt. Die entsprechenden Regelungen finden sich

- für die Objektplanung Gebäude in § 35 Abs. 2
- für die Objektplanung Freianlagen in § 40 Abs. 2
- für die Objektplanung Ingenieurbauwerke in § 44 Abs. 2
- für die Objektplanung Verkehrsanlagen in § 48 Abs. 2
- für die Fachplanung Technische Ausrüstung in § 56 Abs. 2

Für die Ingenieurbauwerke sieht § 44 Abs. 2 folgende Bewertungsmerkmale vor.

> **§ 44 Honorare für Grundleistungen bei Ingenieurbauwerken**
> (2) Welchen Honorarzonen die Grundleistungen zugeordnet werden, richtet sich nach folgenden Bewertungsmerkmalen:
> 1. geologische und baugrundtechnische Gegebenheiten,
> 2. technische Ausrüstung und Ausstattung,
> 3. Einbindung in die Umgebung oder in das Objektumfeld,
> 4. Umfang der Funktionsbereiche oder der konstruktiven oder technischen Anforderungen,
> 5. fachspezifische Bedingungen.

Treffen für alle Bewertungsmerkmale die gleichen Planungsanforderungen zu, ist die Honorarzone bestimmt.

Liegen für einzelne Bewertungsmerkmale unterschiedliche Planungsanforderungen vor, ist gemäß § 44 Abs. 3 HOAI eine Punktebewertung vorzunehmen.

3.5 Punktebewertung bei unterschiedlichen Planungsanforderungen

Der Punktebewertung ist gegenüber den vorgenannten Einteilungen im Zweifel der Vorrang zu geben.

> **§ 44 Honorare für Grundleistungen bei Ingenieurbauwerken**
> (3) Sind für Ingenieurbauwerke Bewertungsmerkmale aus mehreren Honorarzonen anwendbar und bestehen deswegen Zweifel, welcher Honorarzone das Objekt zugeordnet werden kann, so ist zunächst die Anzahl der Bewertungspunkte zu ermitteln. Zur Ermittlung der Bewertungspunkte werden die Bewertungsmerkmale wie folgt gewichtet:
> 1. die Bewertungsmerkmale gemäß Absatz 2 Nummer 1, 2 und 3 mit bis zu 5 Punkten,
> 2. das Bewertungsmerkmal gemäß Absatz 2 Nummer 4 mit bis zu 10 Punkten,
> 3. das Bewertungsmerkmal gemäß Absatz 2 Nummer 5 mit bis zu 15 Punkten.

Die einzelnen Bewertungsmerkmale sind wie folgt gewichtet:
1. geologische und baugrundtechnische Gegebenheiten   5 Punkte
2. technische Ausrüstung und Ausstattung   5 Punkte
3. Einbindung in die Umgebung oder in das Objektumfeld   5 Punkte
4. Umfang der Funktionsbereiche oder der konstruktiven oder
   technischen Anforderungen   10 Punkte
5. fachspezifische Bedingungen   15 Punkte

Die Honorarzone lässt sich am zutreffendsten dann über nachfolgende rechnerische Methode bestimmen:[16]

Bewertungsmerkmal	Honorarzone	Gewichtung	Produkt
geologische und baugrundtechnische Gegebenheiten	2	5	10
technische Ausrüstung und Ausstattung	3	5	15
Einbindung in die Umgebung	2	5	10
Funktionsbereiche/konstr. oder techn. Anforderungen	4	10	40
Fachspezifische Bedingungen	4	15	60
Summe		40	135
			(hier beispielhaft)

Damit kann die Honorarzone wie folgt errechnet werden:

$$\frac{\text{Summe Produkt}}{\text{Summe Gewichtung}} = \frac{135}{40} = 3{,}375 \text{ mathematisch gerundet } 3{,}0 \text{ entspricht Honorarzone III}$$

4. Honorartafel

Die Honorartafel ist der vierte Faktor im Abrechnungssystem der HOAI.
Jeder Fachteil besitzt eine eigene Honorartafel, welche in nachfolgende Paragrafen aufgenommen wurde.

- für die Objektplanung Gebäude in   § 35 Abs. 1
- für die Objektplanung Freianlagen in   § 40 Abs. 1
- für die Objektplanung Ingenieurbauwerke in § 44 Abs. 1

---

[16] zuerst vorgestellt von Korbion/Mantscheff/Vygen, 7. Auflage 2009, §11 Rdn.20a

- für die Objektplanung Verkehrsanlagen in § 48 Abs. 1
- für die Fachplanung Technische Ausrüstung in § 52 Abs. 1
- für die Fachplanung Technische Ausrüstung in § 56 Abs. 1

An dieser Stelle nochmals der Hinweis, dass die Regelungen der HOAI nur innerhalb der Tafelwerte als geltendes Preisrecht verordnet sind.

Das bedeutet, unterhalb anrechenbarer Kosten von 25.000,– Euro oder oberhalb 25.000.000,– Euro können die Honorare frei vereinbart werden.

Für anrechenbare Kosten dazwischen gibt die Honorartafel einen Mindest- und Höchstsatz (Bon- und Bis-Satz) an. Welcher Wert zum Ansatz kommt, entscheidet sich danach, welcher Wert zwischen Von- und Bis-Satz vereinbart wurde. Fehlt eine wirksame Vereinbarung, gilt nach § 7 Abs. 5 HOAI der Mindestsatz als vereinbart.

Honorartafel zu § 44 Abs. 1

Anrechenbare Kosten in Euro	Honorarzone I sehr geringe Anforderungen von bis Euro		Honorarzone II geringe Anforderungen von bis Euro		Honorarzone III durchschnittliche Anforderungen von bis Euro		Honorarzone IV hohe Anforderungen von bis Euro		Honorarzone V sehr hohe Anforderungen von bis Euro	
25.000	3.449	4.109	4.109	4.768	4.768	5.428	5.428	6.036	6.036	6.696
35.000	4.475	5.331	5.331	6.186	6.186	7.042	7.042	7.831	7.831	8.687
50.000	5.897	7.024	7.024	8.152	8.152	9.279	9.279	10.320	10.320	11.447
75.000	8.069	9.611	9.611	11.154	11.154	12.697	12.697	14.121	14.121	15.663
100.000	10.079	12.005	12.005	13.932	13.932	15.859	15.859	17.637	17.637	19.564
150.000	13.786	16.422	16.422	19.058	19.058	21.693	21.693	24.126	24.126	26.762
200.000	17.215	20.506	20.506	23.797	23.797	27.088	27.088	30.126	30.126	33.417
300.000	23.534	28.033	28.033	32.532	32.532	37.031	37.031	41.185	41.185	45.684
500.000	34.865	41.530	41.530	48.195	48.195	54.861	54.861	61.013	61.013	67.679
750.000	47.576	56.672	56.672	65.767	65.767	74.863	74.863	83.258	83.258	92.354
1.000.000	59.264	70.594	70.594	81.924	81.924	93.254	93.254	103.712	103.712	115.042
1.500.000	80.998	96.482	96.482	111.967	111.967	127.452	127.452	141.746	141.746	157.230
2.000.000	101.054	120.373	120.373	139.692	139.692	159.011	159.011	176.844	176.844	196.163
3.000.000	137.907	164.272	164.272	190.636	190.636	217.001	217.001	241.338	241.338	267.702
5.000.000	203.584	242.504	242.504	281.425	281.425	320.345	320.345	356.272	356.272	395.192
7.500.000	278.415	331.642	331.642	384.868	384.868	438.095	438.095	487.227	487.227	540.453
10.000.000	347.568	414.014	414.014	480.461	480.461	546.908	546.908	608.244	608.244	674.690
15.000.000	474.901	565.691	565.691	656.480	656.480	747.270	747.270	831.076	831.076	921.866
20.000.000	592.324	705.563	705.563	818.801	818.801	932.040	932.040	1.036.568	1.036.568	1.149.806
25.000.000	702.770	837.123	837.123	971.476	971.476	1.105.829	1.105.829	1.229.848	1.229.848	1.364.201

Als Kriterien für ein Honorar über dem Mindestsatz kommen beispielhaft folgende Kriterien in Betracht:

- Besondere Umstände der einzelnen Aufgabe, z. B. Denkmalschutz oder Anwendung neuer Herstellungsverfahren
- erforderlicher Arbeitsaufwand
- verbindliche Termine oder Fristen
- außergewöhnlich kurze Planungs- und/oder Bauzeit
- außergewöhnlich lange Bauzeit
- künstlerischer Gehalt des Objekts
- gleichzeitige Beauftragung mit der Innenarchitektur oder künstlerischer Oberleitung
- Einflussgrößen aus den beteiligten Institutionen
- eine Vielzahl von Nutzern
- haftungsbeeinflussende Vereinbarungen

5. Bauen im Bestand

Beim Bauen im Bestand treten eine Reihe von Besonderheiten bei der Honorarermittlung auf.

5.1 Zuschlag für Umbauten und Modernisierungen

Der Verordnungsgeber sieht in § 6 Abs. 2 Nr. 5 für Leistungen bei Umbauten und Modernisierungen gem. § 2 Abs. 5 und Abs. 6 einen Umbau- und Modernisierungszuschlag vor.

Der Umbau- oder Modernisierungszuschlag ist unter Berücksichtigung des Schwierigkeitsgrads der Leistungen schriftlich zu vereinbaren. Die Höhe des Zuschlags auf das Honorar ist in den jeweiligen Honorarregelungen der Fachteile geregelt, diese sind

- für die Objektplanung Gebäude in　　　　　　§ 36 Abs. 1
- für die Objektplanung Freianlagen in　　　　§ 40 Abs. 6 mit Verweis auf § 36 Abs. 1
- für die Objektplanung Ingenieurbauwerke in　§ 44 Abs. 6
- für die Objektplanung Verkehrsanlagen in　　§ 48 Abs. 6
- für die Fachplanung Technische Ausrüstung in　§ 52 Abs. 4
- für die Fachplanung Technische Ausrüstung in　§ 56 Abs. 5

> **§ 44 Honorare für Grundleistungen bei Ingenieurbauwerken**
>
> (6) Für Umbauten und Modernisierungen von Ingenieurbauwerken kann bei einem durchschnittlichen Schwierigkeitsgrad ein Zuschlag gemäß § 6 Absatz 2 Satz 3 bis 33 Prozent schriftlich vereinbart werden.

Sofern keine schriftliche Vereinbarung getroffen wurde, wird gem. § 6 Abs. 2 unwiderleglich vermutet, dass ein Zuschlag von 20 Prozent ab einem durchschnittlichen Schwierigkeitsgrad vereinbart ist.

Umbauten sind gemäß der Begriffsbestimmung in § 2 HOAI Umgestaltungen eines vorhandenen Objekts mit wesentlichen Eingriffen in Konstruktion oder Bestand. Modernisierungen sind bauliche Maßnahmen zur nachhaltigen Erhöhung des Gebrauchswertes eines Objekts.

Ein Umbau kann für den Fachplaner Technische Ausrüstung auch dann vorliegen, wenn im Zusammenhang mit einem Umbau eine vollständig neue technische Anlage geplant wird.[17]
Denn der Zweck des Umbauzuschlags besteht darin, die sich für den Planer durch einen Umbau ergebenden Mehrbelastungen honorarmäßig auszugleichen. Derartige Mehrbelastungen bestehen auch dann, wenn im Zusammenhang mit einem Umbau eines Gebäudes eine vollständig neue technische Anlage geplant wird.
Wenn die alte technische Anlage vorher jedoch vollständig entfernt worden war und der Fachplaner der Technischen Ausrüstung ein leeres Gebäude als Ausgangssituation antrifft, liegt für den Fachplaner kein Umbau vor.[18]

5.2 Berücksichtigung der mitverarbeiteten Bausubstanz

Mit Einführung der HOAI 2013 berücksichtigt der Verordnungsgeber die vorhandene Bausubstanz, welche technisch oder gestalterisch mitverarbeit wird, wieder bei der Ermittlung der anrechenbaren Kosten.

---

[17] LG Zwickau, Urteil vom 17. 03 .2006, Az: 7 O 1795/04
[18] OLG Brandenburg, Urteil vom 05. 11. 1999, Az: 4 U 47/99

> **§ 4 Anrechenbare Kosten**
>
> (3) Der Umfang der mitzuverarbeitenden Bausubstanz im Sinne des § 2 Absatz 7 ist bei den anrechenbaren Kosten angemessen zu berücksichtigen. Umfang und Wert der mitzuverarbeitenden Bausubstanz sind zum Zeitpunkt der Kostenberechnung oder, sofern keine Kostenberechnung vorliegt, zum Zeitpunkt der Kostenschätzung objektbezogen zu ermitteln und schriftlich zu vereinbaren.

Die neu in § 2 Absatz 7 aufgenommene Definition der mitzuverarbeitenden Bausubstanz setzt voraus, dass dieser Anteil der Bausubstanz bereits durch Bauleistungen hergestellt ist und durch Planungs- und Überwachungsleistungen technisch oder gestalterisch mitverarbeitet wird.

Die mitzuverarbeitende Bausubstanz ist gemäß § 4 Absatz 3 Satz 1 „angemessen" entsprechend ihrem Umfang zum Beispiel über die Parameter Fläche, Volumen, Bauteile oder Kostenanteile zu berücksichtigen. Gemäß § 4 Absatz 3 Satz 2 ist im Einzelfall der Umfang und Wert der mitzuverarbeitenden Bausubstanz objektbezogen zu ermitteln und schriftlich zu vereinbaren. Maßgeblicher Zeitpunkt dafür ist der Abschluss der Kostenberechnung im Sinne des § 2 Absatz 11 oder, soweit diese nicht vorliegt, der Kostenschätzung im Sinne des § 2 Absatz 10.

Noch offen ist, welche Folgen eine fehlende Vereinbarung nach sich zieht. Es ist jedoch zu vermuten, dass diese Vereinbarung nur klarstellenden Charakter hat, wie der BGH für den Geltungsbereich der HOAI 1996 entschieden hat.[18]

5.3 Zuschlag für Instandhaltungen und Instandsetzungen

Der Verordnungsgeber sieht in § 12 die Möglichkeit zur Vereinbarung eines Zuschlages für Instandhaltungen und Instandsetzungen vor.

> **§ 12 Instandsetzungen und Instandhaltungen**
>
> (1) Honorare für Grundleistungen bei Instandsetzungen und Instandhaltungen von Objekten sind nach den anrechenbaren Kosten, der Honorarzone, den Leistungsphasen und der Honorartafel, der die Instandhaltungs- und Instandsetzungsmaßnahme zuzuordnen ist, zu ermitteln.
>
> (2) Für Grundleistungen bei Instandsetzungen und Instandhaltungen von Objekten kann schriftlich vereinbart werden, dass der Prozentsatz für die Objektüberwachung oder Bauoberleitung um bis zu 50 Prozent der Bewertung dieser Leistungsphase erhöht wird.

Instandsetzungen sind nach § 2 HOAI Maßnahmen zur Wiederherstellung des zum bestimmungsgemäßen Gebrauch geeigneten Zustandes (Soll-Zustandes) eines Objekts. Instandhaltungen sind Maßnahmen zur Erhaltung des Soll-Zustandes eines Objekts.

5.4 Honorarzone beim Bauen im Bestand

Die Ermittlung der Honorarzone bei einem Umbau oder einer Modernisierung ist entsprechend § 6 Abs. 2 Nr. 2 unter sinngemäßer Anwendung der Bewertungsmerkmale vorzunehmen.[19]

---

[19] BGH, Urteil vom 19. 06. 1986, Az: VII ZR 260/84; BauR 1986, 593

Die amtliche Begründung zu §24 der HOAI 1996 erläuterte die sinngemäße Anwendung wie folgt:[20]

> **Amtliche Begründung zu § 24 der HOAI 1996**
>
> Für die Eingruppierung in eine Honorarzone werden die Leistungen maßgeblich, die durch den Umbau bzw. die Modernisierung entstehen. Das wird nicht immer die Honorarzone sein, der das Gebäude zugeordnet wird, in dem umgebaut wird.
>
> Wird z. B. in einem Theaterbau, der regelmäßig als Neubau der Honorarzone V zuzuordnen ist, ein kleiner Umbau vorgenommen, so kann diese Maßnahme bei entsprechenden Bewertungsmerkmalen der Honorarzone II oder III zugeordnet werden.

---

[20] Amtliche Begründung zu § 24 HOAI, Fassung von 1996

Besonderheiten

1. Auftrag für mehrere Gebäude

Der Objekttrennungsgrundsatz in § 11 Abs. 1 sieht als Regelfall eine getrennte Abrechnung nach Objekten bzw. selbständigen Funktionseinheiten vor.

> **§ 11 Auftrag für mehrere Objekte**
>
> (1) Umfasst ein Auftrag mehrere Objekte, so sind die Honorare vorbehaltlich der folgenden Absätze für jedes Objekt getrennt zu berechnen.
>
> Die Ausnahmen hiervon sind in den nachfolgenden Absätzen 2 bis 4 geregelt.
>
> (2) Umfasst ein Auftrag mehrere vergleichbare Gebäude, Ingenieurbauwerke, Verkehrsanlagen oder Tragwerke mit weitgehend gleichartigen Planungsbedingungen, die derselben Honorarzone zuzuordnen sind und die im zeitlichen und örtlichen Zusammenhang als Teil einer Gesamtmaßnahme geplant und errichtet werden sollen, ist das Honorar nach der Summe der anrechenbaren Kosten zu berechnen.
>
> (3) Umfasst ein Auftrag mehrere im Wesentlichen gleiche Gebäude, Ingenieurbauwerke, Verkehrsanlagen oder Tragwerke, die im zeitlichen oder örtlichen Zusammenhang unter gleichen baulichen Verhältnissen geplant und errichtet werden sollen, oder mehrere Objekte nach Typenplanung oder Serienbauten, so sind die Prozentsätze der Leistungsphasen 1 bis 6 für die erste bis vierte Wiederholung um 50 Prozent, für die fünfte bis siebte Wiederholung um 60 Prozent und ab der achten Wiederholung um 90 Prozent zu mindern.
>
> (4) Umfasst ein Auftrag Grundleistungen, die bereits Gegenstand eines anderen Auftrages über ein gleiches Gebäude, Ingenieurbauwerk oder Tragwerk zwischen den Vertragsparteien waren, so ist Absatz 3 für die Prozentsätze der beauftragten Leistungsphasen in Bezug auf den neuen Auftrag auch dann anzuwenden, wenn die Grundleistungen nicht im zeitlichen oder örtlichen Zusammenhang erbracht werden sollen.

1.1 Ausnahme für mehrere vergleichbare Objekte nach Abs. 2

Mit dieser Ausnahmeregelung bestimmt der Verordnungsgeber, dass bei „vergleichbaren Objekten", welche
- in einem Auftrag beauftragt wurden,
- bei denen weitgehend vergleichbare Planungsbedingungen vorliegen
- und die derselben Honorarzone zuzuordnen sind,
- darüber hinaus im zeitlichen und örtlichen Zusammenhang
- als Teil einer Gesamtmaßnahme geplant und errichtet werden.

Das Honorar auf Grundlage der zusammengefassten anrechenbaren Kosten ermittelt wird.

Denkbar wäre hier zum Beispiel eine Zusammenfassung von mehreren Gebäuden einer Wohnanlage zu einer Abrechnungseinheit. Die Zusammenfassung ist jedoch nur möglich, wenn die Gebäude in einem Auftrag beauftragt wurden. Liegen getrennte Aufträge vor, findet Absatz 2 keine Anwendung.

1.2 Ausnahme für mehrere im Wesentlichen gleiche Objekte nach Abs. 3

Bei der Frage, ob Objekte **im Wesentlichen gleichartig** sind, ist darauf abzustellen, ob Grundriss und Tragwerk in der Planung allenfalls unwesentlich voneinander verschieden sind. Im Wesentlichen gleichartige Gebäude liegen nur bei ganz nebensächlichen und für die Konstruktion sowie die sonstige bauliche Gestaltung unerheblichen Veränderungen vor.
Darüber hinaus müssen die Objekte aber auch noch im zeitlichen und örtlichen Zusammenhang geplant werden.
Für diesen Fall werden die Wiederholungen abgemindert. Die Abminderung beträgt für die Leistungsphasen 1 bis 6
- bei der ersten bis vierten Wiederholung   50 Prozent
- von der fünften bis siebten Wiederholung   60 Prozent
- und ab der achten Wiederholung   90 Prozent

Gleiches gilt auch für Objekte nach Typenplanungen oder Serienbauten.
Denkbar wären hier in einem Auftrag erteilte gleichartige Reihenhäuser.

1.3 Ausnahme bei gleichen Objekten früherer Aufträge nach Abs. 4

Die Ausnahmeregelung nach Absatz 4 beschreibt den Fall, dass ein gleiches Objekt, welche bereits Gegenstand eines früheren Auftrages zwischen den Vertragsparteien war. In diesem Fall liegt kein zeitlicher oder örtlicher Zusammenhang mehr vor. Trotzdem findet nach § 11 Abs. 4 eine Abminderung nach den Vorschriften des Absatzes statt.

2. Planungsänderungen

Der Verordnungsgeber fasst in der HOAI 2013 die Vorschriften über die Honorierung von Planungsänderungen in § 10 zusammen.

> **§ 10 Berechnung des Honorars bei vertraglichen Änderungen des Leistungsumfangs**
>
> (1) Einigen sich Auftraggeber und Auftragnehmer während der Laufzeit des Vertrages darauf, dass der Umfang der beauftragten Leistung geändert wird, und ändern sich dadurch die anrechenbaren Kosten oder Flächen, so ist die Honorarberechnungsgrundlage für die Grundleistungen, die infolge des veränderten Leistungsumfangs zu erbringen sind, durch schriftliche Vereinbarung anzupassen.
>
> (2) Einigen sich Auftraggeber und Auftragnehmer über die Wiederholung von Grundleistungen, ohne dass sich dadurch die anrechenbaren Kosten oder Flächen ändern, ist das Honorar für diese Grundleistungen entsprechend ihrem Anteil an der jeweiligen Leistungsphase schriftlich zu vereinbaren.

Von der Regelung des Absatz 1 sind folgende Fälle von Änderungsleistungen umfasst:
- Änderung des Umfangs der beauftragten Leistung
- mit der Folge von Änderungen der anrechenbaren Kosten
- während der Laufzeit des Vertrags.

Der Verordnungsgeber sieht für diese Fälle vor, dass die Honorarberechnungsgrundlage durch eine schriftliche Vereinbarung anzupassen ist. Diese Regelung beinhaltet den Anspruch des Auftragnehmers auf eine solche Vereinbarung. D. h. für den Auftraggeber stellt diese Vorschrift eine Verpflichtung zur schriftlichen Anpassung der Honorarvereinbarung dar.

Über die geänderte Honorarberechnungsgrundlage sind jedoch nur die Grundleistungen abzurechnen, die infolge des geänderten Leistungsumfanges zu erbringen waren. Die Leistungen vor der Änderung sind weiterhin auf Basis der vereinbarten Honorarberechnungsgundlage (gem. § 6 ist dies die Kostenberechnung) abzurechnen.

Da dem Auftraggeber jederzeit das Recht zur Anordnung einer Leistungsänderung zusteht, ist eine Zustimmung des Auftragnehmers bzw. eine Einigung dem Grunde nach nicht erforderlich. Bei Änderungen auf Veranlassung von Dritten ist die Einigung jedoch erforderlich.

Unter den Regelungsbereich des § 10 fallen jedoch keine Änderungen, welche der Auftragnehmer selbst zu vertreten hat, wie z. B. solche, die durch eine mangelhafte Planung verursacht sind.

In Absatz 2 regelt der Verordnungsgeber die Honorierung bei wiederholt zu erbringenden Grundleistungen. Nach den früheren Regelungen war für eine wiederholt erbrachte Grundleistung keine schriftliche Honorarvereinbarung erforderlich. Dies ist nun neu geregelt. Anspruchsgrundlage ist eine schriftliche Honorarvereinbarung. Allerdings sieht auch hier der Verordnungsgeber eine Verpflichtung für beide Seiten vor. Der Auftraggeber kann sich dieser Verpflichtung nicht entziehen.

3. Abrechnung von preisrechtlich nicht geregelten Leistungen

Für die Honorierung von preisrechtlich nicht geregelten Leistungen bedarf es keiner schriftlichen Honorarvereinbarung.

Für deren Honorierung gelten ausschließlich die Regelungen des BGB.

> **BGB § 632 Vergütung**
> (1) Eine Vergütung gilt als stillschweigend vereinbart, wenn die Herstellung des Werkes den Umständen nach nur gegen eine Vergütung zu erwarten ist.
> (2) Ist die Höhe der Vergütung nicht bestimmt, so ist bei dem Bestehen einer Taxe die taxmäßige Vergütung, in Ermangelung einer Taxe die übliche Vergütung als vereinbart anzusehen.

Lässt sich keine übliche Vergütung feststellen, steht dem Auftragnehmer im Rahmen billigen Ermessens ein Bestimmungsrecht zu.

> **BGB § 316 Bestimmung der Gegenleistung**
> Ist der Umfang der für eine Leistung versprochenen Gegenleistung nicht bestimmt, so steht die Bestimmung im Zweifel demjenigen Teil zu, welcher die Gegenleistung zu fordern hat.

In der Regel wird die Vergütung dann als Zeithonorar über angemessene Stundensätze zu ermitteln sein, auf welche in Punkt 4 dieses Abschnittes noch näher eingegangen wird.

3.1 Leistungen der örtlichen Bauüberwachung

Die Leistungen der örtlichen Bauüberwachung sind in der HOAI 2013 preisrechtlich nicht verordnet und können frei vereinbart werden. Nachfolgende Honorarempfehlung wurde unter Federführung des BMVBS in Zusammenarbeit von Vertretern der öffentlichen Auftraggeber des Bundes, der Länder und der kommunalen Spitzenverbände, der Deutschen Bahn AG und Vetretern des Ausschusses der

Verbände und Kammern der Ingenieure und Architekten für die Honorarordnung e. V. (AHO), der Bundesarchitektenkammer (BAK) und der Bundesingenieurkammer (BIngK) erarbeitet.

1.) Das Honorar für die örtliche Bauüberwachung wird mit den anrechenbaren Kosten nach § 4 und § 42 und den in nachfolgender Tabelle aufgeführten Mindest- und Höchstsätzen in Abhängigkeit von den objektspezifischen Anforderungen festgelegt. Zwischenwerte sind linear zu interpolieren.

Honorartafel zur örtlichen Bauüberwachung

anrechenbare Kosten in €	Von-Satz in %	Bis-Satz in %
25.000	3,1	4,1
1.000.000	2,9	3,9
15.000.000	2,5	3,5
25.000.000	1,9	2,9

3.2 Leistungen der Verfahrens- und Prozesstechnik

(1) Wird die Verfahrens- und Prozesstechnik (VPT) als eigenständiges Objekt übertragen, so ist diese unter dem Teil Technische Ausrüstung, Anlagengruppe 7.2 erfasst. Das Honorar ermittelt sich dann nach den anrechenbaren Kosten gem. § 54, der Honorarzone und der Honorartafel gem. § 56 und den Leistungsphasen gem. § 55.

(2) Wird die Planung der Verfahrens- und Prozesstechnik (VPT) zusammen mit der Objektplanung Ingenieurbauwerke übertragen, so kann gemäß Amtlicher Begründung zu Anlage 12, Nummer 12.1 das Honorar hierfür frei vereinbart werden. Für diesen Fall wird empfohlen, ein Honorar nach Abs. 1 zu vereinbaren. Wird kein Honorar für diese Leistungen vereinbart, ist als übliche Vergütung gleichfalls ein Honorar nach Abs. 1 anzusetzen.

(3) Alternativ zu Abs. 2 kann eine Abrechnung für die Leistungen der Verfahrens- und Prozesstechnik über nachfolgenden Zuschlagsfaktor vereinbart werden.

Ein angemessenes Honorar für Leistungen bei Ingenieurbauwerken wird unter Einschluss der Leistungen für die Anlagen der Verfahrens- und Prozesstechnik dann erreicht, wenn die Honorare für die Leistungen der Ingenieurbauwerke nach den preisrechtlichen Vorschriften der HOAI ermittelt, und anschließend mit einem Faktor nach Maßgabe der folgenden Tabelle in Abhängigkeit von den Kostenanteilen der Verfahrens- und Prozesstechnik einerseits und der sonstigen Kosten der Technischen Ausrüstung andererseits erhöht werden.

Zuschlagsfaktor

Kostenanteil der sonstigen Technischen Ausrüstung nach DIN 276 in v. H. der Herstellkosten	Faktor bei … % Kostenanteil Verfahrens- und Prozesstechnik			
	10 v. H.	20 v. H.	30 v. H.	40 v. H.
5	1,18	1,28	1,36	1,42
10	1,16	1,25	1,32	1,37
15	1,14	1,22	1,28	1,32
20	1,12	1,19	1,24	1,27

Zwischenwerte sind linear zu interpolieren.
Das Honorar für die örtliche Bauüberwachung ist mit den gleichen Faktoren zu beaufschlagen.

4. Ermittlung von angemessenen Stundensätzen

Angemessene Stundensätze für Architekten und Ingenieure dürfen in folgendem Bereich liegen:

Für den Auftragnehmer	100,–	bis	220,– €
Für technische Mitarbeiter	80,–	bis	140,– €
Für Zeichner und sonstige Mitarbeiter	60,–	bis	90,– €

Eine individuelle Ermittlung von Stundensätzen wurde durch Siegburg[21] vorgestellt, welche sich an folgenden Merkmalen orientiert:

Siegburg-Tabellen

1. Spezialkenntnisse
- erstmals (keine Erfahrung) — 1–2 Punkte
- gering (erste Erfahrung) — 3–4 Punkte
- durchschnittlich (bereits eine Referenz) — 5–6 Punkte
- überdurchschnittlich (mehrere Referenzen) — 7–8 Punkte
- sehr hoch (überwiegende Spezialisierung) — 9 Punkte

2. Schwierigkeitsgrad
- Honorarzone I — 1 Punkt
- Honorarzone II — 2 Punkte
- Honorarzone III — 3–4 Punkte
- Honorarzone IV — 5 Punkte
- Honorarzone V — 6 Punkte

3. Geistig-schöpferische Leistung
- sehr gering — 1–2 Punkte
- gering — 3–4 Punkte
- durchschnittlich — 5–6 Punkte
- überdurchschnittlich — 7–8 Punkte
- sehr hoch — 9 Punkte

4. Berufserfahrung
- 1 Jahr — 1 Punkt
- 2 Jahre — 2 Punkte
- 3–5 Jahre — 3–4 Punkte
- 6–10 Jahre — 5 Punkte
- über 10 Jahre — 6 Punkte

5. Leistungsfähigkeit des Büros
- „Einzelkämpfer" — 1 Punkt
- 1–2 Mitarbeiter — 2 Punkte
- 3–5 Mitarbeiter — 3–4 Punkte
- 5–10 Mitarbeiter — 5 Punkte
- darüber hinaus — 6 Punkte

---

[21] www.siegburgtabelle.de

Siegburg-Tabelle 1

Stundensätze						in concreto
Anforderungen	sehr gering	gering	durchschnittlich	überdurchschnittlich	sehr hoch	
Bewertungsmerkmale						
1. Spezialkenntnisse	1–2	3–4	5–6	7–8	9	
2. Schwierigkeitsgrad	1	2	3–4	5	6	
3. geistig-schöpferische Leistung	1–2	3–4	5–6	7–8	9	
4. Berufserfahrung	1	2	3–4	5	6	
5. Leistungsfähigkeit des Büros	1	2	3–4	5	6	
Summe der Punkte	bis 9	10–15	16–22	23–29	30–36	

Siegburg-Tabelle 2

Punkte	0 bis 9		10 bis 15		16 bis 22		23 bis 29		30 bis 36	
	von	bis	von	bis	von	bis	von	bis	von	bis
Auftragnehmer/Architekt	75 €	84 €	85 €	114 €	115 €	149 €	150 €	199 €	200 €	300 €
Mitarbeiter/Architekt	65 €	74 €	75 €	94 €	95 €	114 €	115 €	149 €	150 €	200 €
Sonst. Mitarbeiter/ Techn. Zeichner	45 €	54 €	55 €	64 €	65 €	74 €	75 €	84 €	85 €	100 €

5. Bonus-/Malusregelung

Der Verordnungsgeber sieht in § 7 Abs. 6 folgende Regelung vor.

> **§ 7 Honorarvereinbarung**
>
> (6) Für Planungsleistungen, die technisch-wirtschaftliche oder umweltverträgliche Lösungsmöglichkeiten nutzen und zu einer wesentlichen Kostensenkung ohne Verminderung des vertraglich festgelegten Standards führen, kann ein Erfolgshonorar schriftlich vereinbart werden. Das Erfolgshonorar kann bis zu 20 Prozent des vereinbarten Honorars betragen. Für den Fall, dass schriftlich festgelegte anrechenbare Kosten überschritten werden, kann ein Malus-Honorar in Höhe von bis zu 5 Prozent des Honorars schriftlich vereinbart werden.

Die Bonusregelung in der HOAO 2009 ist eigentlich einer Regelung über ein Erfolgshonorar gewichen. Anspruchsgrundlage ist neben einer schriftlichen Vereinbarung, das Erreichen einer wesentlichen Kostensenkung ohne Verminderung des vertraglich festgelegten Standards. Dieser muss zudem über den Einsatz technisch-wirtschaftlicher oder umweltverträglicher Lösungsmöglichkeiten herbeigeführt werden.
Damit dürfte ein Anspruch auf Erfolgshonorar nur noch schwer durchzusetzen sein.

Unverändert bestehen bleibt die Regelung über das Malus-Honorar. Auch wenn die Minderung des Honorars bei Kostenüberschreitung möglicherweise eine Unterschreitung der Mindestsätze (gemessen an den tatsächlich festgestellten Kosten) zur Folge haben kann, ist dies trotzdem durch die Ermächtigungsgrundlage gedeckt. Denn die Ermächtigungsgrundlage lässt in Ausnahmefällen eine Mindestsatzunterschreitung zu.

6. Nebenkosten

Die Nebenkosten sind nicht Bestandteil des Honorars. Sie sind neben dem Honorar geltend zu machen.

> **§ 14 Nebenkosten**
>
> (1) Der Auftragnehmer kann neben den Honoraren dieser Verordnung auch die für die Ausführung des Auftrags erforderlichen Nebenkosten in Rechnung stellen; ausgenommen sind die abziehbaren Vorsteuern gemäß § 15 Absatz 1 des Umsatzsteuergesetzes in der Fassung der Bekanntmachung vom 21. Februar 2005 (BGBl. I S. 386), das zuletzt durch Artikel 2 des Gesetzes vom 8. Mai 2012 (BGBl. I S. 1030) geändert worden ist. Die Vertragsparteien können bei Auftragserteilung schriftlich vereinbaren, dass abweichend von Satz 1 eine Erstattung ganz oder teilweise ausgeschlossen ist.
>
> (2) Zu den Nebenkosten gehören insbesondere:
> 1. Versandkosten, Kosten für Datenübertragungen,
> 2. Kosten für Vervielfältigungen von Zeichnungen und schriftlichen Unterlagen sowie für die Anfertigung von Filmen und Fotos,
> 3. Kosten für ein Baustellenbüro einschließlich der Einrichtung, Beleuchtung und Beheizung,
> 4. Fahrtkosten für Reisen, die über einen Umkreis von 15 Kilometern um den Geschäftssitz des Auftragnehmers hinausgehen, in Höhe der steuerlich zulässigen Pauschalsätze, sofern nicht höhere Aufwendungen nachgewiesen werden,
> 5. Trennungsentschädigungen und Kosten für Familienheimfahrten in Höhe der steuerlich zulässigen Pauschalsätze, sofern nicht höhere Aufwendungen an Mitarbeiter oder Mitarbeiterinnen des Auftragnehmers auf Grund von tariflichen Vereinbarungen bezahlt werden,
> 6. Entschädigungen für den sonstigen Aufwand bei längeren Reisen nach Nummer 4, sofern die Entschädigungen vor der Geschäftsreise schriftlich vereinbart worden sind,
> 7. Entgelte für nicht dem Auftragnehmer obliegende Leistungen, die von ihm im Einvernehmen mit dem Auftraggeber Dritten übertragen worden sind.
>
> (3) Nebenkosten können pauschal oder nach Einzelnachweis abgerechnet werden. Sie sind nach Einzelnachweis abzurechnen, sofern bei Auftragserteilung keine pauschale Abrechnung schriftlich vereinbart worden ist.

7. Vorzeitige Vertragsbeendigung

Der zwischen Auftraggeber und Auftragnehmer geschlossene Vertrag endet automatisch, wenn beide Vertragsparteien ihre Leistungen aus dem Vertrag erfüllt haben. Ein abgeschlossener Vertrag kann aus unterschiedlichsten Gründen jedoch auch vorzeitig beendet werden.
Die Rechnung ist bei einer vorzeitigen Vertragsbeendigung immer in zwei Teilen aufzustellen. Dem Teil für die erbrachten Leistungen und einem Teil für die nicht erbrachten Leistungen, sofern hierfür ein Anspruch besteht.
Je nachdem, wer die Kündigung zu vertreten hat, ändert sich die Abrechnung des Honoraranspruches grundlegend, wie nachfolgend aufgezeigt wird.

7.1 Kündigung aus wichtigem Grund

Eine Kündigung aus wichtigem Grund liegt immer dann vor, wenn die Fortsetzung des Vertragsverhältnisses unter Berücksichtigung aller Umstände des Einzelfalls nicht mehr zugemutet werden kann.

Ein wichtiger Grund für den Auftraggeber kann z. B. dann vorliegen, wenn
- die Durchführung des Bauvorhabens unmöglich wird
- der Auftragnehmer Provisionen von Handwerkern entgegennimmt
- eine unzulässige Überschreitung der Bausumme erfolgt
- erhebliche Mängel in der Planung vom Architekten nicht nachgebessert werden.

Hat der Auftragnehmer die Kündigung aus wichtigem Grunde zu vertreten, hat er nur einen Honoraranspruch auf die bereits erbrachten Leistungen bis zur Kündigung.
Ein wichtiger Grund für den Auftragnehmer liegt z. B. vor,
- wenn der Auftraggeber sich beharrlich weigert, das vereinbarte Honorar zu bezahlen
- wenn der Bauherr seiner Mitwirkungspflicht nicht gebührend nachkommt
- wenn der Auftraggeber ehrverletzende Behauptungen über den Auftragnehmer aufstellt
- oder das Grundstück, auf dem gebaut werden soll, verkauft wird.

Hat der Auftraggeber die Kündigung aus wichtigem Grunde zu vertreten, hat dies zur Folge, dass der Auftragnehmer den vollen Honoraranspruch für die bereits erbrachten Leistungen besitzt. Bezüglich der nicht erbrachten Leistungen hat er ebenfalls den vollen Honoraranspruch, muss sich jedoch die ersparten Aufwendungen anrechnen lassen.

7.2 Kündigung ohne wichtigen Grund

Eine Kündigung ohne einen wichtigen Grund kann nur durch den Auftraggeber ausgesprochen werden. In diesem Falle hat der Auftragnehmer gleichfalls den vollen Honoraranspruch für die bereits erbrachten Leistungen. Bezüglich der nicht erbrachten Leistungen hat er ebenfalls den vollen Honoraranspruch, muss sich jedoch die ersparten Aufwendungen anrechnen lassen.

Honorarschlussrechnung

1. Fälligkeitsvoraussetzungen

Die Fälligkeit des Honoraranspruchs ist nach §15 HOAI an gewisse Voraussetzungen gebunden.

> **§ 15 Zahlungen**
> (1) Das Honorar wird fällig, wenn die Leistung abgenommen und eine prüffähige Honorarschlussrechnung überreicht worden ist, es sei denn, es wurde etwas anderes schriftlich vereinbart.
> (2) Abschlagszahlungen können zu den schriftlich vereinbarten Zeitpunkten oder in angemessenen zeitlichen Abständen für nachgewiesene Grundleistungen gefordert werden.
> (3) Die Nebenkosten sind auf Einzelnachweis oder bei pauschaler Abrechnung mit der Honorarrechnung fällig.
> (4) Andere Zahlungsweisen können schriftlich vereinbart werden.

1.1 Abnahme der Leistung

Während bei den vorigen Fassungen der HOAI die vertragsgemäße Erbringung der Leistung gefordert war, ist bei der HOAI 2013 darüber hinaus die Abnahme der Leistung erforderlich, damit das Honorar fällig wird, es sei denn, es wurde etwas anderes schriftlich vereinbart.
Um die Fälligkeit des Honorars herbeizuführen, sollte künftig nach jeder Leistungsphase eine Teilabnahme durchzuführen, und diese mit einem Abnahmeprotokoll zu dokumentieren..

1.2 Prüffähige Schlussrechnung

Gleich geblieben ist die Prüffähigkeit der Schlussrechnung als Anspruchsvoraussetzung. Der Maßstab, wann eine Rechnung prüffähig ist, richtet sich nach der Erfahrung und den Kenntnissen des Auftraggebers auf dem Gebiet der HOAI.
Zu unterscheiden ist also, ob es sich um einen rein privaten Auftraggeber handelt, welcher sein Einfamilienhaus planen lässt, oder um einen Auftraggeber, welcher im Baugewerbe tätig und erfahren ist. Von Letzterem ist z. B. bei einem öffentlichen Auftraggeber oder einem Bauträger auszugehen. Aber auch der unerfahrene Bauherr, welcher einen Projektsteuerer einsetzt, kann als erfahren gelten.

Im Allgemeinen ist davon auszugehen, dass die Schlussrechnung prüffähig ist, wenn
- die Rechnung nach dem System der HOAI aufgestellt ist
- die Kosten nach DIN 276 in der Fassung 12/2008 aufgegliedert sind
- die zugrunde gelegte Honorarzone angegeben ist
- erhaltene Abschlagszahlungen in Abzug gebracht sind
- Besonderheiten in der Abrechnung erläutert sind

Wenn eine Rechnung vom Bauherrn geprüft wurde und evtl. sogar eine Gegenrechnung aufgemacht wurde, ist ebenfalls von der Prüffähigkeit der Rechnung auszugehen.
Einwände gegen die Prüffähigkeit müssen vom Auftraggeber innerhalb einer angemessenen Frist vorgebracht werden. Im Allgemeinen ist von einer Frist von 2 Monaten auszugehen.

2. Bindung an die Schlussrechnung

Hat der Auftragnehmer eine Schlussrechnung gestellt, war er nach früherer Rechtsprechung in der Regel an diese gebunden und konnte nachträglich keine höhere Schlussrechnung stellen, auch wenn durch die Schlussrechnung die zulässigen Mindestsätze unterschritten wurden.

Nach neuerer Rechtsprechung ist der Auftragnehmer jedoch nur dann an eine zu niedrige Schlussrechnung gebunden, wenn folgende vier Voraussetzungen kumulativ vorliegen:[22]

> (1) Der Auftraggeber muss auf die abschließende Honorarberechnung **vertrauen dürfen**,
> (2) er muss auch **tatsächlich** hierauf **vertraut haben** und
> (3) sich deshalb in einer Weise auf die abschließende Berechnung **eingerichtet haben**, dass ihm
> (4) eine Nachforderung nach Treu und Glauben **nicht mehr zugemutet** werden kann.

Die Voraussetzungen dürften nach allgemeinen Grundsätzen vom Auftraggeber zu beweisen sein. Nur wenn er diese darlegen kann, ist der Auftragnehmer an seine Schlussrechnung gebunden.

Bei erfahrenen Auftraggebern (siehe unter 1. Fälligkeitsvoraussetzungen) kann davon ausgegangen werden, dass in der Regel keine Bindungswirkung an eine mindestsatzunterschreitende Schlussrechnung besteht, da diese bereits beim ersten Punkt scheitern. Ein erfahrener Auftraggeber darf sich durch seine Kenntnis der HOAI erst gar nicht auf eine mindestsatzunterschreitende Schlussrechnung verlassen.

3. Was tun, wenn die Zahlung ausbleibt?

Was können Sie als Auftragnehmer tun, wenn die Zahlung auf eine Rechnung von Ihnen ausbleibt? Als **ersten Schritt** wird empfohlen, den Auftraggeber telefonisch auf den fehlenden Zahlungseingang hinzuweisen.

Bedenken Sie, dass es grundsätzlich vier Arten von Mahnkandidaten gibt:
- die Taktierer, die – aus welchen Gründen auch immer – einfach nicht zahlen wollen,
- die Rechenkünstler, die Sie als Bank missbrauchen und deshalb die Zahlung hinauszögern,
- die armen Pleitekandidaten, die aus wirtschaftlichen Gründen nicht zahlen können,
- und natürlich die schlecht Organisierten, die Ihre Rechnung vergessen oder sogar verlegt haben.

Zunächst gilt es also die Gründe für das Ausbleiben der Zahlung herauszufinden, bevor die Rechnung schriftlich angemahnt wird.

Hilft dies nicht weiter, wird als **zweiter Schritt** empfohlen, den Auftraggeber schriftlich an die ausstehende Zahlung höflich zu erinnern. Außerdem sollten Sie auf Diskretion achten und das Schreiben unbedingt per Post und nicht als Fax oder E-Mail versenden. Schließlich besteht sonst die Gefahr, dass Unbefugte die Zahlungserinnerung zu Gesicht bekommen und Sie Ihren Auftraggeber dadurch verärgern.

Bleibt auch nach diesem Schritt die Zahlung aus, sollten sie als **dritten Schritt** eine Zahlungsaufforderung zur Post zu bringen. Diese können Sie jetzt wesentlich bestimmter formulieren. Sie sollten auch eine Frist setzen, nach deren Ablauf Sie rechtliche Schritte einleiten werden.

Bleibt die Bezahlung der Honorarrechnung weiterhin aus, müssen Sie weitere Schritte einleiten.

Bevor Sie jedoch einen Rechtsanwalt zur Wahrung Ihrer Interessen einschalten, sollten Sie überlegen, ob nicht zunächst **die folgenden Schritte** schneller zum Erfolg führen:

---

[22] BGH, Urteil vom 23. 10. 2008. Az: VII ZR 105/07

- Die **persönliche oder telefonische Beratung** durch einen Honorarsachverständigen. Dieser Schritt ist besonders dann zu empfehlen, wenn durch den Auftraggeber einzelne Positionen Ihrer Rechnung in Frage gestellt werden und Sie bei der Beantwortung sachverständige Unterstützung benötigen.
- Die **schriftliche Stellungnahme** eines Honorarsachverständigen. Dieser Schritt empfiehlt sich vor allem dann, wenn die Honorarrechnung insgesamt von Ihrem Auftraggeber in Frage gestellt wird.
- Nicht unterschätzt werden darf die Wirkung eines **Mediationsgesprächs**, welches zusammen mit Ihrem Auftraggeber, geleitet durch einen Honorarsachverständigen, geführt werden sollte. Denn erfahrungsgemäß scheitern die meisten Einigungs- oder Klärungsversuche daran,
  - dass der Auftraggeber das Gefühl hat, bereits zu viel bezahlt zu haben,
  - während Sie das Gefühl haben, für Ihre Leistung zu wenig Honorar zu erhalten.
  Hier kann die Einschaltung eines Honorarsachverständigen als Mediator oftmals zu einem schnellen Erfolg führen, bei dem beide Seiten auch weiterhin noch gut zusammenarbeiten können.
- Gleiches gilt für ein **schriftliches Schlichtungs- oder Schiedsgutachten**, erstellt durch einen Honorarsachverständigen.

Bei allen Unannehmlichkeiten, welche Ihnen durch das nicht fristgerechte Bezahlen einer Honorarrechnung entstehen, einen Vorteil bringt das Verhalten Ihres Auftraggebers unter Umständen mit sich: Die Bindungswirkung an die bereits gestellte Schlussrechnung entfällt in aller Regel, so dass Sie eine neue Schlussrechnung erstellen können. Sind Ihnen durch die Hinzuziehung des Honorarsachverständigen Umstände bekannt geworden, welche zu einem höheren Honoraranspruch führen, dürfen Sie eine neue Schlussrechnung stellen. Hier wird nun jedoch dringend empfohlen, die neue Schlussrechnung mit der Unterstützung eines Honorarsachverständigen aufzustellen.

4. Prozessfinanzierung

Nicht außer acht gelassen werden darf jedoch das Kostenrisiko bei einer Klage. Bei einem Streitwert (Höhe der Forderung) von 100.000 Euro kann dies bis zu ca. 24.000 Euro betragen und sich zudem durch Zeugenauslagen und Kosten für den gerichtlich bestellten Gutachter beträchtlich erhöhen.

Da durch die ausstehende Forderung vielfach Planungsbüros in eine Lage geraten, in der sie den zusätzlichen Belastungen nicht standhalten können oder ihre Zahlungsfähigkeit nicht aufs Spiel setzen wollen, stellt eine Prozessfinanzierung eine echte Alternative dar. Hierbei übernimmt der Prozessfinanzierer sämtliche Prozesskosten und wird für diese Leistungen am Erlös der Klage beteiligt. Der Prozessfinanzierer trägt im Gegenzug das gesamte Prozessrisiko.
Auf jeden Fall sollten vor einer Klage mit einem Sachverständigen und einem Rechtsanwalt die Erfolgsaussichten geprüft werden.

Fritz Erhard Dipl. Ing. (FH)

82343 Pöcking

Hindenburgstr. 41a

08157/4027

Praxisbeispiel mit prüfbarer Schlussrechnung

An dem Beispiel „*Neubaus eines Regenüberlaufbeckens*" sollen die einzelnen Schritte der Honorarermittlung, insbesondere der Ermittlung der anrechenbaren Kosten verdeutlicht werden.

1. Honorarvereinbarung

Zwischen Auftraggeber und Antragnehmer wurde ein Ingenieurvertrag geschlossen, der folgende Honorarvereinbarungen enthält:
- Übertragen werden die vollständigen Leistungsbilder für die Objektplanung Ingenieurbauwerke, Tragwerksplanung, Technische Ausrüstung und Freianlagen.
- Die Anrechenbaren Kosten werden nach § 6 Abs. 1 auf Grundlage der Kostenberechnung ermittelt.
- Die Honorarzone für die Objektplanung Ingenieurbauwerke wird anhand der Objektliste einvernehmlich mit III, Mitte vereinbart.
- Die Honorarzone für die Objektplanung Freianlagen wird anhand der Objektliste einvernehmlich mit III, Mitte vereinbart.
- Das Honorar für die Leistungen der Verfahrens- und Prozesstechnik wird über die Anlagengruppe 7 der Technischen Ausrüstung mit Honorarzone II, Mitte vereinbart.
- Für die örtliche Bauüberwachung wird das Honorar nach der Empfehlung des BMVBS aus dem Evaluierungsbericht vereinbart.
- Die Nebenkosten werden pauschal mit 6 % auf das Nettohonorar vereinbart.

2. Anrechenbare Kosten

Nachfolgende Kosten ergeben sich aus der Kostenberechnung

300	Bauwerk – Baukonstruktionen	1.300.000,00 €
410	Bauwerk – Technische Anlagen AG 1 GWA	6.000,00 €
440	Bauwerk – Technische Anlagen AG 4 ELT	7.000,00 €
470	Bauwerk – Technische Anlagen AG 7 Verfahrens- und Prozesstechnik	300.000,00 €
470	Bauwerk – Technische Anlagen AG 7 Maschinentechnik	200.000,00 €
480	Bauwerk – Technische Anlagen AG 8 AUT	200.000,00 €
500	Außenanlagen	60.000,00 €

2.1 Anrechenbare Kosten Objektplanung Ingenieurbauwerk

Gemäß § 42 der HOAI sind die Anrechenbaren Kosten für die Objektplanung Ingenieurbauwerke wie folgt zu ermitteln.

> **§ 42 Besondere Grundlagen des Honorars**
> (1) Für Grundleistungen bei Ingenieurbauwerken sind die Kosten der Baukonstruktion anrechenbar. Die Kosten für die Anlagen der Maschinentechnik, die der Zweckbestimmung des Ingenieurbauwerks dienen, sind anrechenbar, soweit der Auftragnehmer diese plant oder deren Ausführung überwacht.

Vollständig anrechenbar sind also die Kosten der KG 300 – Baukonstruktion

300	Bauwerk - Baukonstruktionen	1.300.000,00 €

Da die Anlagen der Maschientechnik vom Autragnehmer geplant und überwacht werden, sind die Kosten ebenfalls vollständig anrechenbar.

470	Nutzungsspezifische Anlagen MT	200.000,00 €

Die Anrechenbarkeit der Kosten der Technischen Anlagen sind in Absatz 2 geregelt. Teilweise anrechenbar sind demzufolge die gesamte Kostengruppe 400 mit Ausnahme der Kosten der Maschinentechnik.

410	Abwasser-, Wasser-, Gasanlagen	6.000,00 €
440	Starkstromanlagen	7.000,00 €
470	Nutzungsspezifische Anlagen	300.000,00 €
480	Automation	200.000,00 €

Die teilweise Anrechenbarkeit ergibt sich aus § 42 Abs. 2 Nr. 1 wie folgt:

> vollständig anrechenbar bis zum Betrag von 25 Prozent der sonstigen anrechenbaren Kosten und zur Hälfte anrechenbar mit dem Betrag, der 25 Prozent der sonstigen anrechenbaren Kosten übersteigt.

300	Bauwerk - Baukonstruktionen	1.300.000,00 €	
410	Abwasser-, Wasser-, Gasanlagen	6.000,00 €	Technikanteil
440	Starkstromanlagen	7.000,00 €	Technikanteil
470	Nutzungsspezifische Anlagen	300.000,00 €	Technikanteil
470	Nutzungsspezifische Anlagen MT	200.000,00 €	
480	Automation	200.000,00 €	Technikanteil
500	Außenanlagen	60.000,00 €	Nicht anrechenbar
Summe voll anrechenbar:		1.500.000,00 €	1.500.000,00 €
Summe Technikanteil:		513.000,00 €	
bis zu 25 % von 1.500.000,00 €		Vollständig anrechenbar	375.000,00 €
übersteigender Betrag 138.000,00 €		Zur Hälfte anrechenbar	69.000,00 €
Summe nicht anrechenbar:		60.000,00 €	0,00 €
Anrechenbare Kosten:			1.944.000,00 €

2.2 Anrechenbare Kosten Fachplanung Tragwerksplanung

Gemäß § 50 Abs. 3 der HOAI sind die Anrechenbaren Kosten für die Tragwerksplanung bei Ingenieurbauwerken wie folgt zu ermitteln.

> **§ 50 Besondere Grundlagen des Honorars**
> (3) Bei Ingenieurbauwerken sind 90 Prozent der Baukonstruktionskosten und 15 Prozent der Kosten der Technischen Anlagen anrechenbar.

300	Bauwerk/Baukonstruktionen 1.300.000,00 €,	davon 90,00 % anrechenbar	1.170.000,00 €	Baukonstruktion
410	Abwasser-, Wasser-, Gasanlagen 6.000,00 €,	davon 15,00 % anrechenbar	900,00 €	Technische Anlagen
440	Starkstromanlagen 7.000,00 €,	davon 15,00 % anrechenbar	1.050,00 €	Technische Anlagen
470	Nutzungsspezifische Anlagen 300.000,00 €,	davon 15,00 % anrechenbar	45.000,00 €	Technische Anlagen
470	Nutzungsspezifische Anlagen MT 200.000,00 €,	davon 15,00 % anrechenbar	30.000,00 €	Technische Anlagen
480	Automation 200.000,00 €,	davon 15,00 % anrechenbar	30.000,00 €	Technische Anlagen
500	Außenanlagen		60.000,00 €	Nicht anrechenbar

Summe voll anrechenbar:	1.276.950,00 €	1.276.950,00 €
Summe nicht anrechenbar:	60.000,00 €	0,00 €
Anrechenbare Kosten:		**1.276.950,00 €**

2.3 Anrechenbare Kosten Fachplanung Technische Ausrüstung

Gemäß § 54 Abs. 1 der HOAI sind die Anrechenbaren Kosten für die einzelnen Anlagengruppen wie folgt zu ermitteln.

> **§ 54 Besondere Grundlagen des Honorars**
> (1) Das Honorar für Grundleistungen bei der Technischen Ausrüstung richtet sich für das jeweilige Objekt im Sinne des § 2 Absatz 1 Satz 1 nach der Summe der anrechenbaren Kosten der Anlagen jeder Anlagengruppe. Dies gilt für nutzungsspezifische Anlagen nur, wenn die Anlagen funktional gleichartig sind. Anrechenbar sind auch sonstige Maßnahmen für technische Anlagen.

Demnach sind für jede Anlagengruppe die Kosten der zugehörigen Kostengruppe vollständig anrechenbar.

410	Abwasser-, Wasser-, Gasanlagen	6.000,00 €
440	Starkstromanlagen	7.000,00 €
470	Nutzungsspezifische Anlagen	300.000,00 €
480	Automation	200.000,00 €

Einzig für die Anlagen der Maschinentechnik wurde keine Fachplanung Technische Ausrüstung erforderlich. Die Maschinentechnischen Anlagen wurden im Rahmen der Anrechnung bei der Objektplanungsleistungen bereits berücksichtigt, da hier nur eine sogenannte „Einplanung" der maschinentechnischen Anlagen erfolgte.

470	Nutzungsspezifische Anlagen MT	200.000,00 €

2.4 Anrechenbare Kosten Objektplanung Freianlagen

Gemäß § 38 Abs. 1 der HOAI sind die Anrechenbaren Kosten für die Freianlagen wie folgt zu ermitteln.

> (1) Für Grundleistungen bei Freianlagen sind die Kosten für Außenanlagen anrechenbar ...

Hierunter sind im Beispiel die vollständigen Kosten der Kostengruppe 500 zu verstehen.

300	Bauwerk - Baukonstruktionen	1.300.000,00 €	Nicht anrechenbar
410	Abwasser-, Wasser-, Gasanlagen	6.000,00 €	Nicht anrechenbar
440	Starkstromanlagen	7.000,00 €	Nicht anrechenbar
470	Nutzungsspezifische Anlagen	300.000,00 €	Nicht anrechenbar
470	Nutzungsspezifische Anlagen MT	200.000,00 €	Nicht anrechenbar
480	Automation	200.000,00 €	Nicht anrechenbar
500	Außenanlagen	60.000,00 €	
Summe voll anrechenbar:		60.000,00 €	60.000,00 €
Summe nicht anrechenbar:		2.013.000,00 €	0,00 €
Anrechenbare Kosten:		60.000,00 €	

3. Prüffähige Schlussrechnung

Eine prüffähige Schlussrechnung muss im Allgemeinen wie folgt aufgebaut sein.

- Die Rechnung muss nach dem System der HOAI aufgestellt sein.
- Die Kosten müssen nach der DIN 276 in der Fassung 12/2008 aufgegliedert sein.
- Die vereinbarte bzw. zugrunde gelegte Honorarzone muss angegeben werden.
- Erhaltene Abschlagszahlungen müssen in Abzug gebracht werden.
- Besonderheiten in der Abrechnung müssen nachvollziehbar erläutert werden.

Eine prüffähige Schlussrechnung für das Beispielprojekt kann dann wie nachfolgend aussehen.

Archibald & Partner
Gasse 51
12345 Musterstadt
Telefon (0123) 45678-0
Telefax (0123) 45678-9

Archibald Architekt & Partner • Gasse 51 • 12345 Musterstadt

Entwässerungsbetriebe der Stadt Musterstadt
An der Kläranlage 1

12345 Musterstadt

Neubau Regenüberlaufbecken, Entwässerungsbetriebe der Stadt Musterstadt
Schlussrechnung, Rechnungsnummer 135.34.6 vom 06.10.2013

hiermit erlauben wir uns, folgende Teilrechnung für das Projekt "Neubau eines Regenüberlaufbeckens" zu stellen:

Honorarzusammenstellung

Ingenieurbauwerke	225.996,61 €
Tragwerksplanung	111.077,23 €
Technische Ausrüstung AG 1	3.363,38 €
Technische Ausrüstung AG 4	3.792,15 €
Technische Ausrüstung AG 7	73.579,48 €
Technische Ausrüstung AG 8	53.597,58 €
Freianlagen	15.878,27 €
Honorar, netto:	**487.284,70 €**
MwSt 19,00 %	92.584,09 €
Honorar, brutto	**579.868,78 €**

================

Abschlagszahlungen wurden keine geleistet. Wir bitten um Überweisung des Rechnungsbetrages bis zum 16.10.2013 auf unser Konto bei der Volksbank Musterstadt, Kontonummer 12 345 678, BLZ 300 400 50 eingehend.

Mit freundlichen Grüßen

Dipl Ing. Archibald

Honorarermittlung "Ingenieurbauwerke" nach Honorartafel zu HOAI § 44, Stand 2013

Anrechenbare Kosten

300	Bauwerk - Baukonstruktionen	1.300.000,00 €	
410	Abwasser-, Wasser-, Gasanlagen	6.000,00 €	Technikanteil
440	Starkstromanlagen	7.000,00 €	Technikanteil
470	Nutzungsspezifische Anlagen	300.000,00 €	Technikanteil
470	Nutzungsspezifische Anlagen MT	200.000,00 €	
480	Automation	200.000,00 €	Technikanteil
500	Außenanlagen	60.000,00 €	Nicht anrechenbar

Summe voll anrechenbar:		1.500.000,00 €	1.500.000,00 €
Summe Technikanteil:		513.000,00 €	
bis zu 25% von 1.500.000,00 €		Vollständig anrechenbar	375.000,00 €
übersteigender Betrag 138.000,00 €		Zur Hälfte anrechenbar	69.000,00 €
Summe nicht anrechenbar:		60.000,00 €	0,00 €

Anrechenbare Kosten: **1.944.000,00 €**

Honorarzone: 3
Honorarsatz: 50,00 % (Mittelsatz)

Daraus ergibt sich folgendes Grundhonorar (100 %):   147.691,55 €

Grundleistungen

Leistungsphase	HOAI	beauftragt	ausgeführt	Summe
1. Grundlagenermittlung	2,00 %	2,00 %	100,00 %	2.953,83 €
2. Vorplanung	15,00 %	20,00 %	100,00 %	29.538,31 €
3. Entwurfsplanung	30,00 %	25,00 %	100,00 %	36.922,89 €
4. Genehmigungsplanung	5,00 %	5,00 %	100,00 %	7.384,58 €
5. Ausführungsplanung	15,00 %	15,00 %	100,00 %	22.153,73 €
6. Vorbereitung der Vergabe	10,00 %	13,00 %	100,00 %	19.199,90 €
7. Mitwirkung b. d. Vergabe	5,00 %	4,00 %	100,00 %	5.907,66 €
8. Bauoberleitung	15,00 %	15,00 %	100,00 %	22.153,73 €
9. Objektbetreuung und Doku.	3,00 %	1,00 %	100,00 %	1.476,92 €

Grundhonorar: 100,00 %   **147.691,55 €**

Örtliche Bauüberwachung
Honorarempfehlung BMVBS   3,37 % auf Anrechenbare Kosten   65.512,80 €

prozentuale Nebenkosten

Nebenkosten allg.   6,00 %   12.792,26 €

Ansatzhonorar netto   **225.996,61 €**

Honorarermittlung "Tragwerksplanung" nach Honorartafel zu HOAI § 52, Stand 2013

Anrechenbare Kosten

300 Bauwerk - Baukonstruktionen			
1.300.000,00 €,	davon 90,00% anrechenbar	1.170.000,00 €	Baukonstruktion
410 Abwasser-, Wasser-, Gasanlagen			
6.000,00 €,	davon 15,00% anrechenbar	900,00 €	Technische Anlagen
440 Starkstromanlagen			
7.000,00 €,	davon 15,00% anrechenbar	1.050,00 €	Technische Anlagen
470 Nutzungsspezifische Anlagen			
300.000,00 €,	davon 15,00% anrechenbar	45.000,00 €	Technische Anlagen
470 Nutzungsspezifische Anlagen MT			
200.000,00 €,	davon 15,00% anrechenbar	30.000,00 €	Technische Anlagen
480 Automation			
200.000,00 €,	davon 15,00% anrechenbar	30.000,00 €	Technische Anlagen
500 Außenanlagen		60.000,00 €	

Summe voll anrechenbar:	1.276.950,00 €	1.276.950,00 €
Summe nicht anrechenbar:	60.000,00 €	0,00 €
Anrechenbare Kosten:		**1.276.950,00 €**

Honorarzone:	3
Honorarsatz:	30,00 %

Daraus ergibt sich folgendes Grundhonorar (100 %): 104.789,84 €

Grundleistungen

Leistungsphase	HOAI	beauftragt	ausgeführt	Summe
1. Grundlagenermittlung	3,00 %	3,00 %	100,00 %	3.143,70 €
2. Vorplanung	10,00 %	10,00 %	100,00 %	10.478,98 €
3. Entwurfsplanung	12,00 %	15,00 %	100,00 %	15.718,48 €
4. Genehmigungsplanung	30,00 %	30,00 %	100,00 %	31.436,95 €
5. Ausführungsplanung	42,00 %	40,00 %	100,00 %	41.915,94 €
6. Vorbereitung der Vergabe	3,00 %	2,00 %	100,00 %	2.095,80 €
7. Mitwirkung b. d. Vergabe	0,00 %	0,00 %	100,00 %	0,00 €
8. Objektüberwachung	0,00 %	0,00 %	100,00 %	0,00 €
9. Objektbetreuung und Doku.	0,00 %	0,00 %	100,00 %	0,00 €
Grundhonorar:		**100,00 %**		**104.789,84 €**

prozentuale Nebenkosten

Nebenkosten allg.	6,00 %	6.287,39 €
Ansatzhonorar netto		**111.077,23 €**

Honorarermittlung "Technische Ausrüstung AG 1" nach Honorartafel zu HOAI § 56, Stand 2013

Anrechenbare Kosten

300 Bauwerk - Baukonstruktionen	1.300.000,00 €		Nicht anrechenbar
410 Abwasser-, Wasser-, Gasanlagen	6.000,00 €		
440 Starkstromanlagen	7.000,00 €		Nicht anrechenbar
470 Nutzungsspezifische Anlagen	300.000,00 €		Nicht anrechenbar
470 Nutzungsspezifische Anlagen MT	200.000,00 €		Nicht anrechenbar
480 Automation	200.000,00 €		Nicht anrechenbar
500 Außenanlagen	60.000,00 €		Nicht anrechenbar
Summe voll anrechenbar:	6.000,00 €		6.000,00 €
Summe nicht anrechenbar:	2.067.000,00 €		0,00 €
Anrechenbare Kosten:			**6.000,00 €**

Honorarzone: 2
Honorarsatz: 50,00 % (Mittelsatz)

Daraus ergibt sich folgendes Grundhonorar (100 %): 3.173,00 €

Grundleistungen

Leistungsphase	HOAI	beauftragt	ausgeführt	Summe
1. Grundlagenermittlung	3,00 %	2,00 %	100,00 %	63,46 €
2. Vorplanung	11,00 %	9,00 %	100,00 %	285,57 €
3. Entwurfsplanung	15,00 %	17,00 %	100,00 %	539,41 €
4. Genehmigungsplanung	6,00 %	2,00 %	100,00 %	63,46 €
5. Ausführungsplanung	18,00 %	22,00 %	100,00 %	698,06 €
6. Vorbereitung der Vergabe	6,00 %	7,00 %	100,00 %	222,11 €
7. Mitwirkung b. d. Vergabe	5,00 %	5,00 %	100,00 %	158,65 €
8. Objektüberwachung	33,00 %	35,00 %	100,00 %	1.110,55 €
9. Objektbetreuung und Doku.	3,00 %	1,00 %	100,00 %	31,73 €
Grundhonorar:		**100,00 %**		**3.173,00 €**

prozentuale Nebenkosten

Nebenkosten allg. 6,00 % 190,38 €

Ansatzhonorar netto **3.363,38 €**

Honorarermittlung "Technische Ausrüstung AG 4" nach Honorartafel zu HOAI § 56, Stand 2013

Anrechenbare Kosten

300 Bauwerk - Baukonstruktionen	1.300.000,00 €		Nicht anrechenbar
410 Abwasser-, Wasser-, Gasanlagen	6.000,00 €		Nicht anrechenbar
440 Starkstromanlagen	7.000,00 €		
470 Nutzungsspezifische Anlagen	300.000,00 €		Nicht anrechenbar
470 Nutzungsspezifische Anlagen MT	200.000,00 €		Nicht anrechenbar
480 Automation	200.000,00 €		Nicht anrechenbar
500 Außenanlagen	60.000,00 €		Nicht anrechenbar
Summe voll anrechenbar:	7.000,00 €		7.000,00 €
Summe nicht anrechenbar:	2.066.000,00 €		0,00 €
Anrechenbare Kosten:			**7.000,00 €**

Honorarzone:	2	
Honorarsatz:	50,00 % (Mittelsatz)	

Daraus ergibt sich folgendes Grundhonorar (100 %):   3.577,50 €

Grundleistungen

Leistungsphase	HOAI	beauftragt	ausgeführt	Summe
1. Grundlagenermittlung	3,00 %	2,00 %	100,00 %	71,55 €
2. Vorplanung	11,00 %	9,00 %	100,00 %	321,98 €
3. Entwurfsplanung	15,00 %	17,00 %	100,00 %	608,18 €
4. Genehmigungsplanung	6,00 %	2,00 %	100,00 %	71,55 €
5. Ausführungsplanung	18,00 %	22,00 %	100,00 %	787,05 €
6. Vorbereitung der Vergabe	6,00 %	7,00 %	100,00 %	250,43 €
7. Mitwirkung b. d. Vergabe	5,00 %	5,00 %	100,00 %	178,88 €
8. Objektüberwachung	33,00 %	35,00 %	100,00 %	1.252,13 €
9. Objektbetreuung und Doku.	3,00 %	1,00 %	100,00 %	35,78 €
Grundhonorar:		**100,00 %**		**3.577,50 €**

prozentuale Nebenkosten

Nebenkosten allg.		6,00 %	214,65 €
Ansatzhonorar netto			**3.792,15 €**

Honorarermittlung "Technische Ausrüstung AG 7" nach Honorartafel zu HOAI § 56, Stand 2013

Anrechenbare Kosten

300 Bauwerk - Baukonstruktionen	1.300.000,00 €		Nicht anrechenbar
410 Abwasser-, Wasser-, Gasanlagen	6.000,00 €		Nicht anrechenbar
440 Starkstromanlagen	7.000,00 €		Nicht anrechenbar
470 Nutzungsspezifische Anlagen	300.000,00 €		
470 Nutzungsspezifische Anlagen MT	200.000,00 €		Nicht anrechenbar
480 Automation	200.000,00 €		Nicht anrechenbar
500 Außenanlagen	60.000,00 €		Nicht anrechenbar
Summe voll anrechenbar:	300.000,00 €		300.000,00 €
Summe nicht anrechenbar:	1.773.000,00 €		0,00 €
Anrechenbare Kosten:			**300.000,00 €**

Honorarzone: 2
Honorarsatz: 50,00 % (Mittelsatz)

Daraus ergibt sich folgendes Grundhonorar (100 %): 69.414,60 €

Grundleistungen

Leistungsphase	HOAI	beauftragt	ausgeführt	Summe
1. Grundlagenermittlung	3,00 %	2,00 %	100,00 %	1.388,29 €
2. Vorplanung	11,00 %	9,00 %	100,00 %	6.247,31 €
3. Entwurfsplanung	15,00 %	17,00 %	100,00 %	11.800,48 €
4. Genehmigungsplanung	6,00 %	2,00 %	100,00 %	1.388,29 €
5. Ausführungsplanung	18,00 %	22,00 %	100,00 %	15.271,21 €
6. Vorbereitung der Vergabe	6,00 %	7,00 %	100,00 %	4.859,02 €
7. Mitwirkung b. d. Vergabe	5,00 %	5,00 %	100,00 %	3.470,73 €
8. Objektüberwachung	33,00 %	35,00 %	100,00 %	24.295,11 €
9. Objektbetreuung und Doku.	3,00 %	1,00 %	100,00 %	694,15 €
Grundhonorar:	**100,00 %**			**69.414,60 €**

prozentuale Nebenkosten

Nebenkosten allg.   6,00 %   4.164,88 €

Ansatzhonorar netto   **73.579,48 €**

Honorarermittlung "Technische Ausrüstung AG 8" nach Honorartafel zu HOAI § 56, Stand 2013

Anrechenbare Kosten

300	Bauwerk - Baukonstruktionen	1.300.000,00 €	Nicht anrechenbar
410	Abwasser-, Wasser-, Gasanlagen	6.000,00 €	Nicht anrechenbar
440	Starkstromanlagen	7.000,00 €	Nicht anrechenbar
470	Nutzungsspezifische Anlagen	300.000,00 €	Nicht anrechenbar
470	Nutzungsspezifische Anlagen MT	200.000,00 €	Nicht anrechenbar
480	Automation	200.000,00 €	
500	Außenanlagen	60.000,00 €	Nicht anrechenbar

Summe voll anrechenbar:	200.000,00 €	200.000,00 €
Summe nicht anrechenbar:	1.873.000,00 €	0,00 €
Anrechenbare Kosten:		**200.000,00 €**

Honorarzone:	2
Honorarsatz:	50,00 % (Mittelsatz)

Daraus ergibt sich folgendes Grundhonorar (100 %): 50.563,75 €

Grundleistungen

Leistungsphase	HOAI	beauftragt	ausgeführt	Summe
1. Grundlagenermittlung	3,00 %	2,00 %	100,00 %	1.011,28 €
2. Vorplanung	11,00 %	9,00 %	100,00 %	4.550,74 €
3. Entwurfsplanung	15,00 %	17,00 %	100,00 %	8.595,84 €
4. Genehmigungsplanung	6,00 %	2,00 %	100,00 %	1.011,28 €
5. Ausführungsplanung	18,00 %	22,00 %	100,00 %	11.124,03 €
6. Vorbereitung der Vergabe	6,00 %	7,00 %	100,00 %	3.539,46 €
7. Mitwirkung b. d. Vergabe	5,00 %	5,00 %	100,00 %	2.528,19 €
8. Objektüberwachung	33,00 %	35,00 %	100,00 %	17.697,31 €
9. Objektbetreuung und Doku.	3,00 %	1,00 %	100,00 %	505,64 €
Grundhonorar:		**100,00 %**		**50.563,75 €**

prozentuale Nebenkosten

Nebenkosten allg.	6,00 %	3.033,83 €
Ansatzhonorar netto		**53.597,58 €**

Honorarermittlung "Freianlagen" nach Honorartafel zu HOAI § 40, Stand 2013

Anrechenbare Kosten

300 Bauwerk - Baukonstruktionen	1.300.000,00 €		Nicht anrechenbar
410 Abwasser-, Wasser-, Gasanlagen	6.000,00 €		Nicht anrechenbar
440 Starkstromanlagen	7.000,00 €		Nicht anrechenbar
470 Nutzungsspezifische Anlagen	300.000,00 €		Nicht anrechenbar
470 Nutzungsspezifische Anlagen MT	200.000,00 €		Nicht anrechenbar
480 Automation	200.000,00 €		Nicht anrechenbar
500 Außenanlagen	60.000,00 €		
Summe voll anrechenbar:	60.000,00 €		60.000,00 €
Summe nicht anrechenbar:	2.013.000,00 €		0,00 €
Anrechenbare Kosten:			**60.000,00 €**

Honorarzone: 3
Honorarsatz: 50,00 % (Mittelsatz)

Daraus ergibt sich folgendes Grundhonorar (100 %): 14.979,50 €

Grundleistungen

Leistungsphase	HOAI	beauftragt	ausgeführt	Summe
1. Grundlagenermittlung	3,00 %	3,00 %	100,00 %	449,39 €
2. Vorplanung	10,00 %	10,00 %	100,00 %	1.497,95 €
3. Entwurfsplanung	15,00 %	16,00 %	100,00 %	2.396,72 €
4. Genehmigungsplanung	6,00 %	4,00 %	100,00 %	599,18 €
5. Ausführungsplanung	24,00 %	25,00 %	100,00 %	3.744,88 €
6. Vorbereitung der Vergabe	7,00 %	7,00 %	100,00 %	1.048,57 €
7. Mitwirkung b. d. Vergabe	3,00 %	3,00 %	100,00 %	449,39 €
8. Objektüberwachung	29,00 %	30,00 %	100,00 %	4.493,85 €
9. Objektbetreuung und Doku.	3,00 %	2,00 %	100,00 %	299,59 €
Grundhonorar:		**100,00 %**		**14.979,50 €**

prozentuale Nebenkosten

Nebenkosten allg.   6,00 %   898,77 €

Ansatzhonorar netto   **15.878,27 €**

Arbeitshilfen

1. Teilleistungstabellen

Der Verordnungsgeber hat in der HOAI als kleinste Abrechnungseinheit die Leistungsphasen mit einer Bewertung versehen. Jedoch kommt in der Praxis immer wieder der Fall vor, dass eine Leistungsphase nicht vollständig erbracht oder beauftragt wird.

Für diesen Fall sieht § 8 Abs. 2 HOAI vor:

> **§ 8 Berechnung des Honorars in besonderen Fällen**
> (2) Werden dem Auftragnehmer nicht alle Grundleistungen einer Leistungsphase übertragen, so darf für die übertragenen Grundleistungen nur ein Honorar berechnet und vereinbart werden, das dem Anteil der übertragenen Grundleistungen an der gesamten Leistungsphase entspricht. Die Vereinbarung hat schriftlich zu erfolgen. Entsprechend ist zu verfahren, wenn dem Auftragnehmer wesentliche Teile von Grundleistungen nicht übertragen werden.

Der Bundesgerichtshof[23] hat hierzu festgestellt:

> **BGH, Urteil vom 16.12.2004, Az: VII ZR 174/03**
> Für die Bewertung nicht erbrachter Architektenleistungen eignen sich die Steinfort-Tabelle oder andere Bewertungstabellen als Orientierungshilfe.

Nachdem die sogenannte Steinfort-Tabelle nur das Leistungsbild Objektplanung Gebäude beinhaltet, und zudem bereits im Jahre 1981 aufgestellt wurde, wurden nachfolgend für die wichtigsten Leistungsbilder
- Objektplanung Gebäude
- Objektplanung Innenräume
- Objektplanung Freianlagen
- Objektplanung Ingenieurbauwerke
- Objektplanung Verkehrsanlagen
- Fachplanung Tragwerksplanung
- Fachplanung Technische Ausrüstung

eigene Teilleistungstabellen zusammengestellt.

Damit sind Sie in der Lage, mit einfachen Mitteln eine Bewertung von Teilleistungen dieser Leistungsbilder selbst vorzunehmen.
Bitte beachten Sie, dass eine generelle Festlegung der Prozentsätze für jede Teilleistung nicht möglich ist. Die konkrete Bewertung ist immer bezogen auf den Einzelfall vorzunehmen. Im Zweifel kann die Unterstützung durch einen HOAI-Sachverständigen sinnvoll sein.

---

[23] BGH, Urteil vom 16. 12. 2004 – VII ZR 174/03

Teilleistungstabelle Objektplanung Gebäude

HOAI 1996/2002 und 2009	Bewertung	HOAI 2013	Bewertung
Leistungsphase 1	**3**	**Leistungsphase 1**	**2**
a) Klären der Aufgabenstellung	1,0-2,0	a) Klären der Aufgabenstellung auf Grundlage der Vorgaben oder der Bedarfsplanung des Auftraggebers	0,5
		b) Ortsbesichtigung	0,5
b) Beraten zum gesamten Leistungsbedarf	0,5-1,0	c) Beraten zum gesamten Leistungs- und Untersuchungsbedarf	0,5
c) Formulieren von Entscheidungshilfen für die Auswahl anderer an der Planung fachlich Beteiligter	0,25-1,0	d) Formulieren der Entscheidungshilfen für die Auswahl anderer an der Planung fachlich Beteiligter	0,25
d) Zusammenfassen der Ergebnisse	0,25-1,0	e) Zusammenfassen, Erläutern und Dokumentieren der Ergebnisse	0,25
Leistungsphase 2	**7**	**Leistungsphase 2**	**7**
a) Analyse der Grundlagen	0,5-1,0	a) Analysieren der Grundlagen, Abstimmen der Leistungen mit den fachlich an der Planung Beteiligten	0,5
b) Abstimmen der Zielvorstellungen (Randbedingungen, Zielkonflikte)	0,5-1,0	b) Abstimmen der Zielvorstellungen, Hinweisen auf Zielkonflikte	0,5
c) Aufstellen eines planungsbezogenen Zielkatalogs (Programmziele)	0,5-1,0		
d) Erarbeiten eines Planungskonzepts einschließlich Untersuchung der alternativen Lösungsmöglichkeiten nach gleichen Anforderungen mit zeichnerischer Darstellung und Bewertung, zum Beispiel versuchsweise zeichnerische Darstellungen, Strichskizzen, gegebenenfalls mit erläuternden Angaben	3,0-4,5	c) Erarbeiten der Vorplanung, Untersuchen, Darstellen und Bewerten von Varianten nach gleichen Anforderungen, Zeichnungen im Maßstab nach Art und Größe des Objekts	3,5
f) Klären und Erläutern der wesentlichen städtebaulichen, gestalterischen, funktionalen, technischen, bauphysikalischen, wirtschaftlichen, energiewirtschaftlichen (zum Beispiel hinsichtlich rationeller Energieverwendung und der Verwendung erneuerbarer Energien) und landschaftsökologischen Zusammenhänge, Vorgänge und Bedingungen, sowie der Belastung und Empfindlichkeit der betroffenen Ökosysteme	0,5-1,0	d) Klären und Erläutern der wesentlichen Zusammenhänge, Vorgaben und Bedingungen (zum Beispiel städtebauliche, gestalterische, funktionale, technische, wirtschaftliche, ökologische, bauphysikalische, energiewirtschaftliche, soziale, öffentlich-rechtliche)	0,5
e) Integrieren der Leistungen anderer an der Planung fachlich Beteiligter	0,5-1,0	e) Bereitstellen der Arbeitsergebnisse als Grundlage für die anderen an der Planung fachlich Beteiligten sowie Koordination und Integration von deren Leistungen	0,5
g) Vorverhandlungen mit Behörden und anderen an der Planung fachlich Beteiligten über die Genehmigungsfähigkeit	bis 1,0	f) Vorverhandlungen über die Genehmigungsfähigkeit	0,5
i) Kostenschätzung nach DIN 276 oder nach dem wohnungsrechtlichen Berechnungsrecht	0,5-1,0	g) Kostenschätzung nach DIN 276, Vergleich mit den finanziellen Rahmenbedingungen	0,5
		h) Erstellen eines Terminplans mit den wesentlichen Vorgängen des Planungs- und Bauablaufs	0,25
j) Zusammenstellen aller Vorplanungsergebnisse	bis 0,25	i) Zusammenfassen, Erläutern und Dokumentieren der Ergebnisse	0,25
Leistungsphase 3	**11**	**Leistungsphase 3**	**15**
a) Durcharbeiten des Planungskonzepts (stufenweise Erarbeitung einer zeichnerischen Lösung) unter Berücksichtigung städtebaulicher, gestalterischer, funktionaler, technischer, bauphysikalischer, wirtschaftlicher, energiewirtschaftlicher (zum Beispiel hinsichtlich rationeller Energieverwendung und der Verwendung erneuerbarer Energie) und landschaftsökologischer Anforderungen unter Verwendung der Beiträge anderer an der Planung fachlich Beteiligter bis zum vollständigen Entwurf	2,0-3,0	a) Erarbeiten der Entwurfsplanung, unter weiterer Berücksichtigung der wesentlichen Zusammenhänge, Vorgaben und Bedingungen (zum Beispiel städtebauliche, gestalterische, funktionale, technische, wirtschaftliche, ökologische, soziale, öffentlich-rechtliche) auf der Grundlage der Vorplanung und als Grundlage für die weiteren Leistungsphasen und die erforderlichen öffentlich-rechtlichen Genehmigungen unter Verwendung der Beiträge anderer an der Planung fachlich Beteiligter. Zeichnungen nach Art und Größe des Objekts im erforderlichen Umfang und Detaillierungsgrad unter Berücksichtigung aller fachspezifischen Anforderungen, zum Beispiel bei Gebäuden im Maßstab 1:100, zum Beispiel bei Innenräumen im Maßstab 1:50 bis 1:20	10

Leistung (links)	%	Leistung (rechts)	%
d) Zeichnerische Darstellung des Gesamtentwurfs, zum Beispiel durchgearbeitete, vollständige Vorentwurfs- und/oder Entwurfszeichnungen (Maßstab nach Art und Größe des Bauvorhabens; bei Freianlagen: im Maßstab 1:500 bis 1:100, insbesondere mit Angaben zur Verbesserung der Biotopfunktion, zu Vermeidungs-, Schutz-, Pflege- und Entwicklungsmaßnahmen sowie zur differenzierten Bepflanzung; bei raumbildenden Ausbauten: im Maßstab 1:50 bis 1:20, insbesondere mit Einzelheiten der Wandabwicklungen, Farb-, Licht- und Materialgestaltung), gegebenenfalls auch Detailpläne mehrfach wiederkehrender Raumgruppen	4,0-6,0		
b) Integrieren der Leistungen anderer an der Planung fachlich Beteiligter	1,0-1,5	b) Bereitstellen der Arbeitsergebnisse als Grundlage für die anderen an der Planung fachlich Beteiligten sowie Koordination und Integration von deren Leistungen	1
c) Objektbeschreibung mit Erläuterung von Ausgleichs- und Ersatzmaßnahmen nach Maßgabe der naturschutzrechtlichen Eingriffsregelung	0,5-1,0	c) Objektbeschreibung	0,5
e) Verhandlungen mit Behörden und anderen an der Planung fachlich Beteiligten über die Genehmigungsfähigkeit	bis 1,0	d) Verhandlungen über die Genehmigungsfähigkeit	1
f) Kostenberechnung nach DIN 276 oder nach dem wohnungsrechtlichen Berechnungsrecht	1,0-1,25	e) Kostenberechnung nach DIN 276 und Vergleich mit der Kostenschätzung	1,5
g) Kostenkontrolle durch Vergleich der Kostenberechnung mit der Kostenschätzung	0,25-0,5		
		f) Fortschreiben des Terminplans	0,75
h) Zusammenfassen aller Entwurfsunterlagen	bis 0,25	g) Zusammenfassen, Erläutern und Dokumentieren der Ergebnisse	0,25
Leistungsphase 4	**6**	**Leistungsphase 4**	**3**
a) Erarbeiten der Vorlagen für die nach den öffentlich-rechtlichen Vorschriften erforderlichen Genehmigungen oder Zustimmungen einschließlich der Anträge auf Ausnahmen und Befreiungen unter Verwendung der Beiträge anderer an der Planung fachlich Beteiligter sowie noch notwendiger Verhandlungen mit Behörden	4,0-5,0	a) Erarbeiten und Zusammenstellen der Vorlagen und Nachweise für öffentlich-rechtliche Genehmigungen oder Zustimmungen einschließlich der Anträge auf Ausnahmen und Befreiungen, sowie notwendiger Verhandlungen mit Behörden unter Verwendung der Beiträge anderer an der Planung fachlich Beteiligter	2
b) Einreichen dieser Unterlagen	bis 0,25	b) Einreichen der Vorlagen	0,25
c) Vervollständigen und Anpassen der Planungsunterlagen, Beschreibungen und Berechnungen unter Verwendung der Beiträge anderer an der Planung fachlich Beteiligter	bis 1,5	c) Ergänzen und Anpassen der Planungsunterlagen, Beschreibungen und Berechnungen	0,75
Leistungsphase 5	**25**	**Leistungsphase 5**	**25**
a) Durcharbeiten der Ergebnisse der Leistungsphase 3 und 4 (stufenweise Erarbeitung und Darstellung der Lösung) unter Berücksichtigung städtebaulicher, gestalterischer, funktionaler, technischer, bauphysikalischer, wirtschaftlicher, energiewirtschaftlicher (zum Beispiel hinsichtlich rationeller Energieverwendung und der Verwendung erneuerbarer Energien) und landschaftsökologischer Anforderungen unter Verwendung der Beiträge anderer an der Planung fachlich Beteiligter bis zur ausführungsreifen Lösung	6,5-8,0	a) Erarbeiten der Ausführungsplanung mit allen für die Ausführung notwendigen Einzelangaben (zeichnerisch und textlich) auf der Grundlage der Entwurfs- und Genehmigungsplanung bis zur ausführungsreifen Lösung, als Grundlage für die weiteren Leistungsphasen	6
b) Zeichnerische Darstellung des Objekts mit allen für die Ausführung notwendigen Einzelangaben, zum Beispiel endgültige, vollständige Ausführungs-, Detail- und Konstruktionszeichnungen im Maßstab 1:50 bis 1:1	14,0-16,0	b) Ausführungs-, Detail- und Konstruktionszeichnungen nach Art und Größe des Objekts im erforderlichen Umfang und Detaillierungsgrad unter Berücksichtigung aller fachspezifischen Anforderungen, zum Beispiel bei Gebäuden im Maß-stab 1:50 bis 1:1, zum Beispiel bei Innenräumen im Maßstab 1:20 bis 1:1	14
d) Erarbeiten der Grundlagen für die anderen an der Planung fachlich Beteiligten und Integrierung ihrer Beiträge bis zur ausführungsreifen Lösung	bis 2,5	c) Bereitstellen der Arbeitsergebnisse als Grundlage für die anderen an der Planung fachlich Beteiligten, sowie Koordination und Integration von deren Leistungen	1,5
		d) Fortschreiben des Terminplans	0,25

e) Fortschreiben der Ausführungsplanung während der Objektausführung	1,0-2,5	e) Fortschreiben der Ausführungsplanung aufgrund der gewerkeorientierten Bearbeitung während der Objektausführung	0,75
		f) Überprüfen erforderlicher Montagepläne der vom Objektplaner geplanten Baukonstruktionen und baukonstruktiven Einbauten auf Übereinstimmung mit der Ausführungsplanung	2,5
Leistungsphase 6	**10**	**Leistungsphase 6**	**10**
		a) Aufstellen eines Vergabeterminplans	0,5
a) Ermitteln und Zusammenstellen von Mengen als Grundlage für das Aufstellen von Leistungsbeschreibungen unter Verwendung der Beiträge anderer an der Planung fachlich Beteiligter	3,0-4,0		
b) Aufstellen von Leistungsbeschreibungen mit Leistungsverzeichnissen nach Leistungsbereichen	5,0-6,5	b) Aufstellen von Leistungsbeschreibungen mit Leistungsverzeichnissen nach Leistungsbereichen, Ermitteln und Zusammenstellen von Mengen auf der Grundlage der Ausführungsplanung unter Verwendung der Beiträge anderer an der Planung fachlich Beteiligter	7
c) Abstimmen und Koordinieren der Leistungsbeschreibungen der an der Planung fachlich Beteiligten	0,5-1,5	c) Abstimmen und Koordinieren der Schnittstellen zu den Leistungsbeschreibungen der an der Planung fachlich Beteiligten	1
		d) Ermitteln der Kosten auf der Grundlage vom Planer bepreister Leistungsverzeichnisse	1
		e) Kostenkontrolle durch Vergleich der vom Planer bepreisten Leistungsverzeichnisse mit der Kostenberechnung	0,5
Leistungsphase 7	**4**	**Leistungsphase 7**	**4**
a) Zusammenstellen der Vergabe- und Vertragsunterlagen für alle Leistungsbereiche	0,25-0,5		
d) Abstimmen und Zusammenstellen der Leistungen der fachlich Beteiligten, die an der Vergabe mitwirken	bis 0,25	a) Koordinieren der Vergaben der Fachplaner	0,5
b) Einholen von Angeboten	bis 0,25	b) Einholen von Angeboten	0,25
c) Prüfen und Werten der Angebote einschließlich Aufstellen eines Preisspiegels nach Teilleistungen unter Mitwirkung aller während der Leistungsphasen 6 und 7 fachlich Beteiligten	1,5-2,0	c) Prüfen und Werten der Angebote einschließlich Aufstellen eines Preisspiegels nach Einzelpositionen oder Teilleistungen, Prüfen und Werten der Angebote zusätzlicher und geänderter Leistungen der ausführenden Unternehmen und der Angemessenheit der Preise	1,5
e) Verhandlung mit Bietern	bis 0,25	d) Führen von Bietergesprächen	0,25
		e) Erstellen der Vergabevorschläge, Dokumentation des Vergabeverfahrens	0,25
		f) Zusammenstellen der Vertragsunterlagen für alle Leistungsbereiche	0,25
f) Kostenanschlag nach DIN 276 aus Einheits- oder Pauschalpreisen der Angebote	0,5-1,25	g) Vergleichen der Ausschreibungsergebnisse mit den vom Planer bepreisten Leistungsverzeichnissen oder der Kostenberechnung	0,75
g) Kostenkontrolle durch Vergleich des Kostenanschlags mit der Kostenrechnung	0,5-1,0		
h) Mitwirken bei der Auftragserteilung	bis 0,25	h) Mitwirken bei der Auftragserteilung	0,25
Leistungsphase 8	**31**	**Leistungsphase 8**	**32**
a) Überwachen der Ausführung des Objekts auf Übereinstimmung mit der Baugenehmigung oder Zustimmung, den Ausführungsplänen und den Leistungsbeschreibungen sowie mit den allgemein anerkannten Regeln der Technik und den einschlägigen Vorschriften	16,0-18,0	a) Überwachen der Ausführung des Objektes auf Übereinstimmung mit der öffentlich-rechtlichen Genehmigung oder Zustimmung, den Verträgen mit ausführenden Unternehmen, den Ausführungsunterlagen, den einschlägigen Vorschriften sowie mit den allgemein anerkannten Regeln der Technik	18
b) Überwachen der Ausführung von Tragwerken nach § 50 Absatz 2 Nummer 1 und 2 auf Übereinstimmung mit den Standsicherheitsnachweis	bis 2,5	b) Überwachen der Ausführung von Tragwerken mit sehr geringen und geringen Planungsanforderungen auf Übereinstimmung mit dem Standsicherheitsnachweis	-
c) Koordinieren der an der Objektüberwachung fachlich Beteiligten	1,5-3,0	c) Koordinieren der an der Objektüberwachung fachlich Beteiligten	2
d) Überwachung und Detailkorrektur von Fertigteilen	bis 1,0		
e) Aufstellen und Überwachen eines Zeitplanes (Balkendiagramm)	1,0-2,5	d) Aufstellen, Fortschreiben und Überwachen eines Terminplans (Balkendiagramm)	1,5

f) Führen eines Bautagebuches	0,5-1,0	e) Dokumentation des Bauablaufs (zum Beispiel Bautagebuch)	0,5
g) Gemeinsames Aufmass mit den bauausführenden Unternehmen	1,0-2,5	f) Gemeinsames Aufmaß mit den ausführenden Unternehmen	1,5
i) Rechnungsprüfung	1,5-2,0	g) Rechnungsprüfung einschließlich Prüfen der Aufmaße der bauausführenden Unternehmen	1,5
		h) Vergleich der Ergebnisse der Rechnungsprüfungen mit den Auftragssummen einschließlich Nachträgen	0,5
o) Kostenkontrolle durch Überprüfen der Leistungsabrechnung der bauausführenden Unternehmen im Vergleich zu den Vertragspreisen und dem Kostenanschlag	0,5-2,0	i) Kostenkontrolle durch Überprüfen der Leistungsabrechnung der bauausführenden Unternehmen im Vergleich zu den Vertragspreisen	1
j) Kostenfeststellung nach DIN 276 oder nach dem wohnungsrechtlichen Berechnungsrecht	0,5-2,0	j) Kostenfeststellung, zum Beispiel nach DIN 276	1
h) Abnahme der Bauleistungen unter Mitwirkung anderer an der Planung und Objektüberwachung fachlich Beteiligter unter Feststellung von Mängeln	1,5-2,5	k) Organisation der Abnahme der Bauleistungen unter Mitwirkung anderer an der Planung und Objektüberwachung fachlich Beteiligter, Feststellung von Mängeln, Abnahmeempfehlung für den Auftraggeber	2
k) Antrag auf behördliche Abnahmen und Teilnahme daran	bis 0,25	l) Antrag auf öffentlich-rechtliche Abnahmen und Teilnahme daran	0,25
		m) Systematische Zusammenstellung der Dokumentation, zeichnerischen Darstellungen und rechnerischen Ergebnisse des Objekts	0,5
l) Übergabe des Objekts einschließlich Zusammenstellung und Übergabe der erforderlichen Unterlagen, zum Beispiel Bedienungsanleitungen, Prüfprotokolle	bis 0,25	n) Übergabe des Objekts	0,25
m) Auflisten der Verjährungsfristen für Mängelansprüche	bis 0,5	o) Auflisten der Verjährungsfristen für Mängelansprüche	0,5
n) Überwachen der Beseitigung der bei der Abnahme der Bauleistungen festgestellten Mängel	0,25-2,5	p) Überwachen der Beseitigung der bei der Abnahme festgestellten Mängel	1
Leistungsphase 9	**3**	**Leistungsphase 9**	**2**
b) Überwachen der Beseitigung von Mängeln, die innerhalb der Verjährungsfristen für Mängelan-sprüche, längstens jedoch bis zum Ablauf von vier Jahren seit Abnahme der Bauleistungen auftreten	0,5-2,5	a) Fachliche Bewertung der innerhalb der Verjährungsfristen für Gewährleistungsansprüche festgestellten Mängel, längstens jedoch bis zum Ablauf von fünf Jahren seit Abnahme der Leistung, einschließlich notwendiger Begehungen	1
a) Objektbegehung zur Mängelfeststellung vor Ablauf der Verjährungsfristen für Mängelansprüche gegenüber den bauausführenden Unternehmen	0,25-0,75	b) Objektbegehung zur Mängelfeststellung vor Ablauf der Verjährungsfristen für Mängelansprüche gegenüber den ausführenden Unternehmen	0,5
c) Mitwirken bei der Freigabe von Sicherheitsleistungen	bis 0,5	c) Mitwirken bei der Freigabe von Sicherheitsleistungen	0,5
d) Systematische Zusammenstellung der zeichnerischen Darstellungen und rechnerischen Ergebnisse des Objekts	0,5-1,0		

Dipl. Ing. (FH) Heinz Simmendinger   www.HOAI-Gutachter.de

Teilleistungstabelle Objektplanung Innenräume

HOAI 1996/2002 und 2009	Bewertung	HOAI 2013	Bewertung
Leistungsphase 1	**3**	**Leistungsphase 1**	**2**
a) Klären der Aufgabenstellung	1,0-2,0	a) Klären der Aufgabenstellung auf Grundlage der Vorgaben oder der Bedarfsplanung des Auftraggebers	0,5
		b) Ortsbesichtigung	0,5
b) Beraten zum gesamten Leistungsbedarf	0,5-1,0	c) Beraten zum gesamten Leistungs- und Untersuchungsbedarf	0,5
c) Formulieren von Entscheidungshilfen für die Auswahl anderer an der Planung fachlich Beteiligter	0,25-0,75	d) Formulieren der Entscheidungshilfen für die Auswahl anderer an der Planung fachlich Beteiligter	0,25
d) Zusammenfassen der Ergebnisse	0,25-0,5	e) Zusammenfassen, Erläutern und Dokumentieren der Ergebnisse	0,25
Leistungsphase 2	**7**	**Leistungsphase 2**	**7**
a) Analyse der Grundlagen	0,5-1,0	a) Analysieren der Grundlagen, Abstimmen der Leistungen mit den fachlich an der Planung Beteiligten	0,5
b) Abstimmen der Zielvorstellungen (Randbedingungen, Zielkonflikte)	0,25-0,75	b) Abstimmen der Zielvorstellungen, Hinweisen auf Zielkonflikte	0,5
c) Aufstellen eines planungsbezogenen Zielkatalogs (Programmziele)	0,25-0,75		
d) Erarbeiten eines Planungskonzepts einschließlich Untersuchung der alternativen Lösungsmöglichkeiten nach gleichen Anforderungen mit zeichnerischer Darstellung und Bewertung, zum Beispiel versuchsweise zeichnerische Darstellungen, Strichskizzen, gegebenenfalls mit erläuternden Angaben	3,25-4,5	c) Erarbeiten der Vorplanung, Untersuchen, Darstellen und Bewerten von Varianten nach gleichen Anforderungen, Zeichnungen im Maßstab nach Art und Größe des Objekts	3,5
f) Klären und Erläutern der wesentlichen städtebaulichen, gestalterischen, funktionalen, technischen, bauphysikalischen, wirtschaftlichen, energiewirtschaftlichen (zum Beispiel hinsichtlich rationeller Energieverwendung und der Verwendung erneuerbarer Energien) und landschaftsökologischen Zusammenhänge, Vorgänge und Bedingungen, sowie der Belastung und Empfindlichkeit der betroffenen Ökosysteme	0,5-1,0	d) Klären und Erläutern der wesentlichen Zusammenhänge, Vorgaben und Bedingungen (zum Beispiel städtebauliche, gestalterische, funktionale, technische, wirtschaftliche, ökologische, bauphysikalische, energiewirtschaftliche, soziale, öffentlich-rechtliche)	0,5
e) Integrieren der Leistungen anderer an der Planung fachlich Beteiligter	0,5-1,0	e) Bereitstellen der Arbeitsergebnisse als Grundlage für die anderen an der Planung fachlich Beteiligten sowie Koordination und Integration von deren Leistungen	0,5
g) Vorverhandlungen mit Behörden und anderen an der Planung fachlich Beteiligten über die Genehmigungsfähigkeit	bis 1,0	f) Vorverhandlungen über die Genehmigungsfähigkeit	0,5
i) Kostenschätzung nach DIN 276 oder nach dem wohnungs-rechtlichen Berechnungsrecht	0,5-1,5	g) Kostenschätzung nach DIN 276, Vergleich mit den finanziellen Rahmenbedingungen	0,5
		h) Erstellen eines Terminplans mit den wesentlichen Vorgängen des Planungs- und Bauablaufs	0,25
j) Zusammenstellen aller Vorplanungsergebnisse	bis 0,25	i) Zusammenfassen, Erläutern und Dokumentieren der Ergebnisse	0,25
Leistungsphase 3	**14**	**Leistungsphase 3**	**15**
a) Durcharbeiten des Planungskonzepts (stufenweise Erarbeitung einer zeichnerischen Lösung) unter Berücksichtigung städtebaulicher, gestalterischer, funktionaler, technischer, bauphysikalischer, wirtschaftlicher, energiewirtschaftlicher (zum Beispiel hinsichtlich rationeller Energieverwendung und der Verwendung erneuerbarer Energie) und landschaftsökologischer Anforderungen unter Verwendung der Beiträge anderer an der Planung fachlich Beteiligter bis zum vollständigen Entwurf	4,0-5,5	a) Erarbeiten der Entwurfsplanung, unter weiterer Berücksichtigung der wesentlichen Zusammenhänge, Vorgaben und Bedingungen (zum Beispiel städtebauliche, gestalterische, funktionale, technische, wirtschaftliche, ökologische, soziale, öffentlich-rechtliche) auf der Grundlage der Vorplanung und als Grundlage für die weiteren Leistungsphasen und die erforderlichen öffentlich-rechtlichen Genehmigungen unter Verwendung der Beiträge anderer an der Planung fachlich Beteiligter. Zeichnungen nach Art und Größe des Objekts im erforderlichen Umfang und Detaillierungsgrad unter Berücksichtigung aller fachspezifischen Anforderungen, zum Beispiel bei Gebäuden im Maßstab 1:100, zum Beispiel bei Innenräumen im Maßstab 1:50 bis 1:20	10

Leistung	%	Leistung	%
d) Zeichnerische Darstellung des Gesamtentwurfs, zum Beispiel durchgearbeitete, vollständige Vorentwurfs- und/oder Entwurfszeichnungen (Maßstab nach Art und Größe des Bauvorhabens; bei Freianlagen: im Maßstab 1:500 bis 1:100, insbesondere mit Angaben zur Verbesserung der Biotopfunktion, zu Vermeidungs-, Schutz-, Pflege und Entwicklungsmaßnahmen sowie zur differenzierten Bepflanzung; bei raumbildenden Ausbauten: im Maßstab 1:50 bis 1:20, insbesondere mit Einzelheiten der Wandabwicklungen, Farb-, Licht- und Materialgestaltung), gegebenenfalls auch Detailpläne mehrfach wiederkehrender Raumgruppen	5,0-6,5		
b) Integrieren der Leistungen anderer an der Planung fachlich Beteiligter	0,5-2,0	b) Bereitstellen der Arbeitsergebnisse als Grundlage für die anderen an der Planung fachlich Beteiligten sowie Koordination und Integration von deren Leistungen	1
c) Objektbeschreibung mit Erläuterung von Ausgleichs- und Ersatzmaßnahmen nach Maßgabe der naturschutzrechtlichen Eingriffsregelung	1,0-2,0	c) Objektbeschreibung	0,5
e) Verhandlungen mit Behörden und anderen an der Planung fachlich Beteiligten über die Genehmigungsfähigkeit	bis 1,0	d) Verhandlungen über die Genehmigungsfähigkeit	1
f) Kostenberechnung nach DIN 276 oder nach dem wohnungsrechtlichen Berechnungsrecht	1,25-1,5	e) Kostenberechnung nach DIN 276 und Vergleich mit der Kostenschätzung	1,5
g) Kostenkontrolle durch Vergleich der Kostenberechnung mit der Kostenschätzung	0,25-0,5		
		f) Fortschreiben des Terminplans	0,75
h) Zusammenfassen aller Entwurfsunterlagen	bis 0,25	g) Zusammenfassen, Erläutern und Dokumentieren der Ergebnisse	0,25
Leistungsphase 4	**2**	**Leistungsphase 4**	**2**
a) Erarbeiten der Vorlagen für die nach den öffentlich-rechtlichen Vorschriften erforderlichen Geneh-migungen oder Zustimmungen einschließlich der Anträge auf Ausnahmen und Befreiungen unter Verwendung der Beiträge anderer an der Planung fachlich Beteiligter sowie noch notwendiger Verhandlungen mit Behörden	0,75-1,0	a) Erarbeiten und Zusammenstellen der Vorlagen und Nachweise für öffentlich-rechtliche Genehmigungen oder Zustimmungen einschließlich der Anträge auf Ausnahmen und Befreiungen sowie notwendiger Verhandlungen mit Behörden unter Verwendung der Beiträge anderer an der Planung fachlich Beteiligter	1,5
c) Prüfen auf notwendige Genehmigungen, Einholen von Zustimmungen und Genehmigunen	bis 1,5		
b) Einreichen dieser Unterlagen	bis 0,25	b) Einreichen der Vorlagen	0,25
		c) Ergänzen und Anpassen der Planungsunterlagen, Beschreibungen und Berechnungen	0,25
Leistungsphase 5	**30**	**Leistungsphase 5**	**30**
a) Durcharbeiten der Ergebnisse der Leistungsphase 3 und 4 (stufenweise Erarbeitung und Darstellung der Lösung) unter Berücksichtigung städtebaulicher, gestalterischer, funktionaler, technischer, bauphysikalischer, wirtschaftlicher, energiewirtschaftlicher (zum Beispiel hinsichtlich rationeller Energieverwendung und der Verwendung erneuerbarer Energien) und landschaftsökologischer Anforderungen unter Verwendung der Beiträge anderer an der Planung fachlich Beteiligter bis zur ausführungsreifen Lösung	8,0-10,0	a) Erarbeiten der Ausführungsplanung mit allen für die Ausführung notwendigen Einzelangaben (zeichnerisch und textlich) auf der Grundlage der Entwurfs- und Genehmigungsplanung bis zur ausführungsreifen Lösung, als Grundlage für die weiteren Leistungsphasen	8
c) Detaillierte Darstellung der Räume und Raumfolgen im Maßstab 1:25 bis 1:1, mit den erforderlichen textlichen Ausführungen; Materialbestimmung	19,0-20,0	b) Ausführungs-, Detail- und Konstruktionszeichnungen nach Art und Größe des Objekts Im ertorderlichen Umfang und Detaillierungsgrad unter Berücksichtigung aller fachspezifischen Anforderungen, zum Beispiel bei Gebäuden im Maß- stab 1:50 bis 1:1, zum Beispiel bei Innenräumen im Maßstab 1:20 bis 1:1	19
d) Erarbeiten der Grundlagen für die anderen an der Planung fachlich Beteiligten und Integrierung ihrer Beiträge bis zur ausführungsreifen Lösung	bis 3,0	c) Bereitstellen der Arbeitsergebnisse als Grundlage für die anderen an der Planung fachlich Beteiligten, sowie Koordination und Integration von deren Leistungen	1,5
		d) Fortschreiben des Terminplans	1

e) Fortschreiben der Ausführungsplanung während der Objektausführung	1,0-2,5	e) Fortschreiben der Ausführungsplanung aufgrund der gewerkeorientierten Bearbeitung während der Objektausführung	0,5
		f) Überprüfen erforderlicher Montagepläne der vom Objektplaner geplanten Baukonstruktionen und baukonstruktiven Einbauten auf Übereinstimmung mit der Ausführungsplanung	-
Leistungsphase 6	**7**	**Leistungsphase 6**	**7**
		a) Aufstellen eines Vergabeterminplans	0,5
a) Ermitteln und Zusammenstellen von Mengen als Grundlage für das Aufstellen von Leistungsbeschreibungen unter Verwendung der Beiträge anderer an der Planung fachlich Beteiligter	2,0-3,0		
b) Aufstellen von Leistungsbeschreibungen mit Leistungsverzeichnissen nach Leistungsbereichen	3,0-4,0	b) Aufstellen von Leistungsbeschreibungen mit Leistungsverzeichnissen nach Leistungsbereichen, Ermitteln und Zusammenstellen von Mengen auf der Grundlage der Ausführungsplanung unter Verwendung der Beiträge anderer an der Planung fachlich Beteiligter	4,5
c) Abstimmen und Koordinieren der Leistungsbeschreibungen der an der Planung fachlich Beteiligten	0,5-1,0	c) Abstimmen und Koordinieren der Schnittstellen zu den Leistungsbeschreibungen der an der Planung fachlich Beteiligten	0,5
		d) Ermitteln der Kosten auf der Grundlage vom Planer bepreister Leistungsverzeichnisse	1
		e) Kostenkontrolle durch Vergleich der vom Planer bepreisten Leistungsverzeichnisse mit der Kostenberechnung	0,5
Leistungsphase 7	**3**	**Leistungsphase 7**	**3**
a) Zusammenstellen der Vergabe- und Vertragsunterlagen für alle Leistungsbereiche	0,25-0,5		
d) Abstimmen und Zusammenstellen der Leistungen der fachlich Beteiligten, die an der Vergabe mitwirken	bis 0,5	a) Koordinieren der Vergaben der Fachplaner	0,25
b) Einholen von Angeboten	0,5-1,0	b) Einholen von Angeboten	0,25
c) Prüfen und Werten der Angebote einschließlich Aufstellen eines Preisspiegels nach Teilleistungen unter Mitwirkung aller während der Leistungsphasen 6 und 7 fachlich Beteiligten	1,25-1,75	c) Prüfen und Werten der Angebote einschließlich Aufstellen eines Preisspiegels nach Einzelpositionen oder Teilleistungen, Prüfen und Werten der Angebote zusätzlicher und geänderter Leistungen der ausführenden Unternehmen und der Angemessenheit der Preise	1
e) Verhandlung mit Bietern	bis 0,5	d) Führen von Bietergesprächen	0,25
		e) Erstellen der Vergabevorschläge, Dokumentation des Vergabeverfahrens	0,25
		f) Zusammenstellen der Vertragsunterlagen für alle Leistungsbereiche	0,25
f) Kostenanschlag nach DIN 276 aus Einheits- oder Pauschalpreisen der Angebote	bis 0,75	g) Vergleichen der Ausschreibungsergebnisse mit den vom Planer bepreisten Leistungsverzeichnissen oder der Kostenberechnung	0,5
g) Kostenkontrolle durch Vergleich des Kostenanschlags mit der Kostenrechnung	0,5-1,0		
h) Mitwirken bei der Auftragserteilung	bis 0,25	h) Mitwirken bei der Auftragserteilung	0,25
Leistungsphase 8	**31**	**Leistungsphase 8**	**32**
a) Überwachen der Ausführung des Objekts auf Übereinstimmung mit der Baugenehmigung oder Zustimmung, den Ausführungsplänen und den Leistungsbeschreibungen sowie mit den allgemein anerkannten Regeln der Technik und den einschlägigen Vorschriften	16,0-18,0	a) Überwachen der Ausführung des Objektes auf Übereinstimmung mit der öffentlich-rechtlichen Genehmigung oder Zustimmung, den Verträgen mit ausführenden Unternehmen, den Ausführungsunterlagen, den einschlägigen Vorschriften sowie mit den allgemein anerkannten Regeln der Technik	18
b) Koordinieren der an der Objektüberwachung fachlich Beteiligten	1,0-2,0	b) Koordinieren der an der Objektüberwachung fachlich Beteiligten	2
c) Überwachung und Detailkorrektur von Fertigteilen	1,0-2,5		
d) Aufstellen und Überwachen eines Zeitplanes (Balkendiagramm)	1,0-2,5	c) Aufstellen, Fortschreiben und Überwachen eines Terminplans (Balkendiagramm)	1,5
e) Führen eines Bautagebuches	0,5-0,75	d) Dokumentation des Bauablaufs (zum Beispiel Bautagebuch)	0,5
f) Gemeinsames Aufmaß mit den bauausführenden Unternehmen	1,0-2,5	e) Gemeinsames Aufmaß mit den ausführenden Unternehmen	1,5

g) Rechnungsprüfung	1,5-2,0	f) Rechnungsprüfung einschließlich Prüfen der Aufmaße der bauausführenden Unternehmen	1,5
		g) Vergleich der Ergebnisse der Rechnungsprüfungen mit den Auftragssummen einschließlich Nachträgen	0,5
h) Kostenkontrolle durch Überprüfen der Leistungsabrechnung der bauausführenden Unternehmen im Vergleich zu den Vertragspreisen und dem Kostenanschlag	0,5-1,5	h) Kostenkontrolle durch Überprüfen der Leistungsabrechnung der bauausführenden Unternehmen im Vergleich zu den Vertragspreisen	1
i) Kostenfeststellung nach DIN 276 oder nach dem wohnungsrechtlichen Berechnungsrecht	0,5-1,5	i) Kostenfeststellung, zum Beispiel nach DIN 276	1
j) Abnahme der Bauleistungen unter Mitwirkung anderer an der Planung und Objektüberwachung fachlich Beteiligter unter Feststellung von Mängeln	1,5-2,5	j) Organisation der Abnahme der Bauleistungen unter Mitwirkung anderer an der Planung und Objektüberwachung fachlich Beteiligter, Feststellung von Mängeln, Abnahmeempfehlung für den Auftraggeber	2
k) Antrag auf behördliche Abnahmen und Teilnahme daran	bis 0,25	k) Antrag auf öffentlich-rechtliche Abnahmen und Teilnahme daran	0,25
		l) Systematische Zusammenstellung der Dokumentation, zeichnerischen Darstellungen und rechnerischen Ergebnisse des Objekts	0,5
l) Übergabe des Objekts einschließlich Zusammenstellung und Übergabe der erforderlichen Unterlagen, zum Beispiel Bedienungsanleitungen, Prüfprotokolle	bis 0,25	m) Übergabe des Objekts	0,25
m) Auflisten der Verjährungsfristen für Mängelansprüche	bis 0,5	n) Auflisten der Verjährungsfristen für Mängelansprüche	0,5
n) Überwachen der Beseitigung der bei der Abnahme der Bauleistungen festgestellten Mängel	0,25-2,5	o) Überwachen der Beseitigung der bei der Abnahme festgestellten Mängel	1
Leistungsphase 9	**3**	**Leistungsphase 9**	**2**
b) Überwachen der Beseitigung von Mängeln, die innerhalb der Verjährungsfristen für Mängelan-sprüche, längstens jedoch bis zum Ablauf von vier Jahren seit Abnahme der Bauleistungen auftreten	0,5-2,5	a) Fachliche Bewertung der innerhalb der Verjährungsfristen für Gewährleistungsansprüche festgestellten Mängel, längstens jedoch bis zum Ablauf von fünf Jahren seit Abnahme der Leistung, einschließlich notwendiger Begehungen	1
a) Objektbegehung zur Mängelfeststellung vor Ablauf der Verjährungsfristen für Mängelansprüche gegenüber den bauausführenden Unternehmen	0,25-0,75	b) Objektbegehung zur Mängelfeststellung vor Ablauf der Verjährungsfristen für Mängelansprüche gegenüber den ausführenden Unternehmen	0,5
c) Mitwirken bei der Freigabe von Sicherheitsleistungen	0,25-0,5	c) Mitwirken bei der Freigabe von Sicherheitsleistungen	0,5
d) Systematische Zusammenstellung der zeichnerischen Darstellungen und rechnerischen Ergebnisse des Objekts	0,5-1,0		

Dipl. Ing. (FH) Heinz Simmendinger   www.HOAI-Gutachter.de

Teilleistungstabelle Objektplanung Freianlagen

HOAI 1996/2002 und 2009	Bewertung	HOAI 2013	Bewertung
Leistungsphase 1	**3**	**Leistungsphase 1**	**3**
a) Klären der Aufgabenstellung	1,0-2,0	a) Klären der Aufgabenstellung aufgrund der Vorgaben oder der Bedarfsplanung des Auftraggebers oder vorliegender Planungs- und Genehmigungsunterlagen	1,5
		b) Ortsbesichtigung	0,5
b) Beraten zum gesamten Leistungsbedarf	0,5-1,0	c) Beraten zum gesamten Leistungs- und Untersuchungsbedarf	0,5
c) Formulieren von Entscheidungshilfen für die Auswahl anderer an der Planung fachlich Beteiligter	0,5-1,0	d) Formulieren der Entscheidungshilfen für die Auswahl anderer an der Planung fachlich Beteiligter	0,25
d) Zusammenfassen der Ergebnisse	0,25-0,5	e) Zusammenfassen, Erläutern und Dokumentieren der Ergebnisse	0,25
Leistungsphase 2	**10**	**Leistungsphase 2**	**10**
a) Analyse der Grundlagen	0,5-1,0	a) Analysieren der Grundlagen, Abstimmen der Leistungen mit den fachlich an der Planung Beteiligten	0,5
b) Abstimmen der Zielvorstellungen (Randbedingungen, Zielkonflikte)	0,5-1,0	b) Abstimmen der Zielvorstellungen	0,5
c) Aufstellen eines planungsbezogenen Zielkatalogs (Programmziele)	0,5-1,0		
h) Erfassen, Bewerten und Erläutern der ökosystemaren Strukturen und Zusammenhänge, zum Beispiel Boden, Wasser, Klima, Luft, Pflanzen- und Tierwelt, sowie Darstellen der räumlichen und gestalterischen Konzeption mit erläuternden Angaben, insbesondere zur Geländegestaltung, Biotopverbesserung und -vernetzung, vorhandenen Vegetation, Neupflanzung, Flächenverteilung der Grün-, Verkehrs-, Wasser-, Spiel- und Sportflächen; ferner Klären der Randgestaltung und der Anbindung an die Umgebung	2,0-3,0	c) Erfassen, Bewerten und Erläutern der Wechselwirkungen im Ökosystem	2
f) Klären und Erläutern der wesentlichen städtebaulichen, gestalterischen, funktionalen, technischen, bauphysikalischen, wirtschaftlichen, energiewirtschaftlichen (zum Beispiel hinsichtlich rationeller Energieverwendung und der Verwendung erneuerbarer Energien) und landschaftsökologischen Zusammenhänge, Vorgänge und Bedingungen, sowie der Belastung und Empfindlichkeit der betroffenen Ökosysteme	0,5-1,0		
d) Erarbeiten eines Planungskonzepts einschließlich Untersuchung der alternativen Lösungsmöglichkeiten nach gleichen Anforderungen mit zeichnerischer Darstellung und Bewertung, zum Beispiel versuchsweise zeichnerische Darstellungen, Strichskizzen, gegebenenfalls mit erläuternden Angaben	3,0-4,5	d) Erarbeiten eines Planungskonzepts einschließlich Untersuchen und Bewerten von Varianten nach gleichen Anforderungen unter Berücksichtigung zum Beispiel – der Topographie und der weiteren standörtlichen und ökologischen Rahmenbedingungen, – der Umweltbelange einschließlich der natur- und artenschutzrechtlichen Anforderungen und der vegetationstechnischen Bedingungen, – der gestalterischen und funktionalen Anforderungen – Klären der wesentlichen Zusammenhänge, Vorgänge und Bedingungen – Abstimmen oder Koordinieren unter Integration der Beiträge anderer an der Planung fachlich Beteiligter	4
e) Integrieren der Leistungen anderer an der Planung fachlich Beteiligter	0,25-0,5		
g) Vorverhandlungen mit Behörden und anderen an der Planung fachlich Beteiligten über die Genehmigungsfähigkeit	bis 0,5		
		e) Darstellen des Vorentwurfs mit Erläuterungen und Angaben zum terminlichen Ablauf	2
i) Kostenschätzung nach DIN 276 oder nach dem wohnungs-rechtlichen Berechnungsrecht	0,5-1,25	f) Kostenschätzung nach DIN 276, Vergleich mit den finanziellen Rahmenbedingungen	0,75
j) Zusammenstellen aller Vorplanungsergebnisse	bis 0,5	g) Zusammenfassen, Erläutern und Dokumentieren der Ergebnisse	0,25

Leistungsphase 3	15	Leistungsphase 3	16
a) Durcharbeiten des Planungskonzepts (stufenweise Erarbeitung einer zeichnerischen Lösung) unter Berücksichtigung städtebaulicher, gestalterischer, funktionaler, technischer, bauphysikalischer, wirtschaftlicher, energiewirtschaftlicher (zum Beispiel hinsichtlich rationeller Energieverwendung und der Verwendung erneuerbarer Energie) und landschaftsökologischer Anforderungen unter Verwendung der Beiträge anderer an der Planung fachlich Beteiligter bis zum vollständigen Entwurf	3,5-4,5	a) Erarbeiten der Entwurfsplanung auf Grundlage der Vorplanung unter Vertiefung zum Beispiel der gestalterischen, funktionalen, wirtschaftlichen, standörtlichen, ökologischen, natur- und artenschutzrechtlichen Anforderungen Abstimmen oder Koordinieren unter Integration der Beiträge anderer an der Planung fachlich Beteiligter	5
e) Verhandlungen mit Behörden und anderen an der Planung fachlich Beteiligten über die Genehmigungsfähigkeit	bis 1,0	b) Abstimmen der Planung mit zu beteiligenden Stellen und Behörden	0,5
b) Integrieren der Leistungen anderer an der Planung fachlich Beteiligter	0,25-0,5		
d) Zeichnerische Darstellung des Gesamtentwurfs, zum Beispiel durchgearbeitete, vollständige Vorentwurfs- und/oder Entwurfszeichnungen (Maßstab nach Art und Größe des Bauvorhabens; bei Freianlagen: im Maßstab 1:500 bis 1:100, insbesondere mit Angaben zur Verbesserung der Biotopfunktion, zu Vermeidungs-, Schutz-, Pflege- und Entwicklungsmaßnahmen sowie zur differenzierten Bepflanzung	5,5-7,0	c) Darstellen des Entwurfs zum Beispiel im Maßstab 1:500 bis 1:100, mit erforderlichen Angaben insbesondere – zur Bepflanzung, – zu Materialien und Ausstattungen, – zu Maßnahmen aufgrund rechtlicher Vorgaben, – zum terminlichen Ablauf	7
c) Objektbeschreibung mit Erläuterung von Ausgleichs- und Ersatzmaßnahmen nach Maßgabe der naturschutzrechtlichen Eingriffsregelung	0,5-1,0	d) Objektbeschreibung mit Erläuterung von Ausgleichs- und Ersatzmaßnahmen nach Maßgabe der naturschutzrechtlichen Eingriffsregelung	1
f) Kostenberechnung nach DIN 276 oder nach dem wohnungsrechtlichen Berechnungsrecht	1,0-1,5	e) Kostenberechnung, zum Beispiel nach DIN 276 einschließlich zugehöriger Mengenermittlung	1
g) Kostenkontrolle durch Vergleich der Kostenberechnung mit der Kostenschätzung	0,25-0,5	f) Vergleich der Kostenberechnung mit der Kostenschätzung	1
h) Zusammenfassen aller Entwurfsunterlagen	bis 0,25	g) Zusammenfassen, Erläutern und Dokumentieren der Ergebnisse	0,5

Leistungsphase 4	6	Leistungsphase 4	4
a) Erarbeiten der Vorlagen für die nach den öffentlich-rechtlichen Vorschriften erforderlichen Genehmigungen oder Zustimmungen einschließlich der Anträge auf Ausnahmen und Befreiungen unter Verwendung der Beiträge anderer an der Planung fachlich Beteiligter sowie noch notwendiger Verhandlungen mit Behörden	2,5-4,0	a) Erarbeiten und Zusammenstellen der Vorlagen und Nachweise für öffentlich-rechtliche Genehmigungen oder Zustimmungen einschließlich der Anträge auf Ausnahmen und Befreiungen, sowie notwendiger Verhandlungen mit Behörden unter Verwendung der Beiträge anderer an der Planung fachlich Beteiligter	3
b) Einreichen dieser Unterlagen	0,25-0,5	b) Einreichen der Vorlagen	0,25
c) Vervollständigen und Anpassen der Planungsunterlagen, Beschreibungen und Berechnungen unter Verwendung der Beiträge anderer an der Planung fachlich Beteiligter	bis 0,75	c) Ergänzen und Anpassen der Planungsunterlagen, Beschreibungen und Berechnungen	0,75
d) Prüfen auf notwendige Genehmigungen, Einholen von Zustimmungen und Genehmigungen	bis 2,5		

Leistungsphase 5	24	Leistungsphase 5	25
a) Durcharbeiten der Ergebnisse der Leistungsphase 3 und 4 (stufenweise Erarbeitung und Darstellung der Lösung) unter Berücksichtigung städtebaulicher, gestalterischer, funktionaler, technischer, bauphysikalischer, wirtschaftlicher, energiewirtschaftlicher (zum Beispiel hinsichtlich rationeller Energieverwendung und der Verwendung erneuerbarer Energien) und landschaftsökologischer Anforderungen unter Verwendung der Beiträge anderer an der Planung fachlich Beteiligter bis zur ausführungsreifen Lösung	6,0-7,5	a) Erarbeiten der Ausführungsplanung auf Grundlage der Entwurfs- und Genehmigungsplanung bis zur ausführungsreifen Lösung als Grundlage für die weiteren Leistungsphasen	7
b) Zeichnerische Darstellung des Objekts mit allen für die Ausführung notwendigen Einzelangaben, zum Beispiel endgültige, vollständige Ausführungs-, Detail- und Konstruktionszeichnungen im Maßstab 1:50 bis 1:1, bei Freianlagen je nach Art des Bauvorhabens im Maßstab 1 : 200 bis 1:50, insbesondere Bepflanzungspläne, mit den erforderlichen textlichen Ausführungen	13,0-15,0	b) Erstellen von Plänen oder Beschreibungen, je nach Art des Bauvorhabens zum Beispiel im Maßstab 1:200 bis 1:50	7

Leistung (links)	%	Leistung (rechts)	%
d) Erarbeiten der Grundlagen für die anderen an der Planung fachlich Beteiligten und Integrierung ihrer Beiträge bis zur ausführungsreifen Lösung	bis 2,0	c) Abstimmen oder Koordinieren unter Integration der Beiträge anderer an der Planung fachlich Beteiligter	1,5
		d) Darstellen der Freianlagen mit den für die Ausführung notwendigen Angaben, Detail- oder Konstruktionszeichnungen, insbesondere – zu Oberflächenmaterial, -befestigungen und -relief, – zu ober- und unterirdischen Einbauten und Ausstattungen, – zur Vegetation mit Angaben zu Arten, Sorten und Qualitäten, – zu landschaftspflegerischen, naturschutzfachlichen oder artenschutzrechtlichen Maßnahmen	8
		e) Fortschreiben der Angaben zum terminlichen Ablauf	0,5
e) Fortschreiben der Ausführungsplanung während der Objektausführung	1,0-2,0	f) Fortschreiben der Ausführungsplanung während der Objektausführung	1
Leistungsphase 6	**7**	**Leistungsphase 6**	**7**
a) Ermitteln und Zusammenstellen von Mengen als Grundlage für das Aufstellen von Leistungsbeschreibungen unter Verwendung der Beiträge anderer an der Planung fachlich Beteiligter	2,0-3,0	a) Aufstellen von Leistungsbeschreibungen mit Leistungsverzeichnissen	2
b) Aufstellen von Leistungsbeschreibungen mit Leistungsverzeichnissen nach Leistungsbereichen	3,0-5,0	b) Ermitteln und Zusammenstellen von Mengen auf Grundlage der Ausführungsplanung	2,5
c) Abstimmen und Koordinieren der Leistungsbeschreibungen der an der Planung fachlich Beteiligten	0,5-1,0	c) Abstimmen oder Koordinieren der Leistungsbeschreibungen mit den an der Planung fachlich Beteiligten	0,25
		d) Aufstellen eines Terminplans unter Berücksichtigung jahreszeitlicher, bauablaufbedingter und witterungsbedingter Erfordernisse	0,5
		e) Ermitteln der Kosten auf Grundlage der vom Planer bepreisten Leistungsverzeichnisse	1
		f) Kostenkontrolle durch Vergleich der vom Planer bepreisten Leistungsverzeichnisse mit der Kostenberechnung	0,5
a) Zusammenstellen der Vergabe- und Vertragsunterlagen für alle Leistungsbereiche	0,25-0,5	g) Zusammenstellen der Vergabeunterlagen	0,25
Leistungsphase 7	**3**	**Leistungsphase 7**	**3**
b) Einholen von Angeboten	bis 0,25	a) Einholen von Angeboten	0,25
c) Prüfen und Werten der Angebote einschließlich Aufstellen eines Preisspiegels nach Teilleistungen unter Mitwirkung aller während der Leistungsphasen 6 und 7 fachlich Beteiligten	1,5-2,0	b) Prüfen und Werten der Angebote einschließlich Aufstellen eines Preisspiegels nach Einzelpositionen oder Teilleistungen. Prüfen und Werten der Angebote zusätzlicher und geänderter Leistungen der ausführenden Unternehmen und der Angemessenheit der Preise	1,25
d) Abstimmen und Zusammenstellen der Leistungen der fachlich Beteiligten, die an der Vergabe mitwirken	bis 0,25		
e) Verhandlung mit Bietern	bis 0,25	c) Führen von Bietergesprächen	0,25
		d) Erstellen der Vergabevorschläge Dokumentation des Vergabeverfahrens	0,25
		e) Zusammenstellen der Vertragsunterlagen	0,25
f) Kostenanschlag nach DIN 276 aus Einheits- oder Pauschalpreisen der Angebote	0,5-1,0		
g) Kostenkontrolle durch Vergleich des Kostenanschlags mit der Kostenrechnung	0,5-1,0	f) Kostenkontrolle durch Vergleichen der Ausschreibungsergebnisse mit den vom Planer bepreisten Leistungsverzeichnissen und der Kostenberechnung	0,5
h) Mitwirken bei der Auftragserteilung	bis 0,25	g) Mitwirken bei der Auftragserteilung	0,25
Leistungsphase 8	**29**	**Leistungsphase 8**	**30**
a) Überwachen der Ausführung des Objekts auf Übereinstimmung mit der Baugenehmigung oder Zustimmung, den Ausführungsplänen und den Leistungsbeschreibungen sowie mit den allgemein anerkannten Regeln der Technik und den einschlägigen Vorschriften	14,0-17,0	a) Überwachen der Ausführung des Objektes auf Übereinstimmung mit der öffentlich-rechtlichen Genehmigung oder Zustimmung, den Verträgen mit ausführenden Unternehmen, den Ausführungsunterlagen, den einschlägigen Vorschriften sowie mit den allgemein anerkannten Regeln der Technik	16

b) Überwachen der Ausführung von Tragwerken nach § 50 Absatz 2 Nummer 1 und 2 auf Übereinstimmung mit den Standsicherheitsnachweis	bis 0,25		
		b) Überprüfen von Pflanzen- und Materiallieferungen	1
c) Koordinieren der an der Objektüberwachung fachlich Beteiligten	bis 2,0	c) Abstimmen mit den oder Koordinieren der an der Objektüberwachung fachlich Beteiligten	1
d) Überwachung und Detailkorrektur von Fertigteilen	bis 1,0		
e) Aufstellen und Überwachen eines Zeitplanes (Balkendiagramm)	0,5-1,0	d) Fortschreiben und Überwachen des Terminplans unter Berücksichtigung jahreszeitlicher, bauablaufbedingter und witterungsbedingter Erfordernisse	1
f) Führen eines Bautagebuches	0,5-1,0	e) Dokumentation des Bauablaufes (zum Beispiel Bautagebuch), Feststellen des Anwuchsergebnisses	1
g) Gemeinsames Aufmaß mit den bauausführenden Unternehmen	1,0-1,5	f) Mitwirken beim Aufmaß mit den bauausführenden Unternehmen	1
i) Rechnungsprüfung		g) Rechnungsprüfung einschließlich Prüfen der Aufmaße der bauausführenden Unternehmen	2
		h) Vergleich der Ergebnisse der Rechnungsprüfungen mit den Auftragssummen einschließlich Nachträgen	0,5
h) Abnahme der Bauleistungen unter Mitwirkung anderer an der Planung und Objektüberwachung fachlich Beteiligter unter Feststellung von Mängeln	1,0-1,5	i) Organisation der Abnahme der Bauleistungen unter Mitwirkung anderer an der Planung und Objektüberwachung fachlich Beteiligter, Feststellung von Mängeln, Abnahmeempfehlung für den Auftraggeber	1,5
k) Antrag auf behördliche Abnahmen und Teilnahme daran	bis 0,25	j) Antrag auf öffentlich-rechtliche Abnahmen und Teilnahme daran	0,25
l) Übergabe des Objekts einschließlich Zusammenstellung und Übergabe der erforderlichen Unterlagen, zum Beispiel Bedienungsanleitungen, Prüfprotokolle	bis 0,25	k) Übergabe des Objekts	0,25
n) Überwachen der Beseitigung der bei der Abnahme der Bauleistungen festgestellten Mängel	bis 1,5	l) Überwachen der Beseitigung der bei der Abnahme festgestellten Mängel	1
m) Auflisten der Verjährungsfristen für Mängelansprüche	bis 0,5	m) Auflisten der Verjährungsfristen für Mängelansprüche	0,25
		n) Überwachen der Fertigstellungspflege bei vegetationstechnischen Maßnahmen	1
o) Kostenkontrolle durch Überprüfen der Leistungsabrechnung der bauausführenden Unternehmen im Vergleich zu den Vertragspreisen und dem Kostenanschlag	0,5-1,5	o) Kostenkontrolle durch Überprüfen der Leistungsabrechnung der bauausführenden Unternehmen im Vergleich zu den Vertragspreisen	1
j) Kostenfeststellung nach DIN 276 oder nach dem wohnungsrechtlichen Berechnungsrecht		p) Kostenfeststellung, zum Beispiel nach DIN 276	1
		q) Systematische Zusammenstellung der Dokumentation, zeichnerischen Darstellungen und rechnerischen Ergebnisse des Objekts	0,25
Leistungsphase 9	**3**	**Leistungsphase 9**	**2**
b) Überwachen der Beseitigung von Mängeln, die innerhalb der Verjährungsfristen für Mängelansprüche, längstens jedoch bis zum Ablauf von vier Jahren seit Abnahme der Bauleistungen auftreten	0,5-2,5	a) Fachliche Bewertung der innerhalb der Verjährungsfristen für Gewährleistungsansprüche festgestellten Mängel, längstens jedoch bis zum Ablauf von fünf Jahren seit Abnahme der Leistung, einschließlich notwendiger Begehungen	1
a) Objektbegehung zur Mängelfeststellung vor Ablauf der Verjährungsfristen für Mängelansprüche gegenüber den bauausführenden Unternehmen	0,25-0,75	b) Objektbegehung zur Mängelfeststellung vor Ablauf der Verjährungsfristen für Mängelansprüche gegenüber den ausführenden Unternehmen	0,5
c) Mitwirken bei der Freigabe von Sicherheitsleistungen	bis 0,5	c) Mitwirken bei der Freigabe von Sicherheitsleistungen	0,5
d) Systematische Zusammenstellung der zeichnerischen Darstellungen und rechnerischen Ergebnisse des Objekts	0,5-1,0		

Dipl. Ing. (FH) Heinz Simmendinger   www.HOAI-Gutachter.de

Teilleistungstabelle Objektplanung Ingenieurbauwerke

HOAI 1996/2002 und 2009	Bewertung	HOAI 2013	Bewertung
Leistungsphase 1	**2**	**Leistungsphase 1**	**2**
a) Klären der Aufgabenstellung	0,25-1,0	a) Klären der Aufgabenstellung auf Grundlage der Vorgaben oder der Bedarfsplanung des Auftraggebers	0,5
b) Ermitteln der vorgegebenen Randbedingungen	bis 0,5	b) Ermitteln der Planungsrandbedingungen sowie Beraten zum gesamten Leistungsbedarf	0,5
h) Ermitteln des Leistungsumfangs und der erforderlichen Vorarbeiten, zum Beispiel Baugrunduntersuchungen, Vermessungsleistungen, Immissionsschutz	bis 0,25		
i) Formulieren von Entscheidungshilfen für die Auswahl anderer an der Planung fachlich Beteiligter	bis 0,25	c) Formulieren von Entscheidungshilfen für die Auswahl anderer an der Planung fachlich Beteiligter	0,25
c) Bei Objekten nach § 40 Nummer 6 und 7, die eine Tragwerksplanung erfordern: Klären der Aufgabenstellung auch auf dem Gebiet der Tragwerksplanung		d) bei Objekten nach § 41 Nummer 6 und 7, die eine Tragwerksplanung erfordern: Klären der Aufgabenstellung auch auf dem Gebiet der Tragwerksplanung	-
d) Ortsbesichtigung	bis 0,25	e) Ortsbesichtigung	0,5
e) Zusammenstellen der die Aufgabe beeinflussenden Planungsabsichten	bis 0,25	f) Zusammenfassen, Erläutern und Dokumentieren der Ergebnisse	0,25
f) Zusammenstellen und Werten von Unterlagen	bis 0,25		
g) Erläutern von Planungsdaten	bis 0,25		
j) Zusammenfassen der Ergebnisse	bis 0,5		
Leistungsphase 2	**15**	**Leistungsphase 2**	**20**
a) Analyse der Grundlagen	0,5-1,0	a) Analysieren der Grundlagen	1
b) Abstimmen der Zielvorstellungen auf die Randbedingungen, die insbesondere durch Raumordnung, Landesplanung, Bauleitplanung, Rahmenplanung sowie örtliche und überörtliche Fachplanungen vorgegeben sind	0,5-1,5	b) Abstimmen der Zielvorstellungen auf die öffentlich-rechtlichen Randbedingungen sowie Planungen Dritter	1
c) Untersuchungen von Lösungsmöglichkeiten mit ihren Einflüssen auf bauliche und konstruktive Gestaltung, Zweckmäßigkeit, Wirtschaftlichkeit unter Beachtung der Umweltverträglichkeit	2,0-6,0	c) Untersuchen von Lösungsmöglichkeiten mit ihren Einflüssen auf bauliche und konstruktive Gestaltung, Zweckmäßigkeit, Wirtschaftlichkeit unter Beachtung der Umweltverträglichkeit	4
d) Beschaffen und Auswerten amtlicher Karten	bis 1,0	d) Beschaffen und Auswerten amtlicher Karten	0,5
e) Erarbeiten eines Planungskonzepts einschließlich Untersuchung der alternativen Lösungsmöglichkeiten nach gleichen Anforderungen mit zeichnerischer Darstellung und Bewertung unter Einarbeitung der Beiträge anderer an der Planung fachlich Beteiligter	4,0-10,0	e) Erarbeiten eines Planungskonzepts einschließlich Untersuchung der alternativen Lösungsmöglichkeiten nach gleichen Anforderungen mit zeichnerischer Darstellung und Bewertung unter Einarbeitung der Beiträge anderer an der Planung fachlich Beteiligter	10
f) Klären und Erläutern der wesentlichen fachspezifischen Zusammenhänge, Vorgänge und Bedingungen	0,25-1,0	f) Klären und Erläutern der wesentlichen fachspezifischen Zusammenhänge, Vorgänge und Bedingungen	0,25
g) Vorverhandlungen mit Behörden und anderen an der Planung fachlich Beteiligten über die Genehmigungsfähigkeit, gegebenenfalls über die Bezuschussung und Kostenbeteiligung	0,25-1,0	g) Vorabstimmen mit Behörden und anderen an der Planung fachlich Beteiligten über die Genehmigungsfähigkeit, gegebenenfalls Mitwirken bei Verhandlungen über die Bezuschussung und Kostenbeteiligung	0,5
h) Mitwirken bei Erläutern des Planungskonzept gegenüber Bürgerinnen und Bürgern und politischen Gremien	0,25-0,5	h) Mitwirken beim Erläutern des Planungskonzepts gegenüber Dritten an bis zu 2 Terminen,	0,5
i) Überarbeiten des Planungskonzepts nach Bedenken und Anregungen	0,5-2,0	i) Überarbeiten des Planungskonzepts nach Bedenken und Anregungen	0,5
j) Bereitstellen von Unterlagen als Auszüge aus dem Vorentwurf zur Verwendung für ein Raumordnungsverfahren	0,25-0,5		
k) Kostenschätzung	1,0-2,0	j) Kostenschätzung, Vergleich mit den finanziellen Rahmenbedingungen	1,5
l) Zusammenstellen aller Vorplanungsergebnisse	0,25-1,0	k) Zusammenfassen, Erläutern und Dokumentieren der Ergebnisse	0,25

Leistungsphase 3	30	Leistungsphase 3	25
a) Durcharbeiten des Planungskonzepts (stufenweise Erarbeitung einer zeichnerischen Lösung) unter Berücksichtigung aller fachspezifischen Anforderungen und unter Verwendung der Beiträge anderer an der Planung fachlich Beteiligter bis zum vollständigen Entwurf	4,0-8,0	a) Erarbeiten des Entwurfs auf Grundlage der Vorplanung durch zeichnerische Darstellung im erforderlichen Umfang und Detaillierungsgrad unter Berücksichtigung aller fachspezifischen Anforderungen Bereitstellen der Arbeitsergebnisse als Grundlage für die anderen an der Planung fachlich Beteiligten, sowie Integration und Koordination der Fachplanungen	15
d) Zeichnerische Darstellung des Gesamtentwurfs	10,0-15,0		
b) Erläuterungsbericht	1,0-3,0	b) Erläuterungsbericht unter Verwendung der Beiträge anderer an der Planung fachlich Beteiligter	1
c) Fachspezifische Berechnungen, ausgenommen Berechnungen des Tragwerks	2,0-8,0	c) fachspezifische Berechnungen, ausgenommen Berechnungen aus anderen Leistungsbildern	4
e) Finanzierungsplan, Bauzeiten- und Kostenplan, Ermitteln und Begründen der zuwendungsfähigen Kosten sowie Vorbereiten der Anträge auf Finanzierung, Mitwirken beim Erläutern des vorläufigen Entwurfs gegenüber Bürgerinnen und Bürgern und politischen Gremien, Überarbeiten des vorläufigen Entwurfs auf Grund von Bedenken und Anregungen	0,5-2,0	d) Ermitteln und Begründen der zuwendungsfähigen Kosten, Mitwirken beim Aufstellen des Finanzierungsplans sowie Vorbereiten der Anträge auf Finanzierung	1
		e) Mitwirken beim Erläutern des vorläufigen Entwurfs gegenüber Dritten an bis zu 3 Terminen, Überarbeiten des vorläufigen Entwurfs auf Grund von Bedenken und Anregungen	0,5
f) Verhandlungen mit Behörden und anderen an der Planung fachlich Beteiligten über die Genehmigungsfähigkeit	1,0-2,0	f) Vorabstimmen der Genehmigungsfähigkeit mit Behörden und anderen an der Planung fachlich Beteiligten	0,5
g) Kostenberechnung	1,0-3,0	g) Kostenberechnung einschließlich zugehöriger Mengenermittlung, Vergleich der Kostenberechnung mit der Kostenschätzung	1,5
h) Kostenkontrolle durch Vergleich der Kostenberechnung mit Kostenschätzung	0,5-2,0		
		h) Ermitteln der wesentlichen Bauphasen unter Berücksichtigung der Verkehrslenkung und der Aufrechterhaltung des Betriebes während der Bauzeit	0,5
		i) Bauzeiten- und Kostenplan	0,5
i) Zusammenfassen aller Entwurfsunterlagen	0,5-1,5	j) Zusammenfassen, Erläutern und Dokumentieren der Ergebnisse	0,5
Leistungsphase 4	5	Leistungsphase 4	5
a) Erarbeiten der Unterlagen für die erforderlichen öffentlich-rechtlichen Verfahren einschließlich der Anträge auf Ausnahmen und Befreiungen, Aufstellen des Bauwerksverzeichnisses unter Verwendung der Beiträge anderer an der Planung fachlich Beteiligter	2,0-3,0	a) Erarbeiten und Zusammenstellen der Unterlagen für die erforderlichen öffentlich-rechtlichen Verfahren oder Genehmigungsverfahren einschließlich der Anträge auf Ausnahmen und Befreiungen, Aufstellen des Bauwerksverzeichnisses unter Verwendung der Beiträge anderer an der Planung fachlich Beteiligter	2,5
b) Einreichen dieser Unterlagen	bis 0,25		
c) Grunderwerbsplan und Grunderwerbsverzeichnis	0,25-0,5	b) Erstellen des Grunderwerbsplanes und des Grunderwerbsverzeichnisses unter Verwendung der Beiträge anderer an der Planung fachlich Beteiligter	0,25
f) Vervollständigen und Anpassen der Planungsunterlagen, Beschreibungen und Berechnungen unter Verwendung der Beiträge anderer an der Planung fachlich Beteiligter	0,5-1,5	c) Vervollständigen und Anpassen der Planungsunterlagen, Beschreibungen und Berechnungen unter Verwendung der Beiträge anderer an der Planung fachlich Beteiligter	0,5
e) Verhandlungen mit Behörden	0,25-0,5	d) Abstimmen mit Behörden	0,25
g) Mitwirken beim Erläutern gegenüber Bürgerinnen und Bürgern	bis 0,5	e) Mitwirken in Genehmigungsverfahren einschließlich der Teilnahme an bis zu 4 Erläuterungs-, Erörterungsterminen	1
h) Mitwirken im Planfeststellungsverfahren einschließlich der Teilnahme an Erörterungsterminen sowie Mitwirken bei der Abfassung der Stellungnahmen zu Bedenken und Anregungen	bis 0,5	f) Mitwirken beim Abfassen von Stellungnahmen zu Bedenken und Anregungen in bis zu 10 Kategorien	0,5

Leistungsphase 5	15	Leistungsphase 5	15
a) Durcharbeiten der Ergebnisse der Leistungsphasen 3 und 4 (stufenweise Erarbeitung und Darstellung der Lösung) unter Berücksichtigung aller fachspezifischen Anforderungen und Verwendung der Beiträge anderer an der Planung fachlich Beteiligter bis zur ausführungsreifen Lösung	4,0-8,0	a) Erarbeiten der Ausführungsplanung auf Grundlage der Ergebnisse der Leistungsphasen 3 und 4 unter Berücksichtigung aller fachspezifischen Anforderungen und Verwendung der Beiträge anderer an der Planung fachlich Beteiligter bis zur ausführungsreifen Lösung	6
b) Zeichnerische und rechnerische Darstellung des Objekts mit allen für die Ausführung notwendigen Einzelangaben einschließlich Detailzeichnungen in den erforderlichen Maßstäben	4,0-8,0	b) Zeichnerische Darstellung, Erläuterungen und zur Objektplanung gehörige Berechnungen mit allen für die Ausführung notwendigen Einzelangaben einschließlich Detailzeichnungen in den erforderlichen Maßstäben	6
c) Erarbeiten der Grundlagen für die anderen an der Planung fachlich Beteiligten und Integrieren ihrer Beiträge bis zur ausführungsreifen Lösung	1,0-2,0	c) Bereitstellen der Arbeitsergebnisse als Grundlage für die anderen an der Planung fachlich Beteiligten und Integrieren ihrer Beiträge bis zur ausführungsreifen Lösung	1,5
d) Fortschreiben der Ausführungsplanung während der Objektausführung	1,0-2,0	d) Vervollständigen der Ausführungsplanung während der Objektausführung	1,5
Leistungsphase 6	**10**	**Leistungsphase 6**	**13**
a) Mengenermittlung und Aufgliederung nach Einzelpositionen unter Verwendung der Beiträge anderer an der Planung fachlich Beteiligter	4,0-5,0	a) Ermitteln von Mengen nach Einzelpositionen unter Verwendung der Beiträge anderer an der Planung fachlich Beteiligter	5
b) Aufstellen der Verdingungsunterlagen, insbesondere Anfertigen der Leistungsbeschreibungen mit Leistungsverzeichnissen sowie der Besonderen Vertragsbedingungen	3,0-5,0	b) Aufstellen der Vergabeunterlagen, insbesondere Anfertigen der Leistungsbeschreibungen mit Leistungsverzeichnissen sowie der Besonderen Vertragsbedingungen	4
c) Abstimmen und Koordinieren der Verdingungsunterlagen der an der Planung fachlich Beteiligten	0,5-1,5	c) Abstimmen und Koordinieren der Schnittstellen zu den Leistungsbeschreibungen der an der Planung fachlich Beteiligten	0,5
d) Festlegen der wesentlichen Ausführungsphasen	0,5-1,5	d) Festlegen der wesentlichen Ausführungsphasen	1
f) *Fortschreiben der Kostenberechnung*	*0,5-1,0*	e) Ermitteln der Kosten auf Grundlage der vom Planer (Entwurfsverfasser) bepreisten Leistungsverzeichnisse	1
g) *Kostenkontrolle durch Vergleich der fortgeschriebenen Kostenberechnung mit der Kostenberechnung*	*0,25-0,5*	f) Kostenkontrolle durch Vergleich der vom Planer (Entwurfsverfasser) bepreisten Leistungsverzeichnisse mit der Kostenberechnung	1
a) *Zusammenstellen der Vergabe- und Vertragsunterlagen für alle Leistungsbereiche*	*0,25-0,5*	g) Zusammenstellen der Vergabeunterlagen	0,5
Leistungsphase 7	**5**	**Leistungsphase 7**	**4**
b) Einholen von Angeboten	bis 0,5	a) Einholen von Angeboten	0,25
c) Prüfen und Werten der Angebote einschließlich Aufstellen eines Preisspiegels	1,5-3,0	b) Prüfen und Werten der Angebote, Aufstellen des Preisspiegels	2
d) Abstimmen und Zusammenstellen der Leistungen der fachlich Beteiligten, die an der Vergabe mitwirken	bis 0,5	c) Abstimmen und Zusammenstellen der Leistungen der fachlich Beteiligten, die an der Vergabe mitwirken	0,25
e) Mitwirken bei Verhandlungen mit Bietern	bis 0,5	d) Führen von Bietergesprächen	0,25
		e) Erstellen der Vergabevorschläge, Dokumentation des Vergabeverfahrens	0,25
		f) Zusammenstellen der Vertragsunterlagen	0,25
		g) Vergleichen der Ausschreibungsergebnisse mit den vom Planer bepreisten Leistungsverzeichnissen und der Kostenberechnung	0,5
h) Mitwirken bei der Auftragserteilung	bis 0,5	h) Mitwirken bei der Auftragserteilung	0,25
Leistungsphase 8	**15**	**Leistungsphase 8**	**15**
a) Aufsicht über die örtliche Bauüberwachung, soweit die Bauoberleitung und die örtliche Bauüberwachung getrennt vergeben werden, Koordinierung der an der Objektüberwachung fachlich Beteiligten, insbesondere Prüfen auf Übereinstimmung und Freigeben von Plänen Dritter	2,0-5,0	a) Aufsicht über die örtliche Bauüberwachung, Koordinierung der an der Objektüberwachung fachlich Beteiligten, einmaliges Prüfen von Plänen auf Übereinstimmung mit dem auszuführenden Objekt und Mitwirken bei deren Freigabe	4
b) Aufstellen und Überwachen eines Zeitplans (Balkendiagramm)	1,0-3,0	b) Aufstellen, Fortschreiben und Überwachen eines Terminplans (Balkendiagramm)	2,5
c) Inverzugsetzen der ausführenden Unternehmen	0,5-1,5	c) Veranlassen und Mitwirken daran, die ausführenden Unternehmen in Verzug zu setzen	1
j) Kostenfeststellung	1,0-2,0	d) Kostenfeststellung, Vergleich der Kostenfeststellung mit der Auftragssumme	2
k) Kostenkontrolle durch Überprüfen der Leistungsabrechnung der bauausführenden Unternehmen im Vergleich zu den Vertragspreisen und der fortgeschriebenen Kostenberechnung	0,5-1,0		

d) Abnahme von Leistungen und Lieferungen unter Mitwirkung der örtlichen Bauüberwachung und anderer an der Planung und Objektüberwachung fachlich Beteiligter unter Fertigung einer Niederschrift über das Ergebnis der Abnahme	1,0-3,0	e) Abnahme von Bauleistungen, Leistungen und Lieferungen unter Mitwirkung der örtlichen Bauüberwachung und anderer an der Planung und Objektüberwachung fachlich Beteiligter, Feststellen von Mängeln, Fertigung einer Niederschrift über das Ergebnis der Abnahme	2
h) Überwachen der Prüfungen der Funktionsfähigkeit der Anlagenteile und der Gesamtanlage	0,25-1,0	f) Überwachen der Prüfungen der Funktionsfähigkeit der Anlagenteile und der Gesamtanlage	0,5
e) Antrag auf behördliche Abnahmen und Teilnahme daran	0,5-1,5	g) Antrag auf behördliche Abnahmen und Teilnahme daran	1
f) Übergabe des Objekts einschließlich Zusammenstellung und Übergabe der erforderlichen Unterlagen, zum Beispiel Abnahmeniederschriften und Prüfungsprotokolle	0,5-1,5	h) Übergabe des Objekts	1
i) Auflisten der Verjährungsfristen für Mängelansprüche	bis 0,5	i) Auflisten der Verjährungsfristen der Mängelansprüche	0,5
g) Zusammenstellen von Wartungsvorschriften für das Objekt	0,25-1,0	j) Zusammenstellen und Übergeben der Dokumentation des Bauablaufs, der Bestandsunterlagen und der Wartungsvorschriften	0,5
Leistungsphase 9	**3**	**Leistungsphase 9**	**1**
b) Überwachen der Beseitigung von Mängeln, die innerhalb der Verjährungsfristen der Mängelansprüche, längstens jedoch bis zum Ablauf von vier Jahren seit Abnahme der Leistungen auftreten	1,0-2,0	a) Fachliche Bewertung der innerhalb der Verjährungsfristen für Gewährleistungsansprüche festgestellten Mängel, längstens jedoch bis zum Ablauf von fünf Jahren seit Abnahme der Leistung, einschließlich notwendiger Begehungen	0,5
a) Objektbegehung zur Mängelfeststellung vor Ablauf der Verjährungsfristen für Gewährleistungsansprüche gegenüber den ausführenden Unternehmen	1,0-2,0	b) Objektbegehung zur Mängelfeststellung vor Ablauf der Verjährungsfristen für Mängelansprüche gegenüber den ausführenden Unternehmen	0,25
c) Mitwirken bei der Freigabe von Sicherheitsleistungen	bis 0,5	c) Mitwirken bei der Freigabe von Sicherheitsleistungen	0,25
d) Systematische Zusammenstellung der zeichnerischen Darstellungen und rechnerischen Ergebnisse des Objekts	bis 0,5		

Dipl. Ing. (FH) Heinz Simmendinger   www.HOAI-Gutachter.de

Teilleistungstabelle Objektplanung Verkehrsanlagen

HOAI 1996/2002 und 2009	Bewertung	HOAI 2013	Bewertung
Leistungsphase 1	**2**	**Leistungsphase 1**	**2**
a) Klären der Aufgabenstellung	0,25-1,0	a) Klären der Aufgabenstellung auf Grundlage der Vorgaben oder der Bedarfsplanung des Auftraggebers	0,5
b) Ermitteln der vorgegebenen Randbedingungen	bis 0,5	b) Ermitteln der Planungsrandbedingungen sowie Beraten zum gesamten Leistungsbedarf	0,5
h) Ermitteln des Leistungsumfangs und der erforderlichen Vorarbeiten, zum Beispiel Baugrunduntersuchungen, Vermessungsleistungen, Immissionsschutz	bis 0,25		
i) Formulieren von Entscheidungshilfen für die Auswahl anderer an der Planung fachlich Beteiligter	bis 0,25	c) Formulieren von Entscheidungshilfen für die Auswahl anderer an der Planung fachlich Beteiligter	0,25
d) Ortsbesichtigung	bis 0,25	d) Ortsbesichtigung	0,5
e) Zusammenstellen der die Aufgabe beeinflussenden Planungsabsichten	bis 0,25	e) Zusammenfassen, Erläutern und Dokumentieren der Ergebnisse	0,25
f) Zusammenstellen und Werten von Unterlagen	bis 0,25		
g) Erläutern von Planungsdaten	bis 0,25		
j) Zusammenfassen der Ergebnisse	bis 0,5		
Leistungsphase 2	**15**	**Leistungsphase 2**	**20**
d) Beschaffen und Auswerten amtlicher Karten	bis 1,0	a) Beschaffen und Auswerten amtlicher Karten	0,5
a) Analyse der Grundlagen	0,5-1,0	b) Analysieren der Grundlagen	1
b) Abstimmen der Zielvorstellungen auf die Randbedingungen, die insbesondere durch Raumordnung, Landesplanung, Bauleitplanung, Rahmenplanung sowie örtliche und überörtliche Fachplanung vorgegeben sind	0,5-1,5	c) Abstimmen der Zielvorstellungen auf die öffentlich-rechtlichen Randbedingungen sowie Planungen Dritter	1
c) Untersuchungen von Lösungsmöglichkeiten mit ihren Einflüssen auf bauliche und konstruktive Gestaltung, Zweckmäßigkeit, Wirtschaftlichkeit unter Beachtung der Umweltverträglichkeit	2,0-6,0	d) Untersuchen von Lösungsmöglichkeiten mit ihren Einflüssen auf bauliche und konstruktive Gestaltung, Zweckmäßigkeit, Wirtschaftlichkeit unter Beachtung der Umweltverträglichkeit	4
e) Erarbeiten eines Planungskonzepts einschließlich Untersuchung der alternativen Lösungsmöglichkeiten nach gleichen Anforderungen mit zeichnerischer Darstellung und Bewertung unter Einarbeitung der Beiträge anderer an der Planung fachlich Beteiligter Überschlägige verkehrstechnische Bemessung der Verkehrsanlage; Ermitteln der Schallimmissionen von der Verkehrsanlage an kritischen Stellen nach Tabellenwerten; Untersuchen der möglichen Schallschutzmaßnahmen, ausgenommen detaillierte schalltechnische Untersuchungen, insbesondere in komplexen Fälle	4,0 bis 10,0	e) Erarbeiten eines Planungskonzepts einschließlich Untersuchung von bis zu 3 Varianten nach gleichen Anforderungen mit zeichnerischer Darstellung und Bewertung unter Einarbeitung der Beiträge anderer an der Planung fachlich Beteiligter Überschlägige verkehrstechnische Bemessung der Verkehrsanlage, Ermitteln der Schallimmissionen von der Verkehrsanlage an kritischen Stellen nach Tabellenwerten Untersuchen der möglichen Schallschutzmaßnahmen, ausgenommen detaillierte schalltechnische Untersuchungen	10
f) Klären und Erläutern der wesentlichen fachspezifischen Zusammenhänge, Vorgänge und Bedingungen	0,25-1,0	f) Klären und Erläutern der wesentlichen fachspezifischen Zusammenhänge, Vorgänge und Bedingungen	0,25
g) Vorverhandlungen mit Behörden und anderen an der Planung fachlich Beteiligter über die Genehmigungsfähigkeit, gegebenenfalls über die Bezuschussung und Kostenbeteiligung	0,25-1,0	g) Vorabstimmen mit Behörden und anderen an der Planung fachlich Beteiligten über die Genehmigungsfähigkeit, gegebenenfalls Mitwirken bei Verhandlungen über die Bezuschussung und Kostenbeteiligung	0,25
h) Mitwirken bei Erläutern des Planungskonzepts gegenüber Bürgerinnen und Bürgern und politischen Gremien	0,25-0,5	h) Mitwirken beim Erläutern des Planungskonzepts gegenüber Dritten an bis zu 2 Terminen,	0,5
i) Überarbeiten des Planungskonzepts nach Bedenken und Anregungen	0,5-2,0	i) Überarbeiten des Planungskonzepts nach Bedenken und Anregungen	0,5
j) Bereitstellen von Unterlagen als Auszüge aus dem Vorentwurf zur Verwendung für ein Raumordnungsverfahren	0,25-0,5	j) Bereitstellen von Unterlagen als Auszüge aus der Voruntersuchung zur Verwendung für ein Raumordnungsverfahren	0,25
k) Kostenschätzung	1,0-2,0	k) Kostenschätzung, Vergleich mit den finanziellen Rahmenbedingungen	1,5
l) Zusammenstellen aller Vorplanungsergebnisse	0,25-1,0	l) Zusammenfassen, Erläutern und Dokumentieren der Ergebnisse	0,25

Leistungsphase 3	30	Leistungsphase 3	25
a) Durcharbeiten des Planungskonzepts (stufenweise Erarbeitung einer zeichnerischen Lösung) unter Berücksichtigung aller fachspezifischen Anforderungen und unter Verwendung der Beiträge anderer an der Planung fachlich Beteiligter bis zum vollständigen Entwurf	4,0-8,0	a) Erarbeiten des Entwurfs auf Grundlage der Vorplanung durch zeichnerische Darstellung im erforderlichen Umfang und Detaillierungsgrad unter Berücksichtigung aller fachspezifischen Anforderungen Bereitstellen der Arbeitsergebnisse als Grundlage für die anderen an der Planung fachlich Beteiligten, sowie Integration und Koordination der Fachplanungen	12
d) Zeichnerische Darstellung des Gesamtentwurfs	4,0-8,0		
b) Erläuterungsbericht	1,0-3,0	b) Erläuterungsbericht unter Verwendung der Beiträge anderer an der Planung fachlich Beteiligter	1
c) Fachspezifische Berechnungen, ausgenommen Berechnungen des Tragwerks	2,0-8,0	c) fachspezifische Berechnungen, ausgenommen Berechnungen aus anderen Leistungsbildern	4
e) Finanzierungsplan, Bauzeiten- und Kostenplan, Ermitteln und Begründen der zuwendungsfähigen Kosten sowie Vorbereiten der Anträge auf Finanzierung, Mitwirken beim Erläutern des vorläufigen Entwurfs gegenüber Bürgerinnen und Bürgern und politischen Gremien, Überarbeiten des vorläufigen Entwurfs auf Grund von Bedenken und Anregungen	0,5-2,0	d) Ermitteln der zuwendungsfähigen Kosten, Mitwirken beim Aufstellen des Finanzierungsplans sowie Vorbereiten der Anträge auf Finanzierung	1
		e) Mitwirken beim Erläutern des vorläufigen Entwurfs gegenüber Dritten an bis zu 3 Terminen, Überarbeiten des vorläufigen Entwurfs auf Grund von Bedenken und Anregungen	0,5
f) Verhandlungen mit Behörden und anderen an der Planung fachlich Beteiligten über die Genehmigungsfähigkeit	1,0-2,0	f) Vorabstimmen der Genehmigungsfähigkeit mit Behörden und anderen an der Planung fachlich Beteiligten	0,5
g) Kostenberechnung	1,0-3,0	g) Kostenberechnung einschließlich zugehöriger Mengenermittlung, Vergleich der Kostenberechnung mit der Kostenschätzung	1,5
h) Kostenkontrolle durch Vergleich der Kostenberechnung mit Kostenschätzung	0,5-2,0		
i) überschlägige Festlegung der Abmessungen von Ingenieurbauwerken; Zusammenfassen aller vorläufigen Entwurfsunterlagen; Weiterentwickeln des vorläufigen Entwurfs zum endgültigen Entwurf; Ermitteln der Schallimmissionen von der Verkehrsanlage nach Tabellenwerten; Festlegen der erforderlichen Schallschutzmaßnahmen an der Verkehrsanlage, gegebenenfalls unter Einarbeitung der Ergebnisse detaillierter schalltechnischer Untersuchungen und Feststellen der Notwendigkeit von Schallschutzmaßnahmen an betroffenen Gebäuden; rechnerische Festlegung der Anlage in den Haupt- und Kleinpunkten; Darlegen der Auswirkungen auf Zwangspunkte, Nachweis der Lichtraumprofile; überschlägiges Ermitteln der wesentlichen Bauphasen unter Berücksichtigung der Verkehrslenkung während der Bauzeit	4,0-8,0	h) Überschlägige Festlegung der Abmessungen von Ingenieurbauwerken	1
		i) Ermitteln der Schallimmissionen von der Verkehrsanlage nach Tabellenwerten; Festlegen der erforderlichen Schallschutzmaßnahmen an der Verkehrsanlage, gegebenenfalls unter Einarbeitung der Ergebnisse detaillierter schalltechnischer Untersuchungen und Feststellen der Notwendigkeit von Schallschutzmaßnahmen an betroffenen Gebäuden	0,5
		j) Rechnerische Festlegung des Objekts	0,5
		k) Darlegen der Auswirkungen auf Zwangspunkte	0,5
		l) Nachweis der Lichtraumprofile	0,5
		m) Ermitteln der wesentlichen Bauphasen unter Berücksichtigung der Verkehrslenkung und der Aufrechterhaltung des Betriebes während der Bauzeit	0,5
		n) Bauzeiten- und Kostenplan	0,5
j) Zusammenfassen aller Entwurfsunterlagen	0,5-1,5	o) Zusammenfassen, Erläutern und Dokumentieren der Ergebnisse	0,5

Leistungsphase 4	5	Leistungsphase 4	8
a) Erarbeiten der Unterlagen für die erforderlichen öffentlich-rechtlichen Verfahren einschließlich der Anträge auf Ausnahmen und Befreiungen, Aufstellen des Bauwerksverzeichnisses unter Verwendung der Beiträge anderer an der Planung fachlich Beteiligter	2,0-3,0	a) Erarbeiten und Zusammenstellen der Unterlagen für die erforderlichen öffentlich-rechtlichen Verfahren oder Genehmigungsverfahren einschließlich der Anträge auf Ausnahmen und Befreiungen, Aufstellen des Bauwerksverzeichnisses unter Verwendung der Beiträge anderer an der Planung fachlich Beteiligter	2,5
b) Einreichen dieser Unterlagen	bis 0,25		
c) Grunderwerbsplan und Grunderwerbsverzeichnis	0,25-0,5	b) Erstellen des Grunderwerbsplanes und des Grunderwerbsverzeichnisses unter Verwendung der Beiträge anderer an der Planung fachlich Beteiligter	0,5
f) Vervollständigen und Anpassen der Planungsunterlagen, Beschreibungen und Berechnungen unter Verwendung der Beiträge anderer an der Planung fachlich Beteiligter	0,5-1,5	c) Vervollständigen und Anpassen der Planungsunterlagen, Beschreibungen und Berechnungen unter Verwendung der Beiträge anderer an der Planung fachlich Beteiligter	0,5
e) Verhandlungen mit Behörden	0,25-0,5	d) Abstimmen mit Behörden	1,5
g) Mitwirken beim Erläutern gegenüber Bürgerinnen und Bürgern	bis 0,5	e) Mitwirken in Genehmigungsverfahren einschließlich der Teilnahme an bis zu 4 Erläuterungs-, Erörterungsterminen	1,5
h) Mitwirken im Planfeststellungsverfahren einschließlich der Teilnahme an Erörterungsterminen sowie Mitwirken bei der Abfassung der Stellungnahmen zu Bedenken und Anregungen	bis 0,5	f) Mitwirken beim Abfassen von Stellungnahmen zu Bedenken und Anregungen in bis zu 10 Kategorien	1,5
Leistungsphase 5	**15**	**Leistungsphase 5**	**15**
a) Durcharbeiten der Ergebnisse der Leistungsphasen 3 und 4 (stufenweise Erarbeitung und Darstellung der Lösung) unter Berücksichtigung aller fachspezifischen Anforderungen und Verwendung der Beiträge anderer an der Planung fachlich Beteiligter bis zur ausführungsreifen Lösung	4,0-8,0	a) Erarbeiten der Ausführungsplanung auf Grundlage der Ergebnisse der Leistungsphasen 3 und 4 unter Berücksichtigung aller fachspezifischen Anforderungen und Verwendung der Beiträge anderer an der Planung fachlich Beteiligter bis zur ausführungsreifen Lösung	6
b) Zeichnerische und rechnerische Darstellung des Objekts mit allen für die Ausführung notwendigen Einzelangaben einschließlich Detailzeichnungen in den erforderlichen Maßstäben	4,0-8,0	b) Zeichnerische Darstellung, Erläuterungen und zur Objektplanung gehörige Berechnungen mit allen für die Ausführung notwendigen Einzelangaben einschließlich Detailzeichnungen in den erforderlichen Maßstäben	6
c) Erarbeiten der Grundlagen für die anderen an der Planung fachlich Beteiligten und Integrieren ihrer Beiträge bis zur ausführungsreifen Lösung	1,0-2,0	c) Bereitstellen der Arbeitsergebnisse als Grundlage für die anderen an der Planung fachlich Beteiligten und Integrieren ihrer Beiträge bis zur ausführungsreifen Lösung	1,5
d) Fortschreiben der Ausführungsplanung während der Objektausführung	1,0-2,0	d) Vervollständigen der Ausführungsplanung während der Objektausführung	1,5
Leistungsphase 6	**10**	**Leistungsphase 6**	**10**
a) Mengenermittlung und Aufgliederung nach Einzelpositionen unter Verwendung der Beiträge anderer an der Planung fachlich Beteiligter	4,0-5,0	a) Ermitteln von Mengen nach Einzelpositionen unter Verwendung der Beiträge anderer an der Planung fachlich Beteiligter	4
b) Aufstellen der Verdingungsunterlagen, insbesondere Anfertigen der Leistungsbeschreibungen mit Leistungsverzeichnissen sowie der Besonderen Vertragsbedingungen	3,0-5,0	b) Aufstellen der Vergabeunterlagen, insbesondere Anfertigen der Leistungsbeschreibungen mit Leistungsverzeichnissen sowie der Besonderen Vertragsbedingungen	3
c) Abstimmen und Koordinieren der Verdingungsunterlagen der an der Planung fachlich Beteiligten	0,5-1,5	c) Abstimmen und Koordinieren der Schnittstellen zu den Leistungsbeschreibungen der an der Planung fachlich Beteiligten	0,5
d) Festlegen der wesentlichen Ausführungsphasen	0,5-1,5	d) Festlegen der wesentlichen Ausführungsphasen	0,5
f) Fortschreiben der Kostenberechnung	0,5-1,0	e) Ermitteln der Kosten auf Grundlage der vom Planer (Entwurfsverfasser) bepreisten Leistungsverzeichnisse	1
g) Kostenkontrolle durch Vergleich der fortgeschriebenen Kostenberechnung mit der Kostenberechnung	0,25-0,5	f) Kostenkontrolle durch Vergleich der vom Planer (Entwurfsverfasser) bepreisten Leistungsverzeichnisse mit der Kostenberechnung	0,5
a) Zusammenstellen der Vergabe- und Vertragsunterlagen für alle Leistungsbereiche	0,25-0,5	g) Zusammenstellen der Vergabeunterlagen	0,5
Leistungsphase 7	**5**	**Leistungsphase 7**	**4**
b) Einholen von Angeboten	bis 0,5	a) Einholen von Angeboten	0,25
c) Prüfen und Werten der Angebote einschließlich Aufstellen eines Preisspiegels	1,5-3,0	b) Prüfen und Werten der Angebote, Aufstellen des Preisspiegels	2
d) Abstimmen und Zusammenstellen der Leistungen der fachlich Beteiligten, die an der Vergabe mitwirken	bis 0,5	c) Abstimmen und Zusammenstellen der Leistungen der fachlich Beteiligten, die an der Vergabe mitwirken	0,25
e) Mitwirken bei Verhandlungen mit Bietern	bis 0,5	d) Führen von Bietergesprächen	0,25

		e) Erstellen der Vergabevorschläge, Dokumentation des Vergabeverfahrens	0,25
		f) Zusammenstellen der Vertragsunterlagen	0,25
		g) Vergleichen der Ausschreibungsergebnisse mit den vom Planer bepreisten Leistungsverzeichnissen und der Kostenberechnung	0,5
h) Mitwirken bei der Auftragserteilung	bis 0,5	h) Mitwirken bei der Auftragserteilung	0,25
Leistungsphase 8	**15**	**Leistungsphase 8**	**15**
a) Aufsicht über die örtliche Bauüberwachung, soweit die Bauoberleitung und die örtliche Bauüberwachung getrennt vergeben werden, Koordinierung der an der Objektüberwachung fachlich Beteiligten, insbesondere Prüfen auf Übereinstimmung und Freigeben von Plänen Dritter	2,0-5,0	a) Aufsicht über die örtliche Bauüberwachung, Koordinierung der an der Objektüberwachung fachlich Beteiligten, einmaliges Prüfen von Plänen auf Übereinstimmung mit dem auszuführenden Objekt und Mitwirken bei deren Freigabe	4
b) Aufstellen und Überwachen eines Zeitplans (Balkendiagramm)	1,0-3,0	b) Aufstellen, Fortschreiben und Überwachen eines Terminplans (Balkendiagramm)	2,5
c) Inverzugsetzen der ausführenden Unternehmen	0,5-1,5	c) Veranlassen und Mitwirken daran, die ausführenden Unternehmen in Verzug zu setzen	1
j) Kostenfeststellung	1,0-2,0	d) Kostenfeststellung, Vergleich der Kostenfeststellung mit der Auftragssumme	2
k) Kostenkontrolle durch Überprüfen der Leistungsabrechnung der bauausführenden Unternehmen im Vergleich zu den Vertragspreisen und der fortgeschriebenen Kostenberechnung	0,5-1,0		
d) Abnahme von Leistungen und Lieferungen unter Mitwirkung der örtlichen Bauüberwachung und anderer an der Planung und Objektüberwachung fachlich Beteiligter unter Fertigung einer Niederschrift über das Ergebnis der Abnahme	1,0-3,0	e) Abnahme von Bauleistungen, Leistungen und Lieferungen unter Mitwirkung der örtlichen Bauüberwachung und anderer an der Planung und Objektüberwachung fachlich Beteiligter, Feststellen von Mängeln, Fertigung einer Niederschrift über das Ergebnis der Abnahme	2
h) Überwachen der Prüfungen der Funktionsfähigkeit der Anlagenteile und der Gesamtanlage	0,25-1,0	f) Überwachen der Prüfungen der Funktionsfähigkeit der Anlagenteile und der Gesamtanlage	0,5
e) Antrag auf behördliche Abnahmen und Teilnahme daran	0,5-1,5	g) Antrag auf behördliche Abnahmen und Teilnahme daran	1
f) Übergabe des Objekts einschließlich Zusammenstellung und Übergabe der erforderlichen Unterlagen, zum Beispiel Abnahmeniederschriften und Prüfungsprotokolle	0,5-1,5	h) Übergabe des Objekts	1
i) Auflisten der Verjährungsfristen für Mängelansprüche	bis 0,5	i) Auflisten der Verjährungsfristen der Mängelansprüche	0,5
g) Zusammenstellen von Wartungsvorschriften für das Objekt	0,25-1,0	j) Zusammenstellen und Übergeben der Dokumentation des Bauablaufs, der Bestandsunterlagen und der Wartungsvorschriften	0,5
Leistungsphase 9	**3**	**Leistungsphase 9**	**1**
b) Überwachen der Beseitigung von Mängeln, die innerhalb der Verjährungsfristen der Mängelansprüche, längstens jedoch bis zum Ablauf von vier Jahren seit Abnahme der Leistungen auftreten	1,0-2,0	a) Fachliche Bewertung der innerhalb der Verjährungsfristen für Gewährleistungsansprüche festgestellten Mängel, längstens jedoch bis zum Ablauf von fünf Jahren seit Abnahme der Leistung, einschließlich notwendiger Begehungen	0,5
a) Objektbegehung zur Mängelfeststellung vor Ablauf der Verjährungsfristen für Gewährleistungsansprüche gegenüber den ausführenden Unternehmen	1,0-2,0	b) Objektbegehung zur Mängelfeststellung vor Ablauf der Verjährungsfristen für Mängelansprüche gegenüber den ausführenden Unternehmen	0,25
c) Mitwirken bei der Freigabe von Sicherheitsleistungen	bis 0,5	c) Mitwirken bei der Freigabe von Sicherheitsleistungen	0,25
d) Systematische Zusammenstellung der zeichnerischen Darstellungen und rechnerischen Ergebnisse des Objekts	bis 0,5		

Dipl. Ing. (FH) Heinz Simmendinger   www.HOAI-Gutachter.de

Arbeitshilfen

Teilleistungstabelle Fachplanung Tragwerksplanung

HOAI 1996/2002 und 2009	Bewertung	HOAI 2013	Bewertung
Leistungsphase 1	**3**	**Leistungsphase 1**	**3**
a) Klären der Aufgabenstellung auf dem Fachgebiet Tragwerksplanung im Benehmen mit dem Objektplaner (bei Gebäuden)	3	a) Klären der Aufgabenstellung aufgrund der Vorgaben oder der Bedarfsplanung des Auftraggebers im Benehmen mit dem Objektplaner	2
b) Klären der Aufgabenstellung auf dem Fachgebiet Tragwerksplanung im Benehmen mit dem Objektplaner (bei Ingenieurbauwerken nach § 40 Nummer 6 und 7)	0	b) Zusammenstellen der die Aufgabe beeinflussenden Planungsabsichten	0,5
		c) Zusammenfassen, Erläutern und Dokumentieren der Ergebnisse	0,5
Leistungsphase 2	**10**	**Leistungsphase 2**	**10**
a) Bei Ingenieurbauwerken nach § 40 Nummer 6 und 7: Übernahme der Ergebnisse aus Leistungsphase 1 der Anlage 12	0,5	a) Analysieren der Grundlagen	0,25
b) Beraten in statisch-konstruktiver Hinsicht unter Berücksichtigung der Belange der Standsicherheit, der Gebrauchsfähigkeit und der Wirtschaftlichkeit	1,0-5,0	b) Beraten in statisch-konstruktiver Hinsicht unter Berücksichtigung der Belange der Standsicherheit, der Gebrauchsfähigkeit und der Wirtschaftlichkeit	2,5
c) Mitwirken bei dem Erarbeiten eines Planungskonzepts einschließlich Untersuchung der Lösungsmöglichkeiten des Tragwerks unter gleichen Objektbedingungen mit skizzenhafter Darstellung, Klärung und Angabe der für das Tragwerk wesentlichen konstruktiven Festlegungen für zum Beispiel Baustoffe, Bauarten und Herstellungsverfahren, Konstruktionsraster und Gründungsart	4,0-9,0	c) Mitwirken bei dem Erarbeiten eines Planungskonzepts einschließlich Untersuchung der Lösungsmöglichkeiten des Tragwerks unter gleichen Objektbedingungen mit skizzenhafter Darstellung, Klärung und Angabe der für das Tragwerk wesentlichen konstruktiven Festlegungen für zum Beispiel Baustoffe, Bauarten und Herstellungsverfahren, Konstruktionsraster und Gründungsart	6
d) Mitwirken bei Vorverhandlungen mit Behörden und anderen an der Planung fachlich Beteiligten über die Genehmigungsfähigkeit	bis 1,5	d) Mitwirken bei Vorverhandlungen mit Behörden und anderen an der Planung fachlich Beteiligten über die Genehmigungsfähigkeit	0,5
e) Mitwirken bei der Kostenschätzung; bei Gebäuden und zugehörigen baulichen Anlagen nach DIN 276	bis 1,25	e) Mitwirken bei der Kostenschätzung und bei der Terminplanung	0,5
		f) Zusammenfassen, Erläutern und Dokumentieren der Ergebnisse	0,25
Leistungsphase 3	**12**	**Leistungsphase 3**	**15**
a) Erarbeiten der Tragwerkslösung unter Beachtung der durch die Objektplanung integrierten Fachplanungen bis zum konstruktiven Entwurf mit zeichnerischer Darstellung	2,5-5,0	a) Erarbeiten der Tragwerkslösung, unter Beachtung der durch die Objektplanung integrierten Fachplanungen, bis zum konstruktiven Entwurf mit zeichnerischer Darstellung	3,5
b) Überschlägige statische Berechnung und Bemessung	2,0-6,5	b) Überschlägige statische Berechnung und Bemessung	4
c) Grundlegende Festlegungen der konstruktiven Details und Hauptabmessungen des Tragwerks für zum Beispiel Gestaltung der tragenden Querschnitte, Aussparungen und Fugen; Ausbildung der Auflager- und Knotenpunkte sowie der Verbindungsmittel	1,5-4,5	c) Grundlegende Festlegungen der konstruktiven Details und Hauptabmessungen des Tragwerks für zum Beispiel Gestaltung der tragenden Querschnitte, Aussparungen und Fugen; Ausbildung der Auflager- und Knotenpunkte sowie der Verbindungsmittel	3
		d) Überschlägiges Ermitteln der Betonstahlmengen im Stahlbetonbau, der Stahlmengen im Stahlbau und der Holzmengen im Ingenieurholzbau	2
d) Mitwirken bei der Objektbeschreibung	bis 0,5	e) Mitwirken bei der Objektbeschreibung bzw. beim Erläuterungsbericht	0,5
e) Mitwirken bei Verhandlungen mit Behörden und anderen an der Planung fachlich Beteiligten über die Genehmigungsfähigkeit	bis 1,25	f) Mitwirken bei Verhandlungen mit Behörden und anderen an der Planung fachlich Beteiligten über die Genehmigungsfähigkeit	0,5
f) Mitwirken bei der Kostenberechnung, bei Gebäuden und zugehörigen baulichen Anlagen: nach DIN 276	bis 1,75	g) Mitwirken bei der Kostenberechnung und bei der Terminplanung	0,75
g) Mitwirken bei der Kostenkontrolle durch Vergleich der Kostenberechnung mit der Kostenschätzung	bis 0,5	h) Mitwirken beim Vergleich der Kostenberechnung mit der Kostenschätzung	0,5
		i) Zusammenfassen, Erläutern und Dokumentieren der Ergebnisse	0,25
Leistungsphase 4	**30**	**Leistungsphase 4**	**30**
a) Aufstellen der prüffähigen statischen Berechnungen für das Tragwerk unter Berücksichtigung der vorgegebenen bauphysikalischen Anforderungen	16,0-25,0	a) Aufstellen der prüffähigen statischen Berechnungen für das Tragwerk unter Berücksichtigung der vorgegebenen bauphysikalischen Anforderungen	22
b) Bei Ingenieurbauwerken: Erfassen von normalen Bauzuständen	2,0-5,0	b) Bei Ingenieurbauwerken: Erfassen von normalen Bauzuständen	-

Leistung	Wert	Leistung	Wert
c) Anfertigen der Positionspläne für das Tragwerk oder Eintragen der statischen Positionen, der Tragwerksabmessungen, der Verkehrslasten, der Art und Güte der Baustoffe und der Besonderheiten der Konstruktionen in die Entwurfszeichnungen des Objektsplaners (zum Beispiel in Transparentpausen)	2,0-4,0	c) Anfertigen der Positionspläne für das Tragwerk oder Eintragen der statischen Positionen, der Tragwerksabmessungen, der Verkehrslasten, der Art und Güte der Baustoffe und der Besonderheiten der Konstruktionen in die Entwurfszeichnungen des Objektsplaners	4
d) Zusammenstellen der Unterlagen der Tragwerksplanung zur bauaufsichtlichen Genehmigung	0,5-1,5	d) Zusammenstellen der Unterlagen der Tragwerksplanung zur Genehmigung	1
e) Verhandlungen mit Prüfämtern und Prüfingenieuren	0,5-1,5	e) Abstimmen mit Prüfämtern und Prüfingenieuren oder Eigenkontrolle	1
f) Vervollständigen und Berichtigen der Berechnungen und Pläne	bis 2,5	f) Vervollständigen und Berichtigen der Berechnungen und Pläne	2
Leistungsphase 5	**42**	**Leistungsphase 5**	**40**
a) Durcharbeiten der Ergebnisse der Leistungsphasen 3 und 4 unter Beachtung der durch die Objektplanung integrierten Fachplanungen	6,0-13,0	a) Durcharbeiten der Ergebnisse der Leistungsphasen 3 und 4 unter Beachtung der durch die Objektplanung integrierten Fachplanungen	10
b) Anfertigen der Schalpläne in Ergänzung der fertig gestellten Ausführungspläne des Objektplaners	10,0-18,0	b) Anfertigen der Schalpläne in Ergänzung der fertig gestellten Ausführungspläne des Objektplaners	10
c) Zeichnerische Darstellung der Konstruktionen mit Einbau- und Verlegeanweisungen, zum Beispiel Bewehrungspläne, Stahlbaupläne, Holzkonstruktionspläne (keine Werkstattzeichnungen)	12,0-22,0	c) Zeichnerische Darstellung der Konstruktionen mit Einbau- und Verlegeanweisungen, zum Beispiel Bewehrungspläne, Stahlbau- oder Holzkonstruktionspläne mit Leitdetails (keine Werkstattzeichnungen)	15
d) Aufstellen detaillierter Stahl- oder Stücklisten als Ergänzung zur zeichnerischen Darstellung der Konstruktionen mit Stahlmengenermittlung	bis 3,0	d) Aufstellen von Stahl- oder Stücklisten als Ergänzung zur zeichnerischen Darstellung der Konstruktionen mit Stahlmengenermittlung	3
		e) Fortführen der Abstimmung mit Prüfämtern und Prüfingenieuren oder Eigenkontrolle	2
Leistungsphase 6	**3**	**Leistungsphase 6**	**2**
a) Ermitteln der Betonstahlmengen im Stahlbetonbau, der Stahlmengen in Stahlbau und der Holzmengen im Ingenieurholzbau als Beitrag zur Mengenermittlung des Objektplaners	1,0-2,0	a) Ermitteln der Betonstahlmengen im Stahlbetonbau, der Stahlmengen in Stahlbau und der Holzmengen im Ingenieurholzbau als Ergebnis der Ausführungsplanung und als Beitrag zur Mengenermittlung des Objektplaners	1
b) Überschlägiges Ermitteln der Mengen der konstruktiven Stahlteile und statisch erforderlichen Verbindungs- und Befestigungsmittel im Ingenieurholzbau	0,5-1,5	b) Überschlägiges Ermitteln der Mengen der konstruktiven Stahlteile und statisch erforderlichen Verbindungs- und Befestigungsmittel im Ingenieurholzbau	0,5
c) Aufstellen von Leistungsbeschreibungen als Ergänzung zu den Mengenermittlungen als Grundlage für das Leistungsverzeichnis des Tragwerks	bis 1,75	c) Mitwirken beim Erstellen der Leistungsbeschreibung als Ergänzung zu den Mengenermittlungen als Grundlage für das Leistungsverzeichnis des Tragwerks	0,5

Dipl. Ing. (FH) Heinz Simmendinger   www.HOAI-Gutachter.de

Teilleistungstabelle Fachplanung Technische Ausrüstung

HOAI 1996/2002 und 2009	Bewertung	HOAI 2013	Bewertung
Leistungsphase 1	**3**	**Leistungsphase 1**	**2**
a) Klären der Aufgabenstellung der Technischen Ausrüstung im Benehmen mit dem Auftraggeber und dem Objektplaner oder der Objektplanerin, insbesondere in technischen und wirtschaftlichen Grundsatzfragen	1,5-2,5	a) Klären der Aufgabenstellung aufgrund der Vorgaben oder der Bedarfsplanung des Auftraggebers im Benehmen mit dem Objektplaner	1
		b) Ermitteln der Planungsrandbedingungen und Beraten zum Leistungsbedarf und gegebenenfalls zur technischen Erschließung	0,5
b) Zusammenfassen der Ergebnisse	0,5-1,0	c) Zusammenfassen, Erläutern und Dokumentieren der Ergebnisse	0,5
Leistungsphase 2	**11**	**Leistungsphase 2**	**9**
a) Analyse der Grundlagen	0,25-0,5	a) Analysieren der Grundlagen Mitwirken beim Abstimmen der Leistungen mit den Planungsbeteiligten	0,25
b) Erarbeiten eines Planungskonzepts mit überschlägiger Auslegung der wichtigen Systeme und Anlagenteile einschließlich Untersuchung der alternativen Lösungsmöglichkeiten nach gleichen Anforderungen mit skizzenhafter Darstellung zur Integrierung in die Objektplanung einschließlich Wirtschaftlichkeitsvorbetrachtung	3,5-6,0	b) Erarbeiten eines Planungskonzepts, dazu gehören zum Beispiel: Vordimensionieren der Systeme und maßbestimmenden Anlagenteile, Untersuchen von alternativen Lösungsmöglichkeiten bei gleichen Nutzungsanforderungen einschließlich Wirtschaftlichkeitsvorbetrachtung, zeichnerische Darstellung zur Integration in die Objektplanung unter Berücksichtigung exemplarischer Details, Angaben zum Raumbedarf	4,25
c) Aufstellen eines Funktionsschemas beziehungsweise Prinzipschaltbildes für jede Anlage	2,0-3,5	c) Aufstellen eines Funktionsschemas bzw. Prinzipschaltbildes für jede Anlage	2
d) Klären und Erläutern der wesentlichen fachspezifischen Zusammenhänge, Vorgänge und Bedingungen	1,0-2,0	d) Klären und Erläutern der wesentlichen fachübergreifenden Prozesse, Randbedingungen und Schnittstellen, Mitwirken bei der Integration der technischen Anlagen	1
e) Mitwirken bei Vorverhandlungen mit Behörden und anderen an der Planung fachlich Beteiligten über die Genehmigungsfähigkeit	0,25-0,5	e) Vorverhandlungen mit Behörden über die Genehmigungsfähigkeit und mit den zu beteiligenden Stellen zur Infrastruktur	0,25
f) Mitwirken bei der Kostenschätzung, bei Anlagen in Gebäuden: nach DIN 276	0,75-2,0	f) Kostenschätzung nach DIN 276 (2.Ebene) und bei der Terminplanung	1
g) Zusammenstellen der Vorplanungsergebnisse	0,25-0,5	g) Zusammenfassen, Erläutern und Dokumentieren der Ergebnisse	0,25
Leistungsphase 3	**15**	**Leistungsphase 3**	**17**
a) Durcharbeiten des Planungskonzepts (stufenweise Erarbeitung einer zeichnerischen Lösung) unter Berücksichtigung aller fachspezifischen Anforderungen sowie unter Beachtung der durch die Objektplanung integrierten Fachplanungen bis zum vollständigen Entwurf	5,0-7,5	a) Durcharbeiten des Planungskonzepts (stufenweise Erarbeitung einer Lösung) unter Berücksichtigung aller fachspezifischen Anforderungen sowie unter Beachtung der durch die Objektplanung integrierten Fachplanungen, bis zum vollständigen Entwurf	6
b) Festlegen aller Systeme und Anlagenteile	0,7-1,0	b) Festlegen aller Systeme und Anlagenteile	1
c) Berechnung und Bemessung sowie zeichnerische Darstellung und Anlagenbeschreibung	4,0-5,5	c) Berechnen und Bemessen der technischen Anlagen und Anlagenteile, Abschätzen von jährlichen Bedarfswerten (z. B. Nutz-, End- und Primärenergiebedarf) und Betriebskosten; Abstimmen des Platzbedarfs für technische Anlagen und Anlagenteile; Zeichnerische Darstellung des Entwurfs in einem mit dem Objektplaner abgestimmten Ausgabemaßstab mit Angabe maßbestimmender Dimensionen Fortschreiben und Detaillieren der Funktions- und Strangschemata der Anlagen Auflisten aller Anlagen mit technischen Daten und Angaben zum Beispiel für Energiebilanzierungen Anlagenbeschreibungen mit Angabe der Nutzungsbedingungen	5
d) Angabe und Abstimmung der für die Tragwerksplanung notwendigen Durchführungen und Lastangaben (ohne Anfertigen von Schlitz- und Durchbruchsplänen)	0,6-1,0	d) Übergeben der Berechnungsergebnisse an andere Planungsbeteiligte zum Aufstellen vorgeschriebener Nachweise; Angabe und Abstimmung der für die Tragwerksplanung notwendigen Angaben über Durchführungen und Lastangaben (ohne Anfertigen von Schlitz- und Durchführungsplänen)	1

e) Mitwirken bei Verhandlungen mit Behörden und anderen an der Planung fachlich Beteiligten über die Genehmigungsfähigkeit	0,2-0,4	e) Verhandlungen mit Behörden und mit anderen zu beteiligenden Stellen über die Genehmigungsfähigkeit	0,5
f) Mitwirken bei der Kostenrechnung, bei Anlagen in Gebäuden: nach DIN 276	2,0-3,5	f) Kostenberechnung nach DIN 276 (3. Ebene) und bei der Terminplanung	2
g) Mitwirken bei der Kostenkontrolle durch Vergleich der Kostenberechnung mit der Kostenschätzung	0,1-0,15	g) Kostenkontrolle durch Vergleich der Kostenberechnung mit der Kostenschätzung	1
		h) Zusammenfassen, Erläutern und Dokumentieren der Ergebnisse	0,5
Leistungsphase 4	**6**	**Leistungsphase 4**	**2**
a) Erarbeiten der Vorlagen für die nach den öffentlich-rechtlichen Vorschriften erforderlichen Genehmigungen oder Zustimmungen einschließlich der Anträge auf Ausnahmen und Befreiungen sowie noch notwendiger Verhandlungen mit Behörden	3,0-3,5	a) Erarbeiten und Zusammenstellen der Vorlagen und Nachweise für öffentlich-rechtliche Genehmigungen oder Zustimmungen, einschließlich der Anträge auf Ausnahmen oder Befreiungen sowie Mitwirken bei Verhandlungen mit Behörden	1
b) Zusammenstellen dieser Unterlagen	0,5-1,0		
c) Vervollständigen und Anpassen der Planungsunterlagen, Beschreibungen und Berechnungen	1,5-2,0	b) Vervollständigen und Anpassen der Planungsunterlagen, Beschreibungen und Berechnungen	1
Leistungsphase 5	**18**	**Leistungsphase 5**	**22**
a) Durcharbeiten der Ergebnisse der Leistungsphasen 3 und 4 (stufenweise Erarbeitung und Darstellung der Lösung) unter Berücksichtigung aller fachspezifischen Anforderungen sowie unter Beachtung der durch die Objektplanung integrierten Fachleistungen bis zur ausführungsreifen Lösung	4,0-7,0	a) Erarbeiten der Ausführungsplanung auf Grundlage der Ergebnisse der Leistungsphasen 3 und 4 (stufenweise Erarbeitung und Darstellung der Lösung) unter Beachtung der durch die Objektplanung integrierten Fachplanungen bis zur ausführungsreifen Lösung	4
b) Zeichnerische Darstellung der Anlagen mit Dimensionen (keine Montage- und Werkstattzeichnungen)	7,0-8,0	b) Fortschreiben der Berechnungen und Bemessungen zur Auslegung der technischen Anlagen und Anlagenteile Zeichnerische Darstellung der Anlagen in einem mit dem Objektplaner abgestimmten Ausgabemaßstab und Detaillierungsgrad einschließlich Dimensionen (keine Montage- oder Werkstattpläne) Anpassen und Detaillieren der Funktions- und Strangschemata der Anlagen bzw. der GA-Funktionslisten Abstimmen der Ausführungszeichnungen mit dem Objektplaner und den übrigen Fachplanern	7
c) Anfertigen von Schlitz- und Durchbruchsplänen	3,5-4,0	c) Anfertigen von Schlitz- und Durchbruchsplänen	4
		d) Fortschreibung des Terminplans	1
d) Fortschreibung der Ausführungsplanung auf den Stand der Ausschreibensergebnisse	1,5-2,5	e) Fortschreiben der Ausführungsplanung auf den Stand der Ausschreibungsergebnisse und der dann vorliegenden Ausführungsplanung des Objektplaners, Übergeben der fortgeschriebenen Ausführungsplanung an die ausführenden Unternehmen	2
		f) Prüfen und Anerkennen der Montage- und Werkstattpläne der ausführenden Unternehmen auf Übereinstimmung mit der Ausführungsplanung	4
Leistungsphase 6	**6**	**Leistungsphase 6**	**7**
a) Ermitteln von Mengen als Grundlage für das Aufstellen von Leistungsverzeichnissen in Abstimmung mit Beiträgen anderer an der Planung fachlich Beteiligter	2,0-3,5	a) Ermitteln von Mengen als Grundlage für das Aufstellen von Leistungsverzeichnissen in Abstimmung mit Beiträgen anderer an der Planung fachlich Beteiligter	1,5
b) Aufstellen von Leistungsbeschreibungen mit Leistungsverzeichnissen nach Leistungsbereichen	3,5-4,0	b) Aufstellen der Vergabeunterlagen, insbesondere mit Leistungsverzeichnissen nach Leistungsbereichen, einschließlich der Wartungsleistungen auf Grundlage bestehender Regelwerke	3
		c) Mitwirken beim Abstimmen der Schnittstellen zu den Leistungsbeschreibungen der anderen an der Planung fachlich Beteiligten	0,5
		d) Ermitteln der Kosten auf Grundlage der vom Planer bepreisten Leistungsverzeichnisse	1
		e) Kostenkontrolle durch Vergleich der vom Planer bepreisten Leistungsverzeichnisse mit der Kostenberechnung	0,5
		f) Zusammenstellen der Vergabeunterlagen	0,5

Leistungsphase 7	5	Leistungsphase 7	5
		a) Einholen von Angeboten	0,25
a) Prüfen und Werten der Angebote einschließlich Aufstellen eines Preisspiegels nach Teilleistungen	2,0-3,0	b) Prüfen und Werten der Angebote, Aufstellen der Preisspiegel nach Einzelpositionen, Prüfen und Werten der Angebote für zusätzliche oder geänderte Leistungen der ausführenden Unternehmen und der Angemessenheit der Preise	2,5
b) Mitwirken bei der Verhandlung mit Bietern und Erstellen eines Vergabevorschlages	1,0-1,5	c) Führen von Bietergesprächen	0,5
		d) Vergleichen der Ausschreibungsergebnisse mit den vom Planer bepreisten Leistungsverzeichnissen und der Kostenberechnung	1
		e) Erstellen der Vergabevorschläge, Mitwirken bei der Dokumentation der Vergabeverfahren	0,5
c) Mitwirken beim Kostenanschlag aus Einheits- oder Pauschalpreisen der Angebote, bei Anlagen in Gebäuden: nach DIN 276	0,5-1,0		
d) Mitwirken bei der Kostenkontrolle durch Vergleich des Kostenanschlags mit der Kostenberechnung	0,1-0,15		
e) Mitwirken bei der Auftragserteilung	0,15-1,0	f) Zusammenstellen der Vertragsunterlagen und bei der Auftragserteilung	0,25
Leistungsphase 8	**33**	**Leistungsphase 8**	**35**
a) Überwachen der Ausführung des Objektes auf Übereinstimmung mit der Baugenehmigung oder Zustimmung, den Ausführungsplänen, den Leistungsbeschreibungen oder Leistungsverzeichnissen sowie mit den allgemein anerkannten Regeln der Technik und den einschlägigen Vorschriften	13,0-17,0	a) Überwachen der Ausführung des Objekts auf Übereinstimmung mit der öffentlich-rechtlichen Genehmigung oder Zustimmung, den Verträgen mit den ausführenden Unternehmen, den Ausführungsunterlagen, den Montage- und Werkstattplänen, den einschlägigen Vorschriften und den allgemein anerkannten Regeln der Technik	15
		b) Mitwirken bei der Koordination der am Projekt Beteiligten	0,25
b) Mitwirken bei dem Aufstellen und Überwachen eines Zeitplanes (Balkendiagramm)	1,0-2,0	c) Aufstellen, Fortschreiben und Überwachen des Terminplans (Balkendiagramm)	1
c) Mitwirken bei dem Führen eines Bautagebuches	1,0-2,0	d) Dokumentation des Bauablaufs (Bautagebuch)	1,25
		e) Prüfen und Bewerten der Notwendigkeit geänderter oder zusätzlicher Leistungen der Unternehmer und der Angemessenheit der Preise	1,5
d) Mitwirken beim Aufmaß mit den ausführenden Unternehmen	1,0-2,0	f) Gemeinsames Aufmaß mit den ausführenden Unternehmen	1,5
f) Rechnungsprüfung	3,0-6,5	g) Rechnungsprüfung in rechnerischer und fachlicher Hinsicht mit Prüfen und Bescheinigen des Leistungsstandes anhand nachvollziehbarer Leistungsnachweise	5
l) Mitwirken bei der Kostenkontrolle durch Überprüfen der Leistungsabrechnung der bauausführenden Unternehmen im Vergleich zu den Vertragspreisen und dem Kostenanschlag	1,0-2,0	h) Kostenkontrolle durch Überprüfen der Leistungsabrechnungen der ausführenden Unternehmen im Vergleich zu den Vertragspreisen und dem Kostenanschlag	1,5
g) Mitwirken bei der Kostenfeststellung, bei Anlagen in Gebäuden: nach DIN 276	1,0-1,5	i) Kostenfeststellung	1
		j) Mitwirken bei Leistungs- u. Funktionsprüfungen	1
e) Fachtechnische Abnahme der Leistungen und Feststellen der Mängel	1,5-3,0	k) fachtechnische Abnahme der Leistungen auf Grundlage der vorgelegten Dokumentation, Erstellung eines Abnahmeprotokolls, Feststellen von Mängeln und Erteilen einer Abnahmeempfehlung	1,5
h) Antrag auf behördliche Abnahmen und Teilnahme daran	0,3-1,0	l) Antrag auf behördliche Abnahmen und Teilnahme daran	0,5
		m) Prüfung der übergebenen Revisionsunterlagen auf Vollzähligkeit, Vollständigkeit und stichprobenartige Prüfung auf Übereinstimmung mit dem Stand der Ausführung	1,5
j) Mitwirken beim Auflisten der Verjährungsfristen für Mängelansprüche	0,5-0,7	n) Auflisten der Verjährungsfristen der Ansprüche auf Mängelbeseitigung	0,5
k) Überwachen der Beseitigung der bei der Abnahme der Leistungen festgestellten Mängel	1,0-2,5	o) Überwachen der Beseitigung der bei der Abnahme festgestellten Mängel	1
i) Zusammenstellen und Übergeben der Revisionsunterlagen, Bedienungsanleitungen und Prüfprotokolle	0,5-1,0	p) Systematische Zusammenstellung der Dokumentation, der zeichnerischen Darstellungen und rechnerischen Ergebnisse des Objekts	1

Leistungsphase 9	3	Leistungsphase 9	1
b) Überwachen der Beseitigung von Mängeln, die innerhalb der Verjährungsfristen für Mängelan-sprüche, längstens jedoch bis zum Ablauf von vier Jahren seit Abnahme der Leistungen auftreten	1,0-2,8	a) Fachliche Bewertung der innerhalb der Verjährungsfristen für Gewährleistungsansprüche festgestellten Mängel, längstens jedoch bis zum Ablauf von fünf Jahren seit Abnahme der Leistung, einschließlich notwendiger Begehungen	0,5
a) Objektbegehung zur Mängelfeststellung vor Ablauf der Verjährungsfristen für Mängelansprüche gegenüber den ausführenden Unternehmen	0,8-1,0	b) Objektbegehung zur Mängelfeststellung vor Ablauf der Verjährungsfristen für Mängelansprüche gegenüber den ausführenden Unternehmen	0,25
c) Mitwirken bei der Freigabe von Sicherheitsleistungen	0,25-0,5	c) Mitwirken bei der Freigabe von Sicherheitsleistungen	0,25
d) Mitwirken bei der systematischen Zusammenstellung der zeichnerischen Darstellungen und rechnerischen Ergebnisse des Objekts	0,8-1,0		

Dipl. Ing. (FH) Heinz Simmendinger www.HOAI-Gutachter.de

2. Anrechenbarkeit der Kostengruppen nach DIN 276

Für die einzelnen Tätigkeitsschwerpunkte der Berufsgruppen der Ingenieure bzw. Architekten wurden Tabellen mit der unterschiedlichen Anrechenbarkeit der Kostengruppen nach DIN 276 entwickelt.

Dies sind für die Planungsleistungen für Ingenieurbauwerke
- Objektplanung Ingenieurbauwerke
- Fachplanung Tragwerksplanung für Ingenieurbauwerke
- Fachplanung Technische Ausrüstung

und für die Planungsleistungen für Gebäude
- Objektplanung Gebäude
- Objektplanung Innenräume
- Fachplanung Tragwerksplanung für Gebäude
- Fachplanung Technische Ausrüstung
  (identisch mit „Fachplanung Technische Ausrüstung" für Ingenieurbauwerke)

Hierbei wurden jeweils die Vorschriften zu den Besonderen Grundlagen des Honorars auf die Eingruppierungen der DIN 276 abgestimmt.

Bei der Tragwerksplanung für Gebäude wurde die Anwendung des § 50 Abs. 1 HOAI zugrunde gelegt. Sollte die Anwendung des § 50 Abs. 2 HOAI schriftlich bei Auftragserteilung vereinbart worden sein, kann auf die entsprechende Tabelle bei den Ingenieurbauwerken zurückgegriffen werden.

Im Zweifelsfalle ist bei der Einordnung der Kostengruppen ein Sachverständiger für Honorarfragen zu Rate zu ziehen.

Anrechenbarkeit der Kostengruppen: Objektplanung Ingenieurbauwerke

KG	Bezeichnung der Kostengruppe	voll anrechenbar	teilweise (>25% nur zur Hälfte)	bedingt (nur wenn geplant)	nicht anrechenbar	Grundlage in HOAI 2013
110	Grundstückswert				x	
120	Grundstücksnebenkosten				x	
130	Freimachen				x	
210	Herrichten			x		§33 Abs.3 HOAI
220	Öffentliche Erschließung			x		§33 Abs.3 HOAI
230	Nichtöffentliche Erschließung			x		§33 Abs.3 HOAI
240	Ausgleichsabgaben				x	
250	Übergangsmaßnahmen	x				
310	Baugrube	x				§42 Abs.1 HOAI
320	Gründung	x				§42 Abs.1 HOAI
330	Außenwände	x				§42 Abs.1 HOAI
340	Innenwände	x				§42 Abs.1 HOAI
350	Decken	x				§42 Abs.1 HOAI
360	Dächer	x				§42 Abs.1 HOAI
370	Baukonstruktive Einbauten	x				§42 Abs.1 HOAI
390	Sonstige Maßnahmen für Baukonstruktion	x				§42 Abs.1 HOAI
410	Abwasser-, Wasser-, Gasanlagen		x			§42 Abs.2 HOAI
420	Wärmeversorgungsanlagen		x			§42 Abs.2 HOAI
430	Lufttechnische Anlagen		x			§42 Abs.2 HOAI
440	Starkstromanlagen		x			§42 Abs.2 HOAI
450	Fernmelde- und informationstechnische Anlagen		x			§42 Abs.2 HOAI
460	Förderanlagen		x			§42 Abs.2 HOAI
470	Nutzungsspezifische Anlagen		x			§42 Abs.2 HOAI
	Maschinentechnik mit Zweckbestimmung			x		§42 Abs.1 HOAI
480	Automation von Ingenieurbauwerken		x			§42 Abs.2 HOAI
490	Sonstige Maßnahmen für technische Anlagen		x			§42 Abs.2 HOAI
510	Geländeflächen			x		§33 Abs.3 HOAI
520	Befestigte Flächen			x		§33 Abs.3 HOAI
530	Baukonstruktion in Außenanlagen			x		§33 Abs.3 HOAI
540	Technische Anlagen in Außenanlagen		x			§33 Abs.2 HOAI
550	Einbauten in Außenanlagen			x		§33 Abs.3 HOAI
560	Wasserflächen			x		§33 Abs.3 HOAI
570	Pflanz- und Saatflächen			x		§33 Abs.3 HOAI
590	Sonstige Außenanlagen			x		§33 Abs.3 HOAI
610	Ausstattung (Ausstattung von Straßen)			x		§33 Abs.3 HOAI
620	Kunstwerke (Nebenanlagen von Straßen)			x		§33 Abs.3 HOAI
710	Bauherrenaufgaben				x	
720	Vorbereitung der Objektplanung				x	
730	Architekten- und Ingenieurleistungen				x	
740	Gutachten und Beratung				x	
750	Künstlerische Leistungen				x	
760	Finanzierungskosten				x	
770	Allgemeine Baunebenkosten				x	
790	Sonstige Baunebenkosten				x	

Dipl. Ing. (FH) Heinz Simmendinger www.HOAI-Gutachter.de

Anrechenbarkeit der Kostengruppen: Tragwerksplanung Ingenieurbauwerke

KG	Bezeichnung der Kostengruppe	zu 90% anrechenbar	zu 15% anrechenbar	nicht anrechenbar	Grundlage in HOAI 2013
110	Grundstückswert			x	
120	Grundstücksnebenkosten			x	
130	Freimachen			x	
210	Herrichten			x	Außer wenn hierfür Mehrleistungen erbracht werden müssen, und eine Vereinbarung nach §50 Abs.5 getroffen wurde.
220	Öffentliche Erschließung			x	
230	Nichtöffentliche Erschließung			x	
240	Ausgleichsabgaben			x	
250	Übergangsmaßnahmen			x	
310	Baugrube	x			§50 Abs.3 HOAI
320	Gründung	x			§50 Abs.3 HOAI
330	Außenwände	x			§50 Abs.3 HOAI
340	Innenwände	x			§50 Abs.3 HOAI
350	Decken	x			§50 Abs.3 HOAI
360	Dächer	x			§50 Abs.3 HOAI
370	Baukonstruktive Einbauten	x			§50 Abs.3 HOAI
390	Sonstige Maßnahmen für Baukonstruktion	x			§50 Abs.3 HOAI
410	Abwasser-, Wasser-, Gasanlagen		x		§50 Abs.3 HOAI
420	Wärmeversorgungsanlagen		x		§50 Abs.3 HOAI
430	Lufttechnische Anlagen		x		§50 Abs.3 HOAI
440	Starkstromanlagen		x		§50 Abs.3 HOAI
450	Fernmelde- und informationstechnische Anlagen		x		§50 Abs.3 HOAI
460	Förderanlagen		x		§50 Abs.3 HOAI
470	Nutzungsspezifische Anlagen		x		§50 Abs.3 HOAI
480	Automation von Ingenieurbauwerken		x		§50 Abs.3 HOAI
490	Sonstige Maßnahmen für technische Anlagen		x		§50 Abs.3 HOAI
510	Geländeflächen			x	
520	Befestigte Flächen			x	
530	Baukonstruktion in Außenanlagen			x	
540	Technische Anlagen in Außenanlagen			x	Außer wenn hierfür Mehrleistungen erbracht werden müssen, und eine Vereinbarung nach §50 Abs.5 getroffen wurde.
550	Einbauten in Außenanlagen			x	
560	Wasserflächen			x	
570	Pflanz- und Saatflächen			x	
590	Sonstige Außenanlagen			x	
610	Ausstattung			x	
620	Kunstwerke			x	
710	Bauherrenaufgaben			x	
720	Vorbereitung der Objektplanung			x	
730	Architekten- und Ingenieurleistungen			x	
740	Gutachten und Beratung			x	
750	Künstlerische Leistungen			x	
760	Finanzierungskosten			x	
770	Allgemeine Baunebenkosten			x	
790	Sonstige Baunebenkosten			x	

Copyright Dipl. Ing. (FH) Heinz Simmendinger www.HOAI-Gutachter.de

Anrechenbarkeit der Kostengruppen: Technische Ausrüstung

KG	Bezeichnung der Kostengruppe	voll anrechenbar	bedingt (nur wenn geplant)	nicht anrechenbar	Grundlage in HOAI 2013
110	Grundstückswert			x	
120	Grundstücksnebenkosten			x	
130	Freimachen			x	
210	Herrichten			x	
220	Öffentliche Erschließung			x	
230	Nichtöffentliche Erschließung		x		§54 Abs.4 HOAI
240	Ausgleichsabgaben			x	
250	Übergangsmaßnahmen			x	
310	Baugrube			x	
320	Gründung			x	
330	Außenwände			x	Außer wenn Technische Anlagen in Baukonstruktion ausgeführt, und eine Vereinbarung nach §54 Abs.5 getroffen wurde.
340	Innenwände			x	
350	Decken			x	
360	Dächer			x	
370	Baukonstruktive Einbauten			x	
390	Sonstige Maßnahmen für Baukonstruktion			x	
410	Abwasser-, Wasser-, Gasanlagen	x			
420	Wärmeversorgungsanlagen	x			
430	Lufttechnische Anlagen	x			
440	Starkstromanlagen	x			
450	Fernmelde- und informationstechnische Anlagen	x			
460	Förderanlagen	x			
470	Nutzungsspezifische Anlagen	x			funktional nicht gleichartige Anlagen sind gem. §54 Abs.2 getrennt abzurechnen.
480	Automation von Ingenieurbauwerken	x			
490	Sonstige Maßnahmen für technische Anlagen	x			
510	Geländeflächen			x	
520	Befestigte Flächen			x	
530	Baukonstruktion in Außenanlagen			x	
540	Technische Anlagen in Außenanlagen		x		§54 Abs.4 HOAI
550	Einbauten in Außenanlagen			x	
560	Wasserflächen			x	
570	Pflanz- und Saatflächen			x	
590	Sonstige Außenanlagen			x	
610	Ausstattung			x	
620	Kunstwerke			x	
710	Bauherrenaufgaben			x	
720	Vorbereitung der Objektplanung			x	
730	Architekten- und Ingenieurleistungen			x	
740	Gutachten und Beratung			x	
750	Künstlerische Leistungen			x	
760	Finanzierungskosten			x	
770	Allgemeine Baunebenkosten			x	
790	Sonstige Baunebenkosten			x	

Copyright Dipl. Ing. (FH) Heinz Simmendinger   www.HOAI-Gutachter.de

KG	Bezeichnung der Kostengruppe	voll anrechenbar	teilweise (>25% nur zur Hälfte)	bedingt (nur wenn geplant)	nicht anrechenbar	Grundlage in HOAI 2013
110	Grundstückswert			x		
120	Grundstücksnebenkosten			x		
130	Freimachen			x		
210	Herrichten			x		§33 Abs.3 HOAI
220	Öffentliche Erschließung			x		
230	Nichtöffentliche Erschließung			x		§33 Abs.3 HOAI
240	Ausgleichsabgaben			x		
250	Übergangsmaßnahmen	x				
310	Baugrube	x				§33 Abs.1 HOAI
320	Gründung	x				§33 Abs.1 HOAI
330	Außenwände	x				§33 Abs.1 HOAI
340	Innenwände	x				§33 Abs.1 HOAI
350	Decken	x				§33 Abs.1 HOAI
360	Dächer	x				§33 Abs.1 HOAI
370	Baukonstruktive Einbauten	x				§33 Abs.1 HOAI
390	Sonstige Maßnahmen für Baukonstruktion	x				§33 Abs.1 HOAI
410	Abwasser-, Wasser-, Gasanlagen		x			§33 Abs.2 HOAI
420	Wärmeversorgungsanlagen		x			§33 Abs.2 HOAI
430	Lufttechnische Anlagen		x			§33 Abs.2 HOAI
440	Starkstromanlagen		x			§33 Abs.2 HOAI
450	Fernmelde- und informationstechnische Anlagen		x			§33 Abs.2 HOAI
460	Förderanlagen		x			§33 Abs.2 HOAI
470	Nutzungsspezifische Anlagen		x			§33 Abs.2 HOAI
480	Gebäudeautomation		x			§33 Abs.2 HOAI
490	Sonstige Maßnahmen für technische Anlagen		x			§33 Abs.2 HOAI
510	Geländeflächen			x		Gemäß §36 Abs.1 HOAI findet für Freianlagen bis 7.500,-- Euro der Objekttrennungsgrundsatz nach §11 Abs.1 HOAI keine Anwendung. In der Folge gehören diese Freianlagen zu den anrechenbaren Kosten des Gebäudes
520	Befestigte Flächen			x		
530	Baukonstruktion in Außenanlagen			x		
540	Technische Anlagen in Außenanlagen			x		
550	Einbauten in Außenanlagen			x		
560	Wasserflächen			x		
570	Pflanz- und Saatflächen			x		
590	Sonstige Außenanlagen			x		
610	Ausstattung		x			§33 Abs.3 HOAI
620	Kunstwerke		x			§33 Abs.3 HOAI
710	Bauherrenaufgaben				x	
720	Vorbereitung der Objektplanung				x	
730	Architekten- und Ingenieurleistungen				x	
740	Gutachten und Beratung				x	
750	Künstlerische Leistungen				x	
760	Finanzierungskosten				x	
770	Allgemeine Baunebenkosten				x	
790	Sonstige Baunebenkosten				x	

Dipl. Ing. (FH) Heinz Simmendinger   www.HOAI-Gutachter.de

Anrechenbarkeit der Kostengruppen: Objektplanung Innenräume

KG	Bezeichnung der Kostengruppe	voll anrechenbar	teilweise (>25% nur zur Hälfte)	bedingt (nur wenn geplant)	nicht anrechenbar	Grundlage in HOAI 2013
110	Grundstückswert				x	
120	Grundstücksnebenkosten				x	
130	Freimachen				x	
210	Herrichten			x		§33 Abs.3 HOAI
220	Öffentliche Erschließung				x	
230	Nichtöffentliche Erschließung			x		§33 Abs.3 HOAI
240	Ausgleichsabgaben				x	
250	Übergangsmaßnahmen	x				
310	Baugrube	x				§33 Abs.1 HOAI
320	Gründung	x				§33 Abs.1 HOAI
330	Außenwände	x				§33 Abs.1 HOAI
340	Innenwände	x				§33 Abs.1 HOAI
350	Decken	x				§33 Abs.1 HOAI
360	Dächer	x				§33 Abs.1 HOAI
370	Baukonstruktive Einbauten	x				§33 Abs.1 HOAI
390	Sonstige Maßnahmen für Baukonstruktion	x				§33 Abs.1 HOAI
410	Abwasser-, Wasser-, Gasanlagen		x			§33 Abs.2 HOAI
420	Wärmeversorgungsanlagen		x			§33 Abs.2 HOAI
430	Lufttechnische Anlagen		x			§33 Abs.2 HOAI
440	Starkstromanlagen		x			§33 Abs.2 HOAI
450	Fernmelde- und informationstechnische Anlagen		x			§33 Abs.2 HOAI
460	Förderanlagen		x			§33 Abs.2 HOAI
470	Nutzungsspezifische Anlagen		x			§33 Abs.2 HOAI
480	Gebäudeautomation		x			§33 Abs.2 HOAI
490	Sonstige Maßnahmen für technische Anlagen		x			§33 Abs.2 HOAI
510	Geländeflächen			x		Gemäß §36 Abs.1 HOAI findet für Freianlagen bis 7.500,-- Euro der Objekttrennungsgrundsatz nach §11 Abs.1 HOAI keine Anwendung. In der Folge gehören diese Freianlagen zu den anrechenbaren Kosten des Gebäudes
520	Befestigte Flächen			x		
530	Baukonstruktion in Außenanlagen			x		
540	Technische Anlagen in Außenanlagen			x		
550	Einbauten in Außenanlagen			x		
560	Wasserflächen			x		
570	Pflanz- und Saatflächen			x		
590	Sonstige Außenanlagen			x		
610	Ausstattung			x		§33 Abs.3 HOAI
620	Kunstwerke			x		§33 Abs.3 HOAI
710	Bauherrenaufgaben				x	
720	Vorbereitung der Objektplanung				x	
730	Architekten- und Ingenieurleistungen				x	
740	Gutachten und Beratung				x	
750	Künstlerische Leistungen				x	
760	Finanzierungskosten				x	
770	Allgemeine Baunebenkosten				x	
790	Sonstige Baunebenkosten				x	

Dipl. Ing. (FH) Heinz Simmendinger   www.HOAI-Gutachter.de

Anrechenbarkeit der Kostengruppen für die Tragwerksplanung von Gebäuden

KG	Bezeichnung der Kostengruppe	zu 55% anrechenbar	zu 10% anrechenbar	nicht anrechenbar	Grundlage in HOAI 2013
110	Grundstückswert			x	
120	Grundstücksnebenkosten			x	
130	Freimachen			x	
210	Herrichten			x	Außer wenn hierfür Mehrleistungen erbracht werden müssen, und eine Vereinbarung nach §50 Abs.5 getroffen wurde.
220	Öffentliche Erschließung			x	
230	Nichtöffentliche Erschließung			x	
240	Ausgleichsabgaben			x	
250	Übergangsmaßnahmen			x	
310	Baugrube	x			§50 Abs.1 HOAI
320	Gründung	x			§50 Abs.1 HOAI
330	Außenwände	x			§50 Abs.1 HOAI
340	Innenwände	x			§50 Abs.1 HOAI
350	Decken	x			§50 Abs.1 HOAI
360	Dächer	x			§50 Abs.1 HOAI
370	Baukonstruktive Einbauten	x			§50 Abs.1 HOAI
390	Sonstige Maßnahmen für Baukonstruktion	x			§50 Abs.1 HOAI
410	Abwasser-, Wasser-, Gasanlagen		x		§50 Abs.1 HOAI
420	Wärmeversorgungsanlagen		x		§50 Abs.1 HOAI
430	Lufttechnische Anlagen		x		§50 Abs.1 HOAI
440	Starkstromanlagen		x		§50 Abs.1 HOAI
450	Fernmelde- und informationstechnische Anlagen		x		§50 Abs.1 HOAI
460	Förderanlagen		x		§50 Abs.1 HOAI
470	Nutzungsspezifische Anlagen		x		§50 Abs.1 HOAI
480	Gebäudeautomation		x		§50 Abs.1 HOAI
490	Sonstige Maßnahmen für technische Anlagen		x		§50 Abs.1 HOAI
510	Geländeflächen			x	
520	Befestigte Flächen			x	
530	Baukonstruktion in Außenanlagen			x	Außer wenn hierfür Mehrleistungen erbracht werden müssen, und eine Vereinbarung nach §50 Abs.5 getroffen wurde.
540	Technische Anlagen in Außenanlagen			x	
550	Einbauten in Außenanlagen			x	
560	Wasserflächen			x	
570	Pflanz- und Saatflächen			x	
590	Sonstige Außenanlagen			x	
610	Ausstattung			x	
620	Kunstwerke			x	
710	Bauherrenaufgaben			x	
720	Vorbereitung der Objektplanung			x	
730	Architekten- und Ingenieurleistungen			x	
740	Gutachten und Beratung			x	
750	Künstlerische Leistungen			x	
760	Finanzierungskosten			x	
770	Allgemeine Baunebenkosten			x	
790	Sonstige Baunebenkosten			x	

Copyright Dipl. Ing. (FH) Heinz Simmendinger www.HOAI-Gutachter.de

Verordnung über die Honorare für Architekten- und Ingenieurleistungen (Honorarordnung für Architekten und Ingenieure – HOAI)
Vom 17. 07. 2013

Auf Grund der §§ 1 und 2 des Gesetzes zur Regelung von Ingenieur- und Architektenleistungen vom 4. November 1971 (BGBl. I S. 1745, 1749), die durch Artikel 1 des Gesetzes vom 12. November 1984 (BGBl. I S. 1337) geändert worden sind, verordnet die Bundesregierung:

Inhaltsübersicht

Teil 1
Allgemeine Vorschriften
- § 1 Anwendungsbereich
- § 2 Begriffsbestimmungen
- § 3 Leistungen und Leistungsbilder
- § 4 Anrechenbare Kosten
- § 5 Honorarzonen
- § 6 Grundlagen des Honorars
- § 7 Honorarvereinbarung
- § 8 Berechnung des Honorars in besonderen Fällen
- § 9 Berechnung des Honorars bei Beauftragung von Einzelleistungen
- § 10 Berechnung des Honorars bei vertraglichen Änderungen des Leistungsumfangs
- § 11 Auftrag für mehrere Objekte
- § 12 Instandsetzungen und Instandhaltungen
- § 13 Interpolation
- § 14 Nebenkosten
- § 15 Zahlungen
- § 16 Umsatzsteuer

Teil 2
Flächenplanung
Abschnitt 1
Bauleitplanung
- § 17 Anwendungsbereich
- § 18 Leistungsbild Flächennutzungsplan
- § 19 Leistungsbild Bebauungsplan
- § 20 Honorare für Grundleistungen bei Flächennutzungsplänen
- § 21 Honorare für Grundleistungen bei Bebauungsplänen

Abschnitt 2
Landschaftsplanung
- § 22 Anwendungsbereich
- § 23 Leistungsbild Landschaftsplan
- § 24 Leistungsbild Grünordnungsplan
- § 25 Leistungsbild Landschaftsrahmenplan
- § 26 Leistungsbild Landschaftspflegerischer Begleitplan
- § 27 Leistungsbild Pflege- und Entwicklungsplan
- § 28 Honorare für Grundleistungen bei Landschaftsplänen
- § 29 Honorare für Grundleistungen bei Grünordnungsplänen
- § 30 Honorare für Grundleistungen bei Landschaftsrahmenplänen
- § 31 Honorare für Grundleistungen bei Landschaftspflegerischen Begleitplänen
- § 32 Honorare für Grundleistungen bei Pflege- und Entwicklungsplänen

Teil 3
Objektplanung
Abschnitt 1
Gebäude und Innenräume
- § 33 Besondere Grundlagen des Honorars
- § 34 Leistungsbild Gebäude und Innenräume
- § 35 Honorare für Grundleistungen bei Gebäuden und Innenräumen
- § 36 Umbauten und Modernisierungen von Gebäuden und Innenräumen
- § 37 Aufträge für Gebäude und Freianlagen oder für Gebäude und Innenräume

Abschnitt 2
Freianlagen
- § 38 Besondere Grundlagen des Honorars
- § 39 Leistungsbild Freianlagen
- § 40 Honorare für Grundleistungen bei Freianlagen

Abschnitt 3
Ingenieurbauwerke
- § 41 Anwendungsbereich
- § 42 Besondere Grundlagen des Honorars
- § 43 Leistungsbild Ingenieurbauwerke
- § 44 Honorare für Grundleistungen bei Ingenieurbauwerken

Abschnitt 4
Verkehrsanlagen
- § 45 Anwendungsbereich
- § 46 Besondere Grundlagen des Honorars
- § 47 Leistungsbild Verkehrsanlagen
- § 48 Honorare für Grundleistungen bei Verkehrsanlagen

Teil 4
Fachplanung
Abschnitt 1
Tragwerksplanung
- § 49 Anwendungsbereich
- § 50 Besondere Grundlagen des Honorars
- § 51 Leistungsbild Tragwerksplanung
- § 52 Honorare für Grundleistungen bei Tragwerksplanungen

Abschnitt 2
Technische Ausrüstung
- § 53 Anwendungsbereich
- § 54 Besondere Grundlagen des Honorars
- § 55 Leistungsbild Technische Ausrüstung
- § 56 Honorare für Grundleistungen der Technischen Ausrüstung

Teil 5
Übergangs- und Schlussvorschriften
- § 57 Übergangsvorschrift
- § 58 Inkrafttreten, Außerkrafttreten

Anlage 1   Beratungsleistungen
Anlage 2   Grundleistungen im Leistungsbild Flächennutzungsplan

Anlage 3 Grundleistungen im Leistungsbild Bebauungsplan
Anlage 4 Grundleistungen im Leistungsbild Landschaftsplan
Anlage 5 Grundleistungen im Leistungsbild Grünordnungsplan
Anlage 6 Grundleistungen im Leistungsbild Landschaftsrahmenplan
Anlage 7 Grundleistungen im Leistungsbild Landschaftspflegerischer Begleitplan
Anlage 8 Grundleistungen im Leistungsbild Pflege- und Entwicklungsplan
Anlage 9 Besondere Leistungen zur Flächenplanung
Anlage 10 Grundleistungen im Leistungsbild Gebäude und Innenräume, Besondere Leistungen, Objektlisten
Anlage 11 Grundleistungen im Leistungsbild Freianlagen, Besondere Leistungen, Objektliste
Anlage 12 Grundleistungen im Leistungsbild Ingenieurbauwerke, Besondere Leistungen, Objektliste
Anlage 13 Grundleistungen im Leistungsbild Verkehrsanlagen, Besondere Leistungen, Objektliste
Anlage 14 Grundleistungen im Leistungsbild Tragwerksplanung, Besondere Leistungen, Objektliste
Anlage 15 Grundleistungen im Leistungsbild Technische Ausrüstung, Besondere Leistungen, Objektliste

Teil 1
Allgemeine Vorschriften

§ 1
Anwendungsbereich

Diese Verordnung regelt die Berechnung der Entgelte für die Grundleistungen der Architekten und Architektinnen und der Ingenieure und Ingenieurinnen (Auftragnehmer oder Auftragnehmerinnen) mit Sitz im Inland, soweit die Grundleistungen durch diese Verordnung erfasst und vom Inland aus erbracht werden.

§ 2
Begriffsbestimmungen

(1) Objekte sind Gebäude, Innenräume, Freianlagen, Ingenieurbauwerke, Verkehrsanlagen. Objekte sind auch Tragwerke und Anlagen der Technischen Ausrüstung.

(2) Neubauten und Neuanlagen sind Objekte, die neu errichtet oder neu hergestellt werden.

(3) Wiederaufbauten sind Objekte, bei denen die zerstörten Teile auf noch vorhandenen Bau- oder Anlagenteilen wiederhergestellt werden. Wiederaufbauten gelten als Neubauten, sofern eine neue Planung erforderlich ist.

(4) Erweiterungsbauten sind Ergänzungen eines vorhandenen Objekts.

(5) Umbauten sind Umgestaltungen eines vorhandenen Objekts mit wesentlichen Eingriffen in Konstruktion oder Bestand.

(6) Modernisierungen sind bauliche Maßnahmen zur nachhaltigen Erhöhung des Gebrauchswertes eines Objekts, soweit diese Maßnahmen nicht unter Absatz 4, 5 oder 8 fallen.

(7) Mitzuverarbeitende Bausubstanz ist der Teil des zu planenden Objekts, der bereits durch Bauleistungen hergestellt ist und durch Planungs- oder Überwachungsleistungen technisch oder gestalterisch mitverarbeitet wird.

(8) Instandsetzungen sind Maßnahmen zur Wiederherstellung des zum bestimmungsgemäßen Gebrauch geeigneten Zustandes (Soll-Zustandes) eines Objekts, soweit diese Maßnahmen nicht unter Absatz 3 fallen.

(9) Instandhaltungen sind Maßnahmen zur Erhaltung des Soll-Zustandes eines Objekts.

(10) Kostenschätzung ist die überschlägige Ermittlung der Kosten auf der Grundlage der Vorplanung. Die Kostenschätzung ist die vorläufige Grundlage für Finanzierungsüberlegungen. Der Kostenschätzung liegen zugrunde:
1. Vorplanungsergebnisse,
2. Mengenschätzungen,
3. erläuternde Angaben zu den planerischen Zusammenhängen, Vorgängen sowie Bedingungen und
4. Angaben zum Baugrundstück und zu dessen Erschließung.
   Wird die Kostenschätzung nach § 4 Absatz 1 Satz 3 auf der Grundlage der DIN 276 in der Fassung vom Dezember 2008 (DIN 276-1: 2008-12) erstellt, müssen die Gesamtkosten nach Kostengruppen mindestens bis zur ersten Ebene der Kostengliederung ermittelt werden.

(11) Kostenberechnung ist die Ermittlung der Kosten auf der Grundlage der Entwurfsplanung. Der Kostenberechnung liegen zugrunde:
1. durchgearbeitete Entwurfszeichnungen oder Detailzeichnungen wiederkehrender Raumgruppen,
2. Mengenberechnungen und

3. für die Berechnung und Beurteilung der Kosten relevante Erläuterungen.

Wird die Kostenberechnung nach § 4 Absatz 1 Satz 3 auf der Grundlage der DIN 276 erstellt, müssen die Gesamtkosten nach Kostengruppen mindestens bis zur zweiten Ebene der Kostengliederung ermittelt werden.

§ 3
Leistungen und Leistungsbilder

(1) Die Honorare für Grundleistungen der Flächen-, Objekt- und Fachplanung sind in den Teilen 2 bis 4 dieser Verordnung verbindlich geregelt. Die Honorare für Beratungsleistungen der Anlage 1 sind nicht verbindlich geregelt.

(2) Grundleistungen, die zur ordnungsgemäßen Erfüllung eines Auftrags im Allgemeinen erforderlich sind, sind in Leistungsbildern erfasst. Die Leistungsbilder gliedern sich in Leistungsphasen gemäß den Regelungen in den Teilen 2 bis 4.

(3) Die Aufzählung der Besonderen Leistungen in dieser Verordnung und in den Leistungsbildern ihrer Anlagen ist nicht abschließend. Die Besonderen Leistungen können auch für Leistungsbilder und Leistungsphasen, denen sie nicht zugeordnet sind, vereinbart werden, soweit sie dort keine Grundleistungen darstellen. Die Honorare für Besondere Leistungen können frei vereinbart werden.

(4) Die Wirtschaftlichkeit der Leistung ist stets zu beachten.

§ 4
Anrechenbare Kosten

(1) Anrechenbare Kosten sind Teil der Kosten für die Herstellung, den Umbau, die Modernisierung, Instandhaltung oder Instandsetzung von Objekten sowie für die damit zusammenhängenden Aufwendungen. Sie sind nach allgemein anerkannten Regeln der Technik oder nach Verwaltungsvorschriften (Kostenvorschriften) auf der Grundlage ortsüblicher Preise zu ermitteln. Wird in dieser Verordnung im Zusammenhang mit der Kostenermittlung die DIN 276 in Bezug genommen, so ist die Fassung vom Dezember 2008 (DIN 276-1:2008-12) bei der Ermittlung der anrechenbaren Kosten zugrunde zu legen. Umsatzsteuer, die auf die Kosten von Objekten entfällt, ist nicht Bestandteil der anrechenbaren Kosten.

(2) Die anrechenbaren Kosten richten sich nach den ortsüblichen Preisen, wenn der Auftraggeber

1. selbst Lieferungen oder Leistungen übernimmt,
2. von bauausführenden Unternehmen oder von Lieferanten sonst nicht übliche Vergünstigungen erhält,
3. Lieferungen oder Leistungen in Gegenrechnung ausführt oder
4. vorhandene oder vorbeschaffte Baustoffe oder Bauteile einbauen lässt.

(3) Der Umfang der mitzuverarbeitenden Bausubstanz im Sinne des § 2 Absatz 7 ist bei den anrechenbaren Kosten angemessen zu berücksichtigen. Umfang und Wert der mitzuverarbeitenden Bausubstanz sind zum Zeitpunkt der Kostenberechnung oder, sofern keine Kostenberechnung vorliegt, zum Zeitpunkt der Kostenschätzung objektbezogen zu ermitteln und schriftlich zu vereinbaren.

§ 5
Honorarzonen

(1) Die Objekt- und Tragwerksplanung wird den folgenden Honorarzonen zugeordnet:
1. Honorarzone I: sehr geringe Planungsanforderungen,
2. Honorarzone II: geringe Planungsanforderungen,

3. Honorarzone III: durchschnittliche Planungsanforderungen,
4. Honorarzone IV: hohe Planungsanforderungen,
5. Honorarzone V: sehr hohe Planungsanforderungen.

(2) Flächenplanungen und die Planung der Technischen Ausrüstung werden den folgenden Honorarzonen zugeordnet:
1. Honorarzone I: geringe Planungsanforderungen,
2. Honorarzone II: durchschnittliche Planungsanforderungen,
3. Honorarzone III: hohe Planungsanforderungen.

(3) Die Honorarzonen sind anhand der Bewertungsmerkmale in den Honorarregelungen der jeweiligen Leistungsbilder der Teile 2 bis 4 zu ermitteln. Die Zurechnung zu den einzelnen Honorarzonen ist nach Maßgabe der Bewertungsmerkmale und gegebenenfalls der Bewertungspunkte sowie unter Berücksichtigung der Regelbeispiele in den Objektlisten der Anlagen dieser Verordnung vorzunehmen.

§ 6
Grundlagen des Honorars

(1) Das Honorar für Grundleistungen nach dieser Verordnung richtet sich
1. für die Leistungsbilder des Teils 2 nach der Größe der Fläche und für die Leistungsbilder der Teile 3 und 4 nach den anrechenbaren Kosten des Objekts auf der Grundlage der Kostenberechnung oder, sofern keine Kostenberechnung vorliegt, auf der Grundlage der Kostenschätzung,
2. nach dem Leistungsbild,
3. nach der Honorarzone,
4. nach der dazugehörigen Honorartafel.

(2) Honorare für Leistungen bei Umbauten und Modernisierungen gemäß § 2 Absatz 5 und Absatz 6 sind zu ermitteln nach
1. den anrechenbaren Kosten,
2. der Honorarzone, welcher der Umbau oder die Modernisierung in sinngemäßer Anwendung der Bewertungsmerkmale zuzuordnen ist,
3. den Leistungsphasen,
4. der Honorartafel und
5. dem Umbau- oder Modernisierungszuschlag auf das Honorar.

Der Umbau- oder Modernisierungszuschlag ist unter Berücksichtigung des Schwierigkeitsgrads der Leistungen schriftlich zu vereinbaren. Die Höhe des Zuschlags auf das Honorar ist in den jeweiligen Honorarregelungen der Leistungsbilder der Teile 3 und 4 geregelt. Sofern keine schriftliche Vereinbarung getroffen wurde, wird unwiderleglich vermutet, dass ein Zuschlag von 20 Prozent ab einem durchschnittlichen Schwierigkeitsgrad vereinbart ist.

(3) Wenn zum Zeitpunkt der Beauftragung noch keine Planungen als Voraussetzung für eine Kostenschätzung oder Kostenberechnung vorliegen, können die Vertragsparteien abweichend von Absatz 1 schriftlich vereinbaren, dass das Honorar auf der Grundlage der anrechenbaren Kosten einer Baukostenvereinbarung nach den Vorschriften dieser Verordnung berechnet wird. Dabei werden nachprüfbare Baukosten einvernehmlich festgelegt.

§ 7
Honorarvereinbarung

(1) Das Honorar richtet sich nach der schriftlichen Vereinbarung, die die Vertragsparteien bei Auftragserteilung im Rahmen der durch diese Verordnung festgesetzten Mindest- und Höchstsätze treffen.

(2) Liegen die ermittelten anrechenbaren Kosten oder Flächen außerhalb der in den Honorartafeln dieser Verordnung festgelegten Honorarsätze, sind die Honorare frei vereinbar.

(3) Die in dieser Verordnung festgesetzten Mindestsätze können durch schriftliche Vereinbarung in Ausnahmefällen unterschritten werden.

(4) Die in dieser Verordnung festgesetzten Höchstsätze dürfen nur bei außergewöhnlichen oder ungewöhnlich lange dauernden Grundleistungen durch schriftliche Vereinbarung überschritten werden. Dabei bleiben Umstände, soweit sie bereits für die Einordnung in die Honorarzonen oder für die Einordnung in den Rahmen der Mindest- und Höchstsätze mitbestimmend gewesen sind, außer Betracht.

(5) Sofern nicht bei Auftragserteilung etwas anderes schriftlich vereinbart worden ist, wird unwiderleglich vermutet, dass die jeweiligen Mindestsätze gemäß Absatz 1 vereinbart sind.

(6) Für Planungsleistungen, die technisch-wirtschaftliche oder umweltverträgliche Lösungsmöglichkeiten nutzen und zu einer wesentlichen Kostensenkung ohne Verminderung des vertraglich festgelegten Standards führen, kann ein Erfolgshonorar schriftlich vereinbart werden. Das Erfolgshonorar kann bis zu 20 Prozent des vereinbarten Honorars betragen. Für den Fall, dass schriftlich festgelegte anrechenbare Kosten überschritten werden, kann ein Malus-Honorar in Höhe von bis zu 5 Prozent des Honorars schriftlich vereinbart werden.

§ 8
Berechnung des Honorars in besonderen Fällen

(1) Werden dem Auftragnehmer nicht alle Leistungsphasen eines Leistungsbildes übertragen, so dürfen nur die für die übertragenen Phasen vorgesehenen Prozentsätze berechnet und vereinbart werden. Die Vereinbarung hat schriftlich zu erfolgen.

(2) Werden dem Auftragnehmer nicht alle Grundleistungen einer Leistungsphase übertragen, so darf für die übertragenen Grundleistungen nur ein Honorar berechnet und vereinbart werden, das dem Anteil der übertragenen Grundleistungen an der gesamten Leistungsphase entspricht. Die Vereinbarung hat schriftlich zu erfolgen. Entsprechend ist zu verfahren, wenn dem Auftragnehmer wesentliche Teile von Grundleistungen nicht übertragen werden.

(3) Die gesonderte Vergütung eines zusätzlichen Koordinierungs- oder Einarbeitungsaufwands ist schriftlich zu vereinbaren.

§ 9
Berechnung des Honorars bei Beauftragung von Einzelleistungen

(1) Wird die Vorplanung oder Entwurfsplanung bei Gebäuden und Innenräumen, Freianlagen, Ingenieurbauwerken, Verkehrsanlagen, der Tragwerksplanung und der Technischen Ausrüstung als Einzelleistung in Auftrag gegeben, können für die Leistungsbewertung der jeweiligen Leistungsphase
1. für die Vorplanung höchstens der Prozentsatz der Vorplanung und der Prozentsatz der Grundlagenermittlung herangezogen werden und
2. für die Entwurfsplanung höchstens der Prozentsatz der Entwurfsplanung und der Prozentsatz der Vorplanung herangezogen werden.

Die Vereinbarung hat schriftlich zu erfolgen.

(2) Zur Bauleitplanung ist Absatz 1 Satz 1 Nummer 2 für den Entwurf der öffentlichen Auslegung entsprechend anzuwenden. Bei der Landschaftsplanung ist Absatz 1 Satz 1 Nummer 1 für die vor-

läufige Fassung sowie Absatz 1 Satz 1 Nummer 2 für die abgestimmte Fassung entsprechend anzuwenden. Die Vereinbarung hat schriftlich zu erfolgen.

(3) Wird die Objektüberwachung bei der Technischen Ausrüstung oder bei Gebäuden als Einzelleistung in Auftrag gegeben, können für die Leistungsbewertung der Objektüberwachung höchstens der Prozentsatz der Objektüberwachung und die Prozentsätze der Grundlagenermittlung und Vorplanung herangezogen werden. Die Vereinbarung hat schriftlich zu erfolgen.

§ 10
Berechnung des Honorars bei vertraglichen Änderungen des Leistungsumfangs

(1) Einigen sich Auftraggeber und Auftragnehmer während der Laufzeit des Vertrages darauf, dass der Umfang der beauftragten Leistung geändert wird, und ändern sich dadurch die anrechenbaren Kosten oder Flächen, so ist die Honorarberechnungsgrundlage für die Grundleistungen, die infolge des veränderten Leistungsumfangs zu erbringen sind, durch schriftliche Vereinbarung anzupassen.

(2) Einigen sich Auftraggeber und Auftragnehmer über die Wiederholung von Grundleistungen, ohne dass sich dadurch die anrechenbaren Kosten oder Flächen ändern, ist das Honorar für diese Grundleistungen entsprechend ihrem Anteil an der jeweiligen Leistungsphase schriftlich zu vereinbaren.

§ 11
Auftrag für mehrere Objekte

(1) Umfasst ein Auftrag mehrere Objekte, so sind die Honorare vorbehaltlich der folgenden Absätze für jedes Objekt getrennt zu berechnen.

(2) Umfasst ein Auftrag mehrere vergleichbare Gebäude, Ingenieurbauwerke, Verkehrsanlagen oder Tragwerke mit weitgehend gleichartigen Planungsbedingungen, die derselben Honorarzone zuzuordnen sind und die im zeitlichen und örtlichen Zusammenhang als Teil einer Gesamtmaßnahme geplant und errichtet werden sollen, ist das Honorar nach der Summe der anrechenbaren Kosten zu berechnen.

(3) Umfasst ein Auftrag mehrere im Wesentlichen gleiche Gebäude, Ingenieurbauwerke, Verkehrsanlagen oder Tragwerke, die im zeitlichen oder örtlichen Zusammenhang unter gleichen baulichen Verhältnissen geplant und errichtet werden sollen, oder mehrere Objekte nach Typenplanung oder Serienbauten, so sind die Prozentsätze der Leistungsphasen 1 bis 6 für die erste bis vierte Wiederholung um 50 Prozent, für die fünfte bis siebte Wiederholung um 60 Prozent und ab der achten Wiederholung um 90 Prozent zu mindern.

(4) Umfasst ein Auftrag Grundleistungen, die bereits Gegenstand eines anderen Auftrages über ein gleiches Gebäude, Ingenieurbauwerk oder Tragwerk zwischen den Vertragsparteien waren, so ist Absatz 3 für die Prozentsätze der beauftragten Leistungsphasen in Bezug auf den neuen Auftrag auch dann anzuwenden, wenn die Grundleistungen nicht im zeitlichen oder örtlichen Zusammenhang erbracht werden sollen.

§ 12
Instandsetzungen und Instandhaltungen

(1) Honorare für Grundleistungen bei Instandsetzungen und Instandhaltungen von Objekten sind nach den anrechenbaren Kosten, der Honorarzone, den Leistungsphasen und der Honorartafel, der die Instandhaltungs- und Instandsetzungsmaßnahme zuzuordnen ist, zu ermitteln.

(2) Für Grundleistungen bei Instandsetzungen und Instandhaltungen von Objekten kann schriftlich vereinbart werden, dass der Prozentsatz für die Objektüberwachung oder Bauoberleitung um bis zu 50 Prozent der Bewertung dieser Leistungsphase erhöht wird.

§ 13
Interpolation

Die Mindest- und Höchstsätze für Zwischenstufen der in den Honorartafeln angegebenen anrechenbaren Kosten und Flächen sind durch lineare Interpolation zu ermitteln.

§ 14
Nebenkosten

(1) Der Auftragnehmer kann neben den Honoraren dieser Verordnung auch die für die Ausführung des Auftrags erforderlichen Nebenkosten in Rechnung stellen; ausgenommen sind die abziehbaren Vorsteuern gemäß § 15 Absatz 1 des Umsatzsteuergesetzes in der Fassung der Bekanntmachung vom 21. Februar 2005 (BGBl. I S. 386), das zuletzt durch Artikel 2 des Gesetzes vom 8. Mai 2012 (BGBl. I S. 1030) geändert worden ist. Die Vertragsparteien können bei Auftragserteilung schriftlich vereinbaren, dass abweichend von Satz 1 eine Erstattung ganz oder teilweise ausgeschlossen ist.

(2) Zu den Nebenkosten gehören insbesondere:
1. Versandkosten, Kosten für Datenübertragungen,
2. Kosten für Vervielfältigungen von Zeichnungen und schriftlichen Unterlagen sowie für die Anfertigung von Filmen und Fotos,
3. Kosten für ein Baustellenbüro einschließlich der Einrichtung, Beleuchtung und Beheizung,
4. Fahrtkosten für Reisen, die über einen Umkreis von 15 Kilometern um den Geschäftssitz des Auftragnehmers hinausgehen, in Höhe der steuerlich zulässigen Pauschalsätze, sofern nicht höhere Aufwendungen nachgewiesen werden,
5. Trennungsentschädigungen und Kosten für Familienheimfahrten in Höhe der steuerlich zulässigen Pauschalsätze, sofern nicht höhere Aufwendungen an Mitarbeiter oder Mitarbeiterinnen des Auftragnehmers auf Grund von tariflichen Vereinbarungen bezahlt werden,
6. Entschädigungen für den sonstigen Aufwand bei längeren Reisen nach Nummer 4, sofern die Entschädigungen vor der Geschäftsreise schriftlich vereinbart worden sind,
7. Entgelte für nicht dem Auftragnehmer obliegende Leistungen, die von ihm im Einvernehmen mit dem Auftraggeber Dritten übertragen worden sind.

(3) Nebenkosten können pauschal oder nach Einzelnachweis abgerechnet werden. Sie sind nach Einzelnachweis abzurechnen, sofern bei Auftragserteilung keine pauschale Abrechnung schriftlich vereinbart worden ist.

§ 15
Zahlungen

(1) Das Honorar wird fällig, wenn die Leistung abgenommen und eine prüffähige Honorarschlussrechnung überreicht worden ist, es sei denn, es wurde etwas anderes schriftlich vereinbart.

(2) Abschlagszahlungen können zu den schriftlich vereinbarten Zeitpunkten oder in angemessenen zeitlichen Abständen für nachgewiesene Grundleistungen gefordert werden.

(3) Die Nebenkosten sind auf Einzelnachweis oder bei pauschaler Abrechnung mit der Honorarrechnung fällig.

(4) Andere Zahlungsweisen können schriftlich vereinbart werden.

§ 16
Umsatzsteuer

(1) Der Auftragnehmer hat Anspruch auf Ersatz der gesetzlich geschuldeten Umsatzsteuer für nach dieser Verordnung abrechenbare Leistungen, sofern nicht die Kleinunternehmerregelung nach § 19 des Umsatzsteuergesetzes angewendet wird. Satz 1 ist auch hinsichtlich der um die nach § 15 des Umsatzsteuergesetzes abziehbaren Vorsteuer gekürzten Nebenkosten anzuwenden, die nach § 14 dieser Verordnung weiterberechenbar sind.

(2) Auslagen gehören nicht zum Entgelt für die Leistung des Auftragnehmers. Sie sind als durchlaufende Posten im umsatzsteuerrechtlichen Sinn einschließlich einer gegebenenfalls enthaltenen Umsatzsteuer weiter zu berechnen.

Teil 2
Flächenplanung

Abschnitt 1
Bauleitplanung

§ 17
Anwendungsbereich

(1) Leistungen der Bauleitplanung umfassen die Vorbereitung der Aufstellung von Flächennutzungs- und Bebauungsplänen im Sinne des § 1 Absatz 2 des Baugesetzbuches in der Fassung der Bekanntmachung vom 23. September 2004 (BGBl. I S. 2414), das zuletzt durch Artikel 1 des Gesetzes vom 22. Juli 2011 (BGBl. I S. 1509) geändert worden ist, die erforderlichen Ausarbeitungen und Planfassungen sowie die Mitwirkung beim Verfahren.

(2) Honorare für Leistungen beim Städtebaulichen Entwurf können als Besondere Leistungen frei vereinbart werden.

§ 18
Leistungsbild Flächennutzungsplan

(1) Die Grundleistungen bei Flächennutzungsplänen sind in drei Leistungsphasen unterteilt und werden wie folgt in Prozentsätzen der Honorare des § 20 bewertet:
1. für die Leistungsphase 1 (Vorentwurf für die frühzeitigen Beteiligungen)

Vorentwurf für die frühzeitigen Beteiligungen nach den Bestimmungen des Baugesetzbuches mit 60 Prozent,

2. für die Leistungsphase 2 (Entwurf zur öffentlichen Auslegung)

Entwurf für die öffentliche Auslegung nach den Bestimmungen des Baugesetzbuches mit 30 Prozent,

3. für die Leistungsphase 3 (Plan zur Beschlussfassung)

Plan für den Beschluss durch die Gemeinde mit 10 Prozent.

Der Vorentwurf, Entwurf oder Plan ist jeweils in der vorgeschriebenen Fassung mit Begründung anzufertigen.

(2) Anlage 2 regelt, welche Grundleistungen jede Leistungsphase umfasst. Anlage 9 enthält Beispiele für Besondere Leistungen.

§ 19
Leistungsbild Bebauungsplan

(1) Die Grundleistungen bei Bebauungsplänen sind in drei Leistungsphasen unterteilt und werden wie folgt in Prozentsätzen der Honorare des § 21 bewertet:

1. für die Leistungsphase 1 (Vorentwurf für die frühzeitigen Beteiligungen)

Vorentwurf für die frühzeitigen Beteiligungen nach den Bestimmungen des Baugesetzbuches mit 60 Prozent,

2. für die Leistungsphase 2 (Entwurf zur öffentlichen Auslegung)

Entwurf für die öffentliche Auslegung nach den Bestimmungen des Baugesetzbuches mit 30 Prozent,

3. für die Leistungsphase 3 (Plan zur Beschlussfassung)

Plan für den Beschluss durch die Gemeinde mit 10 Prozent.

Der Vorentwurf, Entwurf oder Plan ist jeweils in der vorgeschriebenen Fassung mit Begründung anzufertigen.

(2) Anlage 3 regelt, welche Grundleistungen jede Leistungsphase umfasst. Anlage 9 enthält Beispiele für Besondere Leistungen.

§ 20
Honorare für Grundleistungen bei Flächennutzungsplänen

(1) Die Mindest- und Höchstsätze der Honorare für die in § 18 und Anlage 2 aufgeführten Grundleistungen bei Flächennutzungsplänen sind in der folgenden Honorartafel festgesetzt:

Fläche in Hektar	Honorarzone I geringe Anforderungen		Honorarzone II durchschnittliche Anforderungen		Honorarzone III hohe Anforderungen	
	von	bis	von	bis	von	bis
	Euro		Euro		Euro	
1.000	70.439	85.269	85.269	100.098	100.098	114.927
1.250	78.957	95.579	95.579	112.202	112.202	128.824
1.500	86.492	104.700	104.700	122.909	122.909	141.118
1.750	93.260	112.894	112.894	132.527	132.527	152.161
2.000	99.407	120.334	120.334	141.262	141.262	162.190
2.500	111.311	134.745	134.745	158.178	158.178	181.612
3.000	121.868	147.525	147.525	173.181	173.181	198.838
3.500	131.387	159.047	159.047	186.707	186.707	214.367
4.000	140.069	169.557	169.557	199.045	199.045	228.533
5.000	155.461	188.190	188.190	220.918	220.918	253.647
6.000	168.813	204.352	204.352	239.892	239.892	275.431
7.000	180.589	218.607	218.607	256.626	256.626	294.645
8.000	191.097	231.328	231.328	271.559	271.559	311.790
9.000	200.556	242.779	242.779	285.001	285.001	327.224
10.000	209.126	253.153	253.153	297.179	297.179	341.206
11.000	216.893	262.555	262.555	308.217	308.217	353.878
12.000	223.912	271.052	271.052	318.191	318.191	365.331
13.000	230.331	278.822	278.822	327.313	375.804	327.313
14.000	236.214	285.944	285.944	335.673	335.673	385.402
15.000	241.614	292.480	292.480	343.346	343.346	394.213

(2) Das Honorar für die Aufstellung von Flächennutzungsplänen ist nach der Fläche des Plangebiets in Hektar und nach der Honorarzone zu berechnen.

(3) Welchen Honorarzonen die Grundleistungen zugeordnet werden, richtet sich nach folgenden Bewertungsmerkmalen:
1. zentralörtliche Bedeutung und Gemeindestruktur,
2. Nutzungsvielfalt und Nutzungsdichte,
3. Einwohnerstruktur, Einwohnerentwicklung und Gemeinbedarfsstandorte,
4. Verkehr und Infrastruktur,
5. Topografie, Geologie und Kulturlandschaft,
6. Klima-, Natur- und Umweltschutz.

(4) Sind auf einen Flächennutzungsplan Bewertungsmerkmale aus mehreren Honorarzonen anwendbar und bestehen deswegen Zweifel, welcher Honorarzone der Flächennutzungsplan zugeordnet werden kann, so ist zunächst die Anzahl der Bewertungspunkte zu ermitteln. Zur Ermittlung der Bewertungspunkte werden die Bewertungsmerkmale wie folgt gewichtet:
1. geringe Anforderungen: 1 Punkt,
2. durchschnittliche Anforderungen: 2 Punkte,
3. hohe Anforderungen: 3 Punkte.

(5) Der Flächennutzungsplan ist anhand der nach Absatz 4 ermittelten Bewertungspunkte einer der Honorarzonen zuzuordnen:
1. Honorarzone I: bis zu 9 Punkte,
2. Honorarzone II: 10 bis 14 Punkte,
3. Honorarzone III: 15 bis 18 Punkte.

(6) Werden Teilflächen bereits aufgestellter Flächennutzungspläne (Planausschnitte) geändert oder überarbeitet, so ist das Honorar frei zu vereinbaren.

§ 21
Honorare für Grundleistungen bei Bebauungsplänen

(1) Die Mindest- und Höchstsätze der Honorare für die in § 19 und Anlage 3 aufgeführten Grundleistungen bei Bebauungsplänen sind in der folgenden Honorartafel festgesetzt:

Fläche in Hektar	Honorarzone I geringe Anforderungen		Honorarzone II durchschnittliche Anforderungen		Honorarzone III hohe Anforderungen	
	von	bis	von	bis	von	bis
	Euro		Euro		Euro	
0,5	5.000	5.335	5.335	7.838	7.838	10.341
1	5.000	8.799	8.799	12.926	12.926	17.054
2	7.699	14.502	14.502	21.305	21.305	28.109
3	10.306	19.413	19.413	28.521	28.521	37.628
4	12.669	23.866	23.866	35.062	35.062	46.258
5	14.864	28.000	28.000	41.135	41.135	54.271
6	16.931	31.893	31.893	46.856	46.856	61.818
7	18.896	35.595	35.595	52.294	52.294	68.992
8	20.776	39.137	39.137	57.497	57.497	75.857
9	22.584	42.542	42.542	62.501	62.501	82.459
10	24.330	45.830	45.830	67.331	67.331	88.831
15	32.325	60.892	60.892	89.458	89.458	118.025
20	39.427	74.270	74.270	109.113	109.113	143.956
25	46.385	87.376	87.376	128.366	128.366	169.357
30	52.975	99.791	99.791	146.606	146.606	193.422

Fläche in Hektar	Honorarzone I geringe Anforderungen von bis Euro		Honorarzone II durchschnittliche Anforderungen von bis Euro		Honorarzone III hohe Anforderungen von bis Euro	
40	65.342	123.086	123.086	180.830	180.830	238.574
50	76.901	144.860	144.860	212.819	212.819	280.778
60	87.599	165.012	165.012	242.425	242.425	319.838
80	107.471	202.445	202.445	297.419	297.419	392.393
100	125.791	236.955	236.955	348.119	348.119	459.282

(2) Das Honorar für die Aufstellung von Bebauungsplänen ist nach der Fläche des Plangebiets in Hektar und nach der Honorarzone zu berechnen.

(3) Welchen Honorarzonen die Grundleistungen zugeordnet werden, richtet sich nach folgenden Bewertungsmerkmalen:
1. Nutzungsvielfalt und Nutzungsdichte,
2. Baustruktur und Baudichte,
3. Gestaltung und Denkmalschutz,
4. Verkehr und Infrastruktur,
5. Topografie und Landschaft,
6. Klima-, Natur- und Umweltschutz.

(4) Für die Ermittlung der Honorarzone bei Bebauungsplänen ist § 20 Absatz 4 und 5 entsprechend anzuwenden.

(5) Wird die Größe des Plangebiets im förmlichen Verfahren während der Leistungserbringung geändert, so ist das Honorar für die Leistungsphasen, die bis zur Änderung noch nicht erbracht sind, nach der geänderten Größe des Plangebiets zu berechnen.

Abschnitt 2
Landschaftsplanung

§ 22
Anwendungsbereich

(1) Landschaftsplanerische Leistungen umfassen das Vorbereiten und das Erstellen der für die Pläne nach Absatz 2 erforderlichen Ausarbeitungen.

(2) Die Bestimmungen dieses Abschnitts sind für folgende Pläne anzuwenden:
1. Landschaftspläne,
2. Grünordnungspläne und landschaftsplanerische Fachbeiträge,
3. Landschaftsrahmenpläne,
4. Landschaftspflegerische Begleitpläne,
5. Pflege- und Entwicklungspläne.

§ 23
Leistungsbild Landschaftsplan

(1) Die Grundleistungen bei Landschaftsplänen sind in vier Leistungsphasen unterteilt und werden wie folgt in Prozentsätzen der Honorare des § 28 bewertet:
1. für die Leistungsphase 1 (Klären der Aufgabenstellung und Ermitteln des Leistungsumfangs) mit 3 Prozent,
2. für die Leistungsphase 2 (Ermittlung der Planungsgrundlagen) mit 37 Prozent,

3. für die Leistungsphase 3 (Vorläufige Fassung) mit 50 Prozent,
4. für die Leistungsphase 4 (Abgestimmte Fassung) mit 10 Prozent.

(2) Anlage 4 regelt die Grundleistungen jeder Leistungsphase. Anlage 9 enthält Beispiele für Besondere Leistungen.

§ 24
Leistungsbild Grünordnungsplan

(1) Die Grundleistungen bei Grünordnungsplänen und Landschaftsplanerischen Fachbeiträgen sind in vier Leistungsphasen zusammengefasst und werden wie folgt in Prozentsätzen der Honorare des § 29 bewertet:
1. für die Leistungsphase 1 (Klären der Aufgabenstellung und Ermitteln des Leistungsumfangs) mit 3 Prozent,
2. für die Leistungsphase 2 (Ermittlung der Planungsgrundlagen) mit 37 Prozent,
3. für die Leistungsphase 3 (Vorläufige Fassung) mit 50 Prozent,
4. für die Leistungsphase 4 (Abgestimmte Fassung) mit 10 Prozent.

(2) Anlage 5 regelt die Grundleistungen jeder Leistungsphase. Anlage 9 enthält Beispiele für Besondere Leistungen.

§ 25
Leistungsbild Landschaftsrahmenplan

(1) Die Grundleistungen bei Landschaftsrahmenplänen sind in vier Leistungsphasen unterteilt und werden wie folgt in Prozentsätzen der Honorare des § 30 bewertet:
1. für die Leistungsphase 1 (Klären der Aufgabenstellung und Ermitteln des Leistungsumfangs) mit 3 Prozent,
2. für die Leistungsphase 2 (Ermitteln der Planungsgrundlagen) mit 37 Prozent,
3. für die Leistungsphase 3 (Vorläufige Fassung) mit 50 Prozent,
4. für die Leistungsphase 4 (Abgestimmte Fassung) mit 10 Prozent.

(2) Anlage 6 regelt die Grundleistungen jeder Leistungsphase. Anlage 9 enthält Beispiele für Besondere Leistungen.

§ 26
Leistungsbild Landschaftspflegerischer Begleitplan

(1) Die Grundleistungen bei Landschaftspflegerischen Begleitplänen sind in vier Leistungsphasen unterteilt und werden wie folgt in Prozentsätzen der Honorare des § 31 bewertet:
1. für die Leistungsphase 1 (Klären der Aufgabenstellung und Ermitteln des Leistungsumfangs) mit 3 Prozent,
2. für die Leistungsphase 2 (Ermitteln und Bewerten der Planungsgrundlagen) mit 37 Prozent,
3. die Leistungsphase 3 (Vorläufige Fassung) mit 50 Prozent,
4. für die Leistungsphase 4 (Abgestimmte Fassung) mit 10 Prozent.

(2) Anlage 7 regelt die Grundleistungen jeder Leistungsphase. Anlage 9 enthält Beispiele für Besondere Leistungen.

§ 27
Leistungsbild Pflege- und Entwicklungsplan

(1) Die Grundleistungen bei Pflege- und Entwicklungsplänen sind in vier Leistungsphasen zusammengefasst und werden wie folgt in Prozentsätzen der Honorare des § 32 bewertet:

1. für die Leistungsphase 1 (Zusammenstellen der Ausgangsbedingungen) mit 3 Prozent,
2. für die Leistungsphase 2 (Ermitteln der Planungsgrundlagen) mit 37 Prozent,
3. für die Leistungsphase 3 (Vorläufige Fassung) mit 50 Prozent und
4. für die Leistungsphase 4 (Abgestimmte Fassung) mit 10 Prozent.

(2) Anlage 8 regelt die Grundleistungen jeder Leistungsphase. Anlage 9 enthält Beispiele für Besondere Leistungen.

§ 28
Honorare für Grundleistungen bei Landschaftsplänen

(1) Die Mindest- und Höchstsätze der Honorare für die in § 23 und Anlage 4 aufgeführten Grundleistungen bei Landschaftsplänen sind in der folgenden Honorartafel festgesetzt:

Fläche in Hektar	Honorarzone I geringe Anforderungen		Honorarzone II durchschnittliche Anforderungen		Honorarzone III hohe Anforderungen	
	von Euro	bis Euro	von Euro	bis Euro	von Euro	bis Euro
1.000	23.403	27.963	27.963	32.826	32.826	37.385
1.250	26.560	31.735	31.735	37.254	37.254	42.428
1.500	29.445	35.182	35.182	41.300	41.300	47.036
1.750	32.119	38.375	38.375	45.049	45.049	51.306
2.000	34.620	41.364	41.364	48.558	48.558	55.302
2.500	39.212	46.851	46.851	54.999	54.999	62.638
3.000	43.374	51.824	51.824	60.837	60.837	69.286
3.500	47.199	56.393	56.393	66.201	66.201	75.396
4.000	50.747	60.633	60.633	71.178	71.178	81.064
5.000	57.180	68.319	68.319	80.200	80.200	91.339
6.000	63.562	75.944	75.944	89.151	89.151	101.533
7.000	69.505	83.045	83.045	97.487	97.487	111.027
8.000	75.095	89.724	89.724	105.329	105.329	119.958
9.000	80.394	96.055	96.055	112.761	112.761	128.422
10.000	85.445	102.090	102.090	119.845	119.845	136.490
11.000	89.986	107.516	107.516	126.214	126.214	143.744
12.000	94.309	112.681	112.681	132.278	132.278	150.650
13.000	98.438	117.615	117.615	138.069	138.069	157.246
14.000	102.392	122.339	122.339	143.615	143.615	163.562
15.000	106.187	126.873	126.873	148.938	148.938	169.623

(2) Das Honorar für die Aufstellung von Landschaftsplänen ist nach der Fläche des Planungsgebiets in Hektar und nach der Honorarzone zu berechnen.

(3) Welchen Honorarzonen die Grundleistungen zugeordnet werden, richtet sich nach folgenden Bewertungsmerkmalen:
1. topographische Verhältnisse,
2. Flächennutzung,
3. Landschaftsbild,
4. Anforderungen an Umweltsicherung und Umweltschutz,
5. ökologische Verhältnisse,
6. Bevölkerungsdichte.

(4) Sind auf einen Landschaftsplan Bewertungsmerkmale aus mehreren Honorarzonen anwendbar und bestehen deswegen Zweifel, welcher Honorarzone der Landschaftsplan zugeordnet werden

kann, so ist zunächst die Anzahl der Bewertungspunkte zu ermitteln Zur Ermittlung der Bewertungspunkte werden die Bewertungsmerkmale wie folgt gewichtet:
1. die Bewertungsmerkmale gemäß Absatz 3 Nummern 1, 2, 3 und 6 mit je bis zu 6 Punkten und
2. die Bewertungsmerkmale gemäß Absatz 3 Nummern 4 und 5 und mit je bis zu 9 Punkten.

(5) Der Landschaftsplan ist anhand der nach Absatz 4 ermittelten Bewertungspunkte einer der Honorarzonen zuzuordnen:
1. Honorarzone I: bis zu 16 Punkte,
2. Honorarzone II: 17 bis 30 Punkte,
3. Honorarzone III: 31 bis 42 Punkte.

(6) Werden Teilflächen bereits aufgestellter Landschaftspläne (Planausschnitte) geändert oder überarbeitet, so ist das Honorar frei zu vereinbaren.

§ 29
Honorare für Grundleistungen bei Grünordnungsplänen

(1) Die Mindest- und Höchstsätze der Honorare für die in § 24 und Anlage 5 aufgeführten Grundleistungen bei Grünordnungsplänen sind in der folgenden Honorartafel festgesetzt:

Fläche in Hektar	Honorarzone I geringe Anforderungen		Honorarzone II durchschnittliche Anforderungen		Honorarzone III hohe Anforderungen	
	von Euro	bis Euro	von Euro	bis Euro	von Euro	bis Euro
1,5	5.219	6.067	6.067	6.980	6.980	7.828
2	6.008	6.985	6.985	8.036	8.036	9.013
3	7.450	8.661	8.661	9.965	9.965	11.175
4	8.770	10.195	10.195	11.730	11.730	13.155
5	10.006	11.632	11.632	13.383	13.383	15.009
10	15.445	17.955	17.955	20.658	20.658	23.167
15	20.183	23.462	23.462	26.994	26.994	30.274
20	24.513	28.496	28.496	32.785	32.785	36.769
25	28.560	33.201	33.201	38.199	38.199	42.840
30	32.394	37.658	37.658	43.326	43.326	48.590
40	39.580	46.011	46.011	52.938	52.938	59.370
50	46.282	53.803	53.803	61.902	61.902	69.423
75	61.579	71.586	71.586	82.362	82.362	92.369
100	75.430	87.687	87.687	100.887	100.887	113.145
125	88.255	102.597	102.597	118.042	118.042	132.383
150	100.288	116.585	116.585	134.136	134.136	150.433
175	111.675	129.822	129.822	149.366	149.366	167.513
200	122.516	142.425	142.425	163.866	163.866	183.774
225	133.555	155.258	155.258	178.630	178.630	200.333
250	144.284	167.730	167.730	192.980	192.980	216.426

(2) Das Honorar für Grundleistungen bei Grünordnungsplänen ist nach der Fläche des Planungsgebiets in Hektar und nach der Honorarzone zu berechnen.

(3) Welchen Honorarzonen die Grundleistungen zugeordnet werden, richtet sich nach folgenden Bewertungsmerkmalen:
1. Topographie,
2. ökologische Verhältnisse,
3. Flächennutzungen und Schutzgebiete,
4. Umwelt-, Klima-, Denkmal- und Naturschutz,

5. Erholungsvorsorge,
6. Anforderung an die Freiraumgestaltung.

(4) Sind auf einen Grünordnungsplan Bewertungsmerkmale aus mehreren Honorarzonen anwendbar und bestehen deswegen Zweifel, welcher Honorarzone der Grünordnungsplan zugeordnet werden kann, so ist zunächst die Anzahl der Bewertungspunkte zu ermitteln. Zur Ermittlung der Bewertungspunkte werden die Bewertungsmerkmale wie folgt gewichtet:
1. die Bewertungsmerkmale gemäß Absatz 3 Nummer 1, 2, 3 und 5 mit je bis zu 6 Punkten und
2. die Bewertungsmerkmale gemäß Absatz 3 Nummer 4 und 6 mit je bis zu 9 Punkten.

(5) Der Grünordnungsplan ist anhand der nach Absatz 4 ermittelten Bewertungspunkte einer der Honorarzonen zuzuordnen:
1. Honorarzone I: bis zu 16 Punkte,
2. Honorarzone II: 17 bis 30 Punkte,
3. Honorarzone III: 31 bis 42 Punkte.

(6) Wird die Größe des Planungsgebiets während der Leistungserbringung geändert, so ist das Honorar für die Leistungsphasen, die bis zur Änderung noch nicht erbracht sind, nach der geänderten Größe des Planungsgebiets zu berechnen.

§ 30
Honorare für Grundleistungen bei Landschaftsrahmenplänen

(1) Die Mindest- und Höchstsätze der Honorare für die in § 25 und Anlage 6 aufgeführten Grundleistungen bei Landschaftsrahmenplänen sind in der folgenden Honorartafel festgesetzt:

Fläche in Hektar	Honorarzone I geringe Anforderungen		Honorarzone II durchschnittliche Anforderungen		Honorarzone III hohe Anforderungen	
	von	bis	von	bis	von	bis
	Euro		Euro		Euro	
5.000	61.880	71.935	71.935	82.764	82.764	92.820
6.000	67.933	78.973	78.973	90.861	90.861	101.900
7.000	73.473	85.413	85.413	98.270	98.270	110.210
8.000	78.600	91.373	91.373	105.128	105.128	117.901
9.000	83.385	96.936	96.936	111.528	111.528	125.078
10.000	87.880	102.161	102.161	117.540	117.540	131.820
12.000	96.149	111.773	111.773	128.599	128.599	144.223
14.000	103.631	120.471	120.471	138.607	138.607	155.447
16.000	110.477	128.430	128.430	147.763	147.763	165.716
18.000	116.791	135.769	135.769	156.208	156.208	175.186
20.000	122.649	142.580	142.580	164.043	164.043	183.974
25.000	138.047	160.480	160.480	184.638	184.638	207.070
30.000	152.052	176.761	176.761	203.370	203.370	228.078
40.000	177.097	205.875	205.875	236.867	236.867	265.645
50.000	199.330	231.721	231.721	266.604	266.604	298.995
60.000	219.553	255.230	255.230	293.652	293.652	329.329
70.000	238.243	276.958	276.958	318.650	318.650	357.365
80.000	253.946	295.212	295.212	339.652	339.652	380.918
90.000	268.420	312.038	312.038	359.011	359.011	402.630
100.000	281.843	327.643	327.643	376.965	376.965	422.765

(2) Das Honorar für Grundleistungen bei Landschaftsrahmenplänen ist nach der Fläche des Planungsgebiets in Hektar und nach der Honorarzone zu berechnen.

(3) Welchen Honorarzonen die Grundleistungen zugeordnet werden, richtet sich nach folgenden Bewertungsmerkmalen:
1. topographische Verhältnisse,
2. Raumnutzung und Bevölkerungsdichte,
3. Landschaftsbild,
4. Anforderungen an Umweltsicherung, Klima- und Naturschutz,
5. ökologische Verhältnisse,
6. Freiraumsicherung und Erholung.

(4) Sind für einen Landschaftsrahmenplan Bewertungsmerkmale aus mehreren Honorarzonen anwendbar und bestehen deswegen Zweifel, welcher Honorarzone der Landschaftsrahmenplan zugeordnet werden kann, so ist zunächst die Anzahl der Bewertungspunkte zu ermitteln. Zur Ermittlung der Bewertungspunkte werden die Bewertungsmerkmale wie folgt gewichtet:
1. die Bewertungsmerkmale gemäß Absatz 3 Nummer 1, 2, 3 und 6 mit je bis zu 6 Punkten und
2. die Bewertungsmerkmale gemäß Absatz 3 Nummer 4 und 5 mit je bis zu 9 Punkten.

(5) Der Landschaftsrahmenplan ist anhand der nach Absatz 4 ermittelten Bewertungspunkte einer der Honorarzonen zuzuordnen:
1. Honorarzone I: bis zu 16 Punkte,
2. Honorarzone II: 17 bis 30 Punkte,
3. Honorarzone III: 31 bis 42 Punkte.

(6) Wird die Größe des Planungsgebiets während der Leistungserbringung geändert, so ist das Honorar für die Leistungsphasen, die bis zur Änderung noch nicht erbracht sind, nach der geänderten Größe des Planungsgebiets zu berechnen.

§ 31
Honorare für Grundleistungen bei Landschaftspflegerischen Begleitplänen

(1) Die Mindest- und Höchstsätze der Honorare für die in § 26 und Anlage 7 aufgeführten Grundleistungen bei Landschaftspflegerischen Begleitplänen sind in der folgenden Honorartafel festgesetzt:

Fläche in Hektar	Honorarzone I geringe Anforderungen		Honorarzone II durchschnittliche Anforderungen		Honorarzone III hohe Anforderungen	
	von	bis	von	bis	von	bis
	Euro		Euro		Euro	
6	5.324	6.189	6.189	7.121	7.121	7.986
8	6.130	7.126	7.126	8.199	8.199	9.195
12	7.600	8.836	8.836	10.166	10.166	11.401
16	8.947	10.401	10.401	11.966	11.966	13.420
20	10.207	11.866	11.866	13.652	13.652	15.311
40	15.755	18.315	18.315	21.072	21.072	23.632
100	29.126	33.859	33.859	38.956	38.956	43.689
200	47.180	54.846	54.846	63.103	63.103	70.769
300	62.748	72.944	72.944	83.925	83.925	94.121
400	76.829	89.314	89.314	102.759	102.759	115.244
500	89.855	104.456	104.456	120.181	120.181	134.782
600	102.062	118.647	118.647	136.508	136.508	153.093
700	113.602	132.062	132.062	151.942	151.942	170.402
800	124.575	144.819	144.819	166.620	166.620	186.863
1.200	167.729	194.985	194.985	224.338	224.338	251.594

Fläche in Hektar	Honorarzone I geringe Anforderungen von bis Euro		Honorarzone II durchschnittliche Anforderungen von bis Euro		Honorarzone III hohe Anforderungen von bis Euro	
1.600	207.279	240.961	240.961	277.235	277.235	310.918
2.000	244.349	284.056	284.056	326.817	326.817	366.524
2.400	279.559	324.987	324.987	373.910	373.910	419.338
3.200	343.814	399.683	399.683	459.851	459.851	515.720
4.000	400.847	465.985	465.985	536.133	536.133	601.270

(2) Das Honorar für Grundleistungen bei Landschaftspflegerischen Begleitplänen ist nach der Fläche des Planungsgebiets in Hektar und nach der Honorarzone zu berechnen.

(3) Welchen Honorarzonen die Grundleistungen zugeordnet werden, richtet sich nach folgenden Bewertungsmerkmalen:
1. ökologisch bedeutsame Strukturen und Schutzgebiete,
2. Landschaftsbild und Erholungsnutzung,
3. Nutzungsansprüche,
4. Anforderungen an die Gestaltung von Landschaft und Freiraum,
5. Empfindlichkeit gegenüber Umweltbelastungen und Beeinträchtigungen von Natur und Landschaft,
6. potenzielle Beeinträchtigungsintensität der Maßnahme.

(4) Sind für einen Landschaftspflegerischen Begleitplan Bewertungsmerkmale aus mehreren Honorarzonen anwendbar und bestehen deswegen Zweifel, welcher Honorarzone der Landschaftspflegerische Begleitplan zugeordnet werden kann, so ist zunächst die Anzahl der Bewertungspunkte zu ermitteln. Zur Ermittlung der Bewertungspunkte werden die Bewertungsmerkmale wie folgt gewichtet:
1. die Bewertungsmerkmale gemäß Absatz 3 Nummer 1, 2, 3 und 4 mit je bis zu 6 Punkten und
2. die Bewertungsmerkmale gemäß Absatz 3 Nummer 5 und 6 mit je bis zu 9 Punkten.

(5) Der Landschaftspflegerische Begleitplan ist anhand der nach Absatz 4 ermittelten Bewertungspunkte einer der Honorarzonen zuzuordnen:
1. Honorarzone I: bis zu 16 Punkte,
2. Honorarzone II: 17 bis 30 Punkte,
3. Honorarzone III: 31 bis 42 Punkte.

(6) Wird die Größe des Planungsgebiets während der Leistungserbringung geändert, so ist das Honorar für die Leistungsphasen, die bis zur Änderung noch nicht erbracht sind, nach der geänderten Größe des Planungsgebiets zu berechnen.

§ 32
Honorare für Grundleistungen bei Pflege- und Entwicklungsplänen

(1) Die Mindest- und Höchstsätze der Honorare für die in § 27 und Anlage 8 aufgeführten Grundleistungen bei Pflege- und Entwicklungsplänen sind in der folgenden Honorartafel festgesetzt:

Fläche in Hektar	Honorarzone I geringe Anforderungen von bis Euro		Honorarzone II durchschnittliche Anforderungen von bis Euro		Honorarzone III hohe Anforderungen von bis Euro	
5	3.852	7.704	7.704	11.556	11.556	15.408
10	4.802	9.603	9.603	14.405	14.405	19.207
15	5.481	10.963	10.963	16.444	16.444	21.925
20	6.029	12.058	12.058	18.087	18.087	24.116
30	6.906	13.813	13.813	20.719	20.719	27.626

Fläche in Hektar	Honorarzone I geringe Anforderungen		Honorarzone II durchschnittliche Anforderungen		Honorarzone III hohe Anforderungen	
	von	bis	von	bis	von	bis
	Euro		Euro		Euro	
40	7.612	15.225	15.225	22.837	22.837	30.450
50	8.213	16.425	16.425	24.638	24.638	32.851
75	9.433	18.866	18.866	28.298	28.298	37.731
100	10.408	20.816	20.816	31.224	31.224	41.633
150	11.949	23.899	23.899	35.848	35.848	47.798
200	13.165	26.330	26.330	39.495	39.495	52.660
300	15.318	30.636	30.636	45.954	45.954	61.272
400	17.087	34.174	34.174	51.262	51.262	68.349
500	18.621	37.242	37.242	55.863	55.863	74.484
750	21.833	43.666	43.666	65.500	65.500	87.333
1.000	24.507	49.014	49.014	73.522	73.522	98.029
1.500	28.966	57.932	57.932	86.898	86.898	115.864
2.500	36.065	72.131	72.131	108.196	108.196	144.261
5.000	49.288	98.575	98.575	147.863	147.863	197.150
10.000	69.015	138.029	138.029	207.044	207.044	276.058

(2) Das Honorar für Grundleistungen bei Pflege- und Entwicklungsplänen ist nach der Fläche des Planungsgebiets in Hektar und nach der Honorarzone zu berechnen.

(3) Welchen Honorarzonen die Grundleistungen zugeordnet werden, richtet sich nach folgenden Bewertungsmerkmalen:
1. fachliche Vorgaben,
2. Differenziertheit des floristischen Inventars oder der Pflanzengesellschaften,
3. Differenziertheit des faunistischen Inventars,
4. Beeinträchtigungen oder Schädigungen von Naturhaushalt und Landschaftsbild,
5. Aufwand für die Festlegung von Zielaussagen sowie für Pflege- und Entwicklungsmaßnahmen.

(4) Sind für einen Pflege- und Entwicklungsplan Bewertungsmerkmale aus mehreren Honorarzonen anwendbar und bestehen deswegen Zweifel, welcher Honorarzone der Pflege- und Entwicklungsplan zugeordnet werden kann, so ist zunächst die Anzahl der Bewertungspunkte zu ermitteln. Zur Ermittlung der Bewertungspunkte werden die Bewertungsmerkmale wie folgt gewichtet:
1. das Bewertungsmerkmal gemäß Absatz 3 Nummer 1 mit bis zu 4 Punkten,
2. die Bewertungsmerkmale gemäß Absatz 3 Nummer 4 und 5 mit je bis zu 6 Punkten und
3. die Bewertungsmerkmale gemäß Absatz 3 Nummer 2 und 3 mit je bis zu 9 Punkten.

(5) Der Pflege- und Entwicklungsplan ist anhand der nach Absatz 4 ermittelten Bewertungspunkte einer der Honorarzonen zuzuordnen:
1. Honorarzone I: bis zu 13 Punkte,
2. Honorarzone II: 14 bis 24 Punkte,
3. Honorarzone III: 25 bis 34 Punkte.

(6) Wird die Größe des Planungsgebiets während der Leistungserbringung geändert, so ist das Honorar für die Leistungsphasen, die bis zur Änderung noch nicht erbracht sind, nach der geänderten Größe des Planungsgebiets zu berechnen.

Teil 3:
Objektplanung

Abschnitt 1
Gebäude und Innenräume

§ 33
Besondere Grundlagen des Honorars

(1) Für Grundleistungen bei Gebäuden und Innenräumen sind die Kosten der Baukonstruktion anrechenbar.

(2) Für Grundleistungen bei Gebäuden und Innenräumen sind auch die Kosten für Technische Anlagen, die der Auftragnehmer nicht fachlich plant oder deren Ausführung er nicht fachlich überwacht,
1. vollständig anrechenbar bis zu einem Betrag von 25 Prozent der sonstigen anrechenbaren Kosten und
2. zur Hälfte anrechenbar mit dem Betrag, der 25 Prozent der sonstigen anrechenbaren Kosten übersteigt.

(3) Nicht anrechenbar sind insbesondere die Kosten für das Herrichten, für die nichtöffentliche Erschließung sowie für Leistungen zur Ausstattung und zu Kunstwerken, soweit der Auftragnehmer die Leistungen weder plant noch bei der Beschaffung mitwirkt oder ihre Ausführung oder ihren Einbau fachlich überwacht.

§ 34
Leistungsbild Gebäude und Innenräume

(1) Das Leistungsbild Gebäude und Innenräume umfasst Leistungen für Neubauten, Neuanlagen, Wiederaufbauten, Erweiterungsbauten, Umbauten, Modernisierungen, Instandsetzungen und Instandhaltungen.

(2) Leistungen für Innenräume sind die Gestaltung oder Erstellung von Innenräumen ohne wesentliche Eingriffe in Bestand oder Konstruktion.

(3) Die Grundleistungen sind in neun Leistungsphasen unterteilt und werden wie folgt in Prozentsätzen der Honorare des § 35 bewertet:
1. für die Leistungsphase 1 (Grundlagenermittlung) mit je 2 Prozent für Gebäude und Innenräume,
2. für die Leistungsphase 2 (Vorplanung) mit je 7 Prozent für Gebäude und Innenräume,
3. für die Leistungsphase 3 (Entwurfsplanung) mit 15 Prozent für Gebäude und Innenräume,
4. für die Leistungsphase 4 (Genehmigungsplanung) mit 3 Prozent für Gebäude und 2 Prozent für Innenräume,
5. für die Leistungsphase 5 (Ausführungsplanung) mit 25 Prozent für Gebäude und 30 Prozent für Innenräume,
6. für die Leistungsphase 6 (Vorbereitung der Vergabe) mit 10 Prozent für Gebäude und 7 Prozent für Innenräume,
7. für die Leistungsphase 7 (Mitwirkung bei der Vergabe) mit 4 Prozent für Gebäude und 3 Prozent für Innenräume,
8. für die Leistungsphase 8 (Objektüberwachung – Bauüberwachung und Dokumentation) mit 32 Prozent für Gebäude und Innenräume,
9. für die Leistungsphase 9 (Objektbetreuung) mit je 2 Prozent für Gebäude und Innenräume.

(4) Anlage 10 Nummer 10.1 regelt die Grundleistungen jeder Leistungsphase und enthält Beispiele für Besondere Leistungen.

§ 35
Honorare für Grundleistungen bei Gebäuden und Innenräumen

(1) Die Mindest- und Höchstsätze der Honorare für die in § 34 und der Anlage 10, Nummer 10.1, aufgeführten Grundleistungen für Gebäude und Innenräume sind in der folgenden Honorartafel festgesetzt:

Anrechen-bare Kosten in Euro	Honorarzone I sehr geringe Anforderungen		Honorarzone II geringe Anforderungen		Honorarzone III durchschnittliche Anforderungen		Honorarzone IV hohe Anforderungen		Honorarzone V sehr hohe Anforderungen	
	von Euro	bis Euro	von Euro	bis Euro	von Euro	bis Euro	von Euro	bis Euro	von Euro	bis Euro
25.000	3.120	3.657	3.657	4.339	4.339	5.412	5.412	6.094	6.094	6.631
35.000	4.217	4.942	4.942	5.865	5.865	7.315	7.315	8.237	8.237	8.962
50.000	5.804	6.801	6.801	8.071	8.071	10.066	10.066	11.336	11.336	12.333
75.000	8.342	9.776	9.776	11.601	11.601	14.469	14.469	16.293	16.293	17.727
100.000	10.790	12.644	12.644	15.005	15.005	18.713	18.713	21.074	21.074	22.928
150.000	15.500	18.164	18.164	21.555	21.555	26.883	26.883	30.274	30.274	32.938
200.000	20.037	23.480	23.480	27.863	27.863	34.751	34.751	39.134	39.134	42.578
300.000	28.750	33.692	33.692	39.981	39.981	49.864	49.864	56.153	56.153	61.095
500.000	45.232	53.006	53.006	62.900	62.900	78.449	78.449	88.343	88.343	96.118
750.000	64.666	75.781	75.781	89.927	89.927	112.156	112.156	126.301	126.301	137.416
1.000.000	83.182	97.479	97.479	115.675	115.675	144.268	144.268	162.464	162.464	176.761
1.500.000	119.307	139.813	139.813	165.911	165.911	206.923	206.923	233.022	233.022	253.527
2.000.000	153.965	180.428	180.428	214.108	214.108	267.034	267.034	300.714	300.714	327.177
3.000.000	220.161	258.002	258.002	306.162	306.162	381.843	381.843	430.003	430.003	467.843
5.000.000	343.879	402.984	402.984	478.207	478.207	596.416	596.416	671.640	671.640	730.744
7.500.000	493.923	578.816	578.816	686.862	686.862	856.648	856.648	964.694	964.694	1.049.587
10.000.000	638.277	747.981	747.981	887.604	887.604	1.107.012	1.107.012	1.246.635	1.246.635	1.356.339
15.000.000	915.129	1.072.416	1.072.416	1.272.601	1.272.601	1.587.176	1.587.176	1.787.360	1.787.360	1.944.648
20.000.000	1.180.414	1.383.298	1.383.298	1.641.513	1.641.513	2.047.281	2.047.281	2.305.496	2.305.496	2.508.380
25.000.000	1.436.874	1.683.837	1.683.837	1.998.153	1.998.153	2.492.079	2.492.079	2.806.395	2.806.395	3.053.358

(2) Welchen Honorarzonen die Grundleistungen für Gebäude zugeordnet werden, richtet sich nach folgenden Bewertungsmerkmalen:
1. Anforderungen an die Einbindung in die Umgebung,
2. Anzahl der Funktionsbereiche,
3. gestalterische Anforderungen,
4. konstruktive Anforderungen,
5. technische Ausrüstung,
6. Ausbau.

(3) Welchen Honorarzonen die Grundleistungen für Innenräume zugeordnet werden, richtet sich nach folgenden Bewertungsmerkmalen:
1. Anzahl der Funktionsbereiche,
2. Anforderungen an die Lichtgestaltung,
3. Anforderungen an die Raum-Zuordnung und Raum-Proportion,
4. technische Ausrüstung,
5. Farb- und Materialgestaltung,
6. konstruktive Detailgestaltung.

(4) Sind für ein Gebäude Bewertungsmerkmale aus mehreren Honorarzonen anwendbar und bestehen deswegen Zweifel, welcher Honorarzone das Gebäude oder der Innenraum zugeordnet werden kann, so ist zunächst die Anzahl der Bewertungspunkte zu ermitteln. Zur Ermittlung der Bewer-

tungspunkte werden die Bewertungsmerkmale wie folgt gewichtet:
1. die Bewertungsmerkmale gemäß Absatz 2 Nummer 1, 4 bis 6 mit je bis zu 6 Punkten und
2. die Bewertungsmerkmale gemäß Absatz 2 Nummer 2 und 3 mit je bis zu 9 Punkten.

(5) Sind für Innenräume Bewertungsmerkmale aus mehreren Honorarzonen anwendbar und bestehen deswegen Zweifel, welcher Honorarzone das Gebäude oder der Innenraum zugeordnet werden kann, so ist zunächst die Anzahl der Bewertungspunkte zu ermitteln. Zur Ermittlung der Bewertungspunkte werden die Bewertungsmerkmale wie folgt gewichtet:
1. die Bewertungsmerkmale gemäß Absatz 3 Nummer 1 bis 4 mit je bis zu 6 Punkten und
2. die Bewertungsmerkmale gemäß Absatz 3 Nummer 5 und 6 mit je bis zu 9 Punkten.

(6) Das Gebäude oder der Innenraum ist anhand der nach Absatz 5 ermittelten Bewertungspunkte einer der Honorarzonen zuzuordnen:
1. Honorarzone I: bis zu 10 Punkte,
2. Honorarzone II: 11 bis 18 Punkte,
3. Honorarzone III: 19 bis 26 Punkte,
4. Honorarzone IV: 27 bis 34 Punkte,
5. Honorarzone V: 35 bis 42 Punkte.

(7) Für die Zuordnung zu den Honorarzonen ist die Objektliste der Anlage 10, Nummer 10.2 und Nummer 10.3, zu berücksichtigen.

§ 36
Umbauten und Modernisierungen von Gebäuden und Innenräumen

(1) Für Umbauten und Modernisierungen von Gebäuden kann bei einem durchschnittlichen Schwierigkeitsgrad ein Zuschlag gemäß § 6 Absatz 2 Satz 3 bis 33 Prozent auf das ermittelte Honorar schriftlich vereinbart werden.
(2) Für Umbauten und Modernisierungen von Innenräumen in Gebäuden kann bei einem durchschnittlichen Schwierigkeitsgrad ein Zuschlag gemäß § 6 Absatz 2 Satz 3 bis 50 Prozent auf das ermittelte Honorar schriftlich vereinbart werden.

§ 37
Aufträge für Gebäude und Freianlagen oder für Gebäude und Innenräume

(1) § 11 Absatz 1 ist nicht anzuwenden, wenn die getrennte Berechnung der Honorare für Freianlagen weniger als 7.500 Euro anrechenbare Kosten ergeben würde.
(2) Werden Grundleistungen für Innenräume in Gebäuden, die neu gebaut, wiederaufgebaut, erweitert oder umgebaut werden, einem Auftragnehmer übertragen, dem auch Grundleistungen für dieses Gebäude nach § 34 übertragen werden, so sind die Grundleistungen für Innenräume im Rahmen der festgesetzten Mindest- und Höchstsätze bei der Vereinbarung des Honorars für die Grundleistungen am Gebäude zu berücksichtigen. Ein gesondertes Honorar nach § 11 Absatz 1 darf für die Grundleistungen für Innenräume nicht berechnet werden.

Abschnitt 2
Freianlagen

§ 38
Besondere Grundlagen des Honorars

(1) Für Grundleistungen bei Freianlagen sind die Kosten für Außenanlagen anrechenbar, insbesondere für folgende Bauwerke und Anlagen, soweit diese durch den Auftragnehmer geplant oder überwacht werden:
1. Einzelgewässer mit überwiegend ökologischen und landschaftsgestalterischen Elementen,
2. Teiche ohne Dämme,
3. flächenhafter Erdbau zur Geländegestaltung,
4. einfache Durchlässe und Uferbefestigungen als Mittel zur Geländegestaltung, soweit keine Grundleistungen nach Teil 4 Abschnitt 1 erforderlich sind,
5. Lärmschutzwälle als Mittel zur Geländegestaltung,
6. Stützbauwerke und Geländeabstützungen ohne Verkehrsbelastung als Mittel zur Geländegestaltung, soweit keine Tragwerke mit durchschnittlichem Schwierigkeitsgrad erforderlich sind,
7. Stege und Brücken, soweit keine Grundleistungen nach Teil 4 Abschnitt 1 erforderlich sind,
8. Wege ohne Eignung für den regelmäßigen Fahrverkehr mit einfachen Entwässerungsverhältnissen sowie andere Wege und befestigte Flächen, die als Gestaltungselement der Freianlagen geplant werden und für die keine Grundleistungen nach Teil 3 Abschnitt 3 und 4 erforderlich sind.

(2) Nicht anrechenbar sind für Grundleistungen bei Freianlagen die Kosten für
1. das Gebäude sowie die in § 33 Absatz 3 genannten Kosten und
2. den Unter- und Oberbau von Fußgängerbereichen, ausgenommen die Kosten für die Oberflächenbefestigung.

§ 39
Leistungsbild Freianlagen

(1) Freianlagen sind planerisch gestaltete Freiflächen und Freiräume sowie entsprechend gestaltete Anlagen in Verbindung mit Bauwerken oder in Bauwerken und landschaftspflegerische Freianlagenplanungen in Verbindung mit Objekten.

(2) § 34 Absatz 1 gilt entsprechend.

(3) Die Grundleistungen bei Freianlagen sind in neun Leistungsphasen unterteilt und werden wie folgt in Prozentsätzen der Honorare des § 40 bewertet:
1. für die Leistungsphase 1 (Grundlagenermittlung) mit 3 Prozent,
2. für die Leistungsphase 2 (Vorplanung) mit 10 Prozent,
3. für die Leistungsphase 3 (Entwurfsplanung) mit 16 Prozent,
4. für die Leistungsphase 4 (Genehmigungsplanung) mit 4 Prozent,
5. für die Leistungsphase 5 (Ausführungsplanung) mit 25 Prozent,
6. für die Leistungsphase 6 (Vorbereitung der Vergabe) mit 7 Prozent,
7. für die Leistungsphase 7 (Mitwirkung bei der Vergabe) mit 3 Prozent,
8. für die Leistungsphase 8 (Objektüberwachung – Bauüberwachung und Dokumentation) mit 30 Prozent und
9. für die Leistungsphase 9 (Objektbetreuung) mit 2 Prozent.

(4) Anlage 11 Nummer 11.1 regelt die Grundleistungen jeder Leistungsphase und enthält Beispiele für Besondere Leistungen.

§ 40
Honorare für Grundleistungen bei Freianlagen

(1) Die Mindest- und Höchstsätze der Honorare für die in § 39 und der Anlage 11 Nummer 11.1 aufgeführten Grundleistungen für Freianlagen sind in der folgenden Honorartafel festgesetzt:

Anrechenbare Kosten in Euro	Honorarzone I sehr geringe Anforderungen		Honorarzone II geringe Anforderungen		Honorarzone III durchschnittliche Anforderungen		Honorarzone IV hohe Anforderungen		Honorarzone V sehr hohe Anforderungen	
	von	bis	von	bis	von	bis	von	bis	von	bis
	Euro		Euro		Euro		Euro		Euro	
20.000	3.643	4.348	4.348	5.229	5.229	6.521	6.521	7.403	7.403	8.108
25.000	4.406	5.259	5.259	6.325	6.325	7.888	7.888	8.954	8.954	9.807
30.000	5.147	6.143	6.143	7.388	7.388	9.215	9.215	10.460	10.460	11.456
35.000	5.870	7.006	7.006	8.426	8.426	10.508	10.508	11.928	11.928	13.064
40.000	6.577	7.850	7.850	9.441	9.441	11.774	11.774	13.365	13.365	14.638
50.000	7.953	9.492	9.492	11.416	11.416	14.238	14.238	16.162	16.162	17.701
60.000	9.287	11.085	11.085	13.332	13.332	16.627	16.627	18.874	18.874	20.672
75.000	11.227	13.400	13.400	16.116	16.116	20.100	20.100	22.816	22.816	24.989
100.000	14.332	17.106	17.106	20.574	20.574	25.659	25.659	29.127	29.127	31.901
125.000	17.315	20.666	20.666	24.855	24.855	30.999	30.999	35.188	35.188	38.539
150.000	20.201	24.111	24.111	28.998	28.998	36.166	36.166	41.053	41.053	44.963
200.000	25.746	30.729	30.729	36.958	36.958	46.094	46.094	52.323	52.323	57.306
250.000	31.053	37.063	37.063	44.576	44.576	55.594	55.594	63.107	63.107	69.117
350.000	41.147	49.111	49.111	59.066	59.066	73.667	73.667	83.622	83.622	91.586
500.000	55.300	66.004	66.004	79.383	79.383	99.006	99.006	112.385	112.385	123.088
650.000	69.114	82.491	82.491	99.212	99.212	123.736	123.736	140.457	140.457	153.834
800.000	82.430	98.384	98.384	118.326	118.326	147.576	147.576	167.518	167.518	183.472
1.000.000	99.578	118.851	118.851	142.942	142.942	178.276	178.276	202.368	202.368	221.641
1.250.000	120.238	143.510	143.510	172.600	172.600	215.265	215.265	244.355	244.355	267.627
1.500.000	140.204	167.340	167.340	201.261	201.261	251.011	251.011	284.931	284.931	312.067

(2) Welchen Honorarzonen die Grundleistungen zugeordnet werden, richtet sich nach folgenden Bewertungsmerkmalen:
1. Anforderungen an die Einbindung in die Umgebung,
2. Anforderungen an Schutz, Pflege und Entwicklung von Natur und Landschaft,
3. Anzahl der Funktionsbereiche,
4. gestalterische Anforderungen,
5. Ver- und Entsorgungseinrichtungen.

(3) Sind für eine Freianlage Bewertungsmerkmale aus mehreren Honorarzonen anwendbar und bestehen deswegen Zweifel, welcher Honorarzone die Freianlage zugeordnet werden kann, so ist zunächst die Anzahl der Bewertungspunkte zu ermitteln. Zur Ermittlung der Bewertungspunkte werden die Bewertungsmerkmale wie folgt gewichtet:
1. die Bewertungsmerkmale gemäß Absatz 2 Nummer 1, 2 und 4 mit je bis zu 8 Punkten,
2. die Bewertungsmerkmale gemäß Absatz 2 Nummer 3 und 5 mit je bis zu 6 Punkten.

(4) Die Freianlage ist anhand der nach Absatz 3 ermittelten Bewertungspunkte einer der Honorarzonen zuzuordnen:
1. Honorarzone I: bis zu 8 Punkte,
2. Honorarzone II: 9 bis 15 Punkte,
3. Honorarzone III: 16 bis 22 Punkte,

4. Honorarzone IV: 23 bis 29 Punkte,
5. Honorarzone V: 30 bis 36 Punkte.

(5) Für die Zuordnung zu den Honorarzonen ist die Objektliste der Anlage 11 Nummer 11.2 zu berücksichtigen.

(6) § 36 Absatz 1 ist für Freianlagen entsprechend anzuwenden.

Abschnitt 3
Ingenieurbauwerke

§ 41
Anwendungsbereich

Ingenieurbauwerke umfassen:
1. Bauwerke und Anlagen der Wasserversorgung,
2. Bauwerke und Anlagen der Abwasserentsorgung,
3. Bauwerke und Anlagen des Wasserbaus, ausgenommen Freianlagen nach § 39 Absatz 1,
4. Bauwerke und Anlagen für Ver- und Entsorgung mit Gasen, Feststoffen und wassergefährdenden Flüssigkeiten, ausgenommen Anlagen der Technischen Ausrüstung nach § 53 Absatz 2,
5. Bauwerke und Anlagen der Abfallentsorgung,
6. konstruktive Ingenieurbauwerke für Verkehrsanlagen,
7. sonstige Einzelbauwerke, ausgenommen Gebäude und Freileitungsmaste.

§ 42
Besondere Grundlagen des Honorars

(1) Für Grundleistungen bei Ingenieurbauwerken sind die Kosten der Baukonstruktion anrechenbar. Die Kosten für die Anlagen der Maschinentechnik, die der Zweckbestimmung des Ingenieurbauwerks dienen, sind anrechenbar, soweit der Auftragnehmer diese plant oder deren Ausführung überwacht.

(2) Für Grundleistungen bei Ingenieurbauwerken sind auch die Kosten für Technische Anlagen, die der Auftragnehmer nicht fachlich plant oder deren Ausführung der Auftragnehmer nicht fachlich überwacht,
1. vollständig anrechenbar bis zum Betrag von 25 Prozent der sonstigen anrechenbaren Kosten und
2. zur Hälfte anrechenbar mit dem Betrag, der 25 Prozent der sonstigen anrechenbaren Kosten übersteigt.

(3) Nicht anrechenbar sind, soweit der Auftragnehmer die Anlagen weder plant noch ihre Ausführung überwacht, die Kosten für:
1. das Herrichten des Grundstücks,
2. die öffentliche und die nichtöffentliche Erschließung, die Außenanlagen, das Umlegen und Verlegen von Leitungen,
3. verkehrsregelnde Maßnahmen während der Bauzeit,
4. die Ausstattung und Nebenanlagen von Ingenieurbauwerken.

§ 43
Leistungsbild Ingenieurbauwerke

(1) § 34 Absatz 1 gilt entsprechend. Die Grundleistungen für Ingenieurbauwerke sind in neun Leistungsphasen unterteilt und werden wie folgt in Prozentsätzen der Honorare des § 44 bewertet:

1. für die Leistungsphase 1 (Grundlagenermittlung) mit 2 Prozent,
2. für die Leistungsphase 2 (Vorplanung) mit 20 Prozent,
3. für die Leistungsphase 3 (Entwurfsplanung) mit 25 Prozent,
4. für die Leistungsphase 4 (Genehmigungsplanung) mit 5 Prozent,
5. für die Leistungsphase 5 (Ausführungsplanung) mit 15 Prozent,
6. für die Leistungsphase 6 (Vorbereitung der Vergabe) mit 13 Prozent,
7. für die Leistungsphase 7 (Mitwirkung bei der Vergabe) mit 4 Prozent,
8. für die Leistungsphase 8 (Bauoberleitung) mit 15 Prozent,
9. für die Leistungsphase 9 (Objektbetreuung) mit 1 Prozent.

(2) Abweichend von Absatz 1 Nummer 2 wird die Leistungsphase 2 bei Objekten nach § 41 Nummer 6 und 7, die eine Tragwerksplanung erfordern, mit 10 Prozent bewertet.

(3) Die Vertragsparteien können abweichend von Absatz 1 schriftlich vereinbaren, dass
1. die Leistungsphase 4 mit 5 bis 8 Prozent bewertet wird, wenn dafür ein eigenständiges Planfeststellungsverfahren erforderlich ist.
2. die Leistungsphase 5 mit 15 bis 35 Prozent bewertet wird, wenn ein überdurchschnittlicher Aufwand an Ausführungszeichnungen erforderlich wird.

(4) Anlage 12 Nummer 12.1 regelt die Grundleistungen jeder Leistungsphase und enthält Beispiele für Besondere Leistungen.

§ 44
Honorare für Grundleistungen bei Ingenieurbauwerken

(1) Die Mindest- und Höchstsätze der Honorare für die in § 43 und der Anlage 12 Nummer 12.1 aufgeführten Grundleistungen bei Ingenieurbauwerken sind in der folgenden Honorartafel für den Anwendungsbereich des § 41 festgesetzt:

Anrechenbare Kosten in Euro	Honorarzone I sehr geringe Anforderungen		Honorarzone II geringe Anforderungen		Honorarzone III durchschnittliche Anforderungen		Honorarzone IV hohe Anforderungen		Honorarzone V sehr hohe Anforderungen	
	von	bis	von	bis	von	bis	von	bis	von	bis
	Euro		Euro		Euro		Euro		Euro	
25.000	3.449	4.109	4.109	4.768	4.768	5.428	5.428	6.036	6.036	6.696
35.000	4.475	5.331	5.331	6.186	6.186	7.042	7.042	7.831	7.831	8.687
50.000	5.897	7.024	7.024	8.152	8.152	9.279	9.279	10.320	10.320	11.447
75.000	8.069	9.611	9.611	11.154	11.154	12.697	12.697	14.121	14.121	15.663
100.000	10.079	12.005	12.005	13.932	13.932	15.859	15.859	17.637	17.637	19.564
150.000	13.786	16.422	16.422	19.058	19.058	21.693	21.693	24.126	24.126	26.762
200.000	17.215	20.506	20.506	23.797	23.797	27.088	27.088	30.126	30.126	33.417
300.000	23.534	28.033	28.033	32.532	32.532	37.031	37.031	41.185	41.185	45.684
500.000	34.865	41.530	41.530	48.195	48.195	54.861	54.861	61.013	61.013	67.679
750.000	47.576	56.672	56.672	65.767	65.767	74.863	74.863	83.258	83.258	92.354
1.000.000	59.264	70.594	70.594	81.924	81.924	93.254	93.254	103.712	103.712	115.042
1.500.000	80.998	96.482	96.482	111.967	111.967	127.452	127.452	141.746	141.746	157.230
2.000.000	101.054	120.373	120.373	139.692	139.692	159.011	159.011	176.844	176.844	196.163
3.000.000	137.907	164.272	164.272	190.636	190.636	217.001	217.001	241.338	241.338	267.702
5.000.000	203.584	242.504	242.504	281.425	281.425	320.345	320.345	356.272	356.272	395.192
7.500.000	278.415	331.642	331.642	384.868	384.868	438.095	438.095	487.227	487.227	540.453
10.000.000	347.568	414.014	414.014	480.461	480.461	546.908	546.908	608.244	608.244	674.690
15.000.000	474.901	565.691	565.691	656.480	656.480	747.270	747.270	831.076	831.076	921.866
20.000.000	592.324	705.563	705.563	818.801	818.801	932.040	932.040	1.036.568	1.036.568	1.149.806
25.000.000	702.770	837.123	837.123	971.476	971.476	1.105.829	1.105.829	1.229.848	1.229.848	1.364.201

(2) Welchen Honorarzonen die Grundleistungen zugeordnet werden, richtet sich nach folgenden Bewertungsmerkmalen:
1. geologische und baugrundtechnische Gegebenheiten,
2. technische Ausrüstung und Ausstattung,
3. Einbindung in die Umgebung oder in das Objektumfeld,
4. Umfang der Funktionsbereiche oder der konstruktiven oder technischen Anforderungen,
5. fachspezifische Bedingungen.

(3) Sind für Ingenieurbauwerke Bewertungsmerkmale aus mehreren Honorarzonen anwendbar und bestehen deswegen Zweifel, welcher Honorarzone das Objekt zugeordnet werden kann, so ist zunächst die Anzahl der Bewertungspunkte zu ermitteln. Zur Ermittlung der Bewertungspunkte werden die Bewertungsmerkmale wie folgt gewichtet:
1. die Bewertungsmerkmale gemäß Absatz 2 Nummer 1, 2 und 3 mit bis zu 5 Punkten,
2. das Bewertungsmerkmal gemäß Absatz 2 Nummer 4 mit bis zu 10 Punkten,
3. das Bewertungsmerkmal gemäß Absatz 2 Nummer 5 mit bis zu 15 Punkten.

(4) Das Ingenieurbauwerk ist anhand der nach Absatz 3 ermittelten Bewertungspunkte einer der Honorarzonen zuzuordnen:
1. Honorarzone I: bis zu 10 Punkte,
2. Honorarzone II: 11 bis 17 Punkte,
3. Honorarzone III: 18 bis 25 Punkte,
4. Honorarzone IV: 26 bis 33 Punkte,
5. Honorarzone V: 34 bis 40 Punkte.

(5) Für die Zuordnung zu den Honorarzonen ist die Objektliste der Anlage 12 Nummer 12.2 zu berücksichtigen.

(6) Für Umbauten und Modernisierungen von Ingenieurbauwerken kann bei einem durchschnittlichen Schwierigkeitsgrad ein Zuschlag gemäß § 6 Absatz 2 Satz 3 bis 33 Prozent schriftlich vereinbart werden.

(7) Steht der Planungsaufwand für Ingenieurbauwerke mit großer Längenausdehnung, die unter gleichen baulichen Bedingungen errichtet werden, in einem Missverhältnis zum ermittelten Honorar, ist § 7 Absatz 3 anzuwenden.

Abschnitt 4
Verkehrsanlagen

§ 45
Anwendungsbereich

Verkehrsanlagen sind:
1. Anlagen des Straßenverkehrs, ausgenommen selbstständige Rad-, Geh- und Wirtschaftswege und Freianlagen nach § 39 Absatz 1,
2. Anlagen des Schienenverkehrs,
3. Anlagen des Flugverkehrs.

§ 46
Besondere Grundlagen des Honorars

(1) Für Grundleistungen bei Verkehrsanlagen sind die Kosten der Baukonstruktion anrechenbar. Soweit der Auftragnehmer die Ausstattung von Anlagen des Straßen-, Schienen- und Flugverkehrs einschließlich der darin enthaltenen Entwässerungsanlagen, die der Zweckbestimmung der Verkehrs-

anlagen dienen, plant oder deren Ausführung überwacht, sind die dadurch entstehenden Kosten anrechenbar.

(2) Für Grundleistungen bei Verkehrsanlagen sind auch die Kosten für Technische Anlagen, die der Auftragnehmer nicht fachlich plant oder deren Ausführung der Auftragnehmer nicht fachlich überwacht,
1. vollständig anrechenbar bis zu einem Betrag von 25 Prozent der sonstigen anrechenbaren Kosten und
2. zur Hälfte anrechenbar mit dem Betrag, der 25 Prozent der sonstigen anrechenbaren Kosten übersteigt.

(3) Nicht anrechenbar sind, soweit der Auftragnehmer die Anlagen weder plant noch ihre Ausführung überwacht, die Kosten für:
1. das Herrichten des Grundstücks,
2. die öffentliche und die nichtöffentliche Erschließung, die Außenanlagen, das Umlegen und Verlegen von Leitungen,
3. die Nebenanlagen von Anlagen des Straßen-, Schienen- und Flugverkehrs,
4. verkehrsregelnde Maßnahmen während der Bauzeit.

(4) Für Grundleistungen der Leistungsphasen 1 bis 7 und 9 bei Verkehrsanlagen sind:
1. die Kosten für Erdarbeiten einschließlich Felsarbeiten anrechenbar bis zu einem Betrag von 40 Prozent der sonstigen anrechenbaren Kosten nach Absatz 1 und
2. 10 Prozent der Kosten für Ingenieurbauwerke anrechenbar, wenn dem Auftragnehmer für diese Ingenieurbauwerke nicht gleichzeitig Grundleistungen nach § 43 übertragen werden.

(5) Die nach den Absätzen 1 bis 4 ermittelten Kosten sind für Grundleistungen des § 47 Absatz 1 Satz 2 Nummer 1 bis 7 und 9
1. bei Straßen, die mehrere durchgehende Fahrspuren mit einer gemeinsamen Entwurfsachse und einer gemeinsamen Entwurfsgradiente haben, wie folgt anteilig anrechenbar:
   a) bei dreistreifigen Straßen zu 85 Prozent,
   b) bei vierstreifigen Straßen zu 70 Prozent und
   c) bei mehr als vierstreifigen Straßen zu 60 Prozent,
2. bei Gleis- und Bahnsteiganlagen, die zwei Gleise mit einem gemeinsamen Planum haben, zu 90 Prozent anrechenbar. Das Honorar für Gleis- und Bahnsteiganlagen mit mehr als zwei Gleisen oder Bahnsteigen kann frei vereinbart werden.

§ 47
Leistungsbild Verkehrsanlagen

(1) § 34 Absatz 1 gilt entsprechend. Die Grundleistungen für Verkehrsanlagen sind in neun Leistungsphasen unterteilt und werden wie folgt in Prozentsätzen der Honorare des § 48 bewertet:
1. für die Leistungsphase 1 (Grundlagenermittlung) mit 2 Prozent,
2. für die Leistungsphase 2 (Vorplanung) mit 20 Prozent,
3. für die Leistungsphase 3 (Entwurfsplanung) mit 25 Prozent,
4. für die Leistungsphase 4 (Genehmigungsplanung) mit 8 Prozent,
5. für die Leistungsphase 5 (Ausführungsplanung) mit 15 Prozent,
6. für die Leistungsphase 6 (Vorbereitung der Vergabe) mit 10 Prozent,
7. für die Leistungsphase 7 (Mitwirkung bei der Vergabe) mit 4 Prozent,
8. für die Leistungsphase 8 (Bauoberleitung) mit 15 Prozent,
9. für die Leistungsphase 9 (Objektbetreuung) mit 1 Prozent.

(2) Anlage 13 Nummer 13.1 regelt die Grundleistungen jeder Leistungsphase und enthält Beispiele für Besondere Leistungen.

§ 48
Honorare für Grundleistungen bei Verkehrsanlagen

(1) Die Mindest- und Höchstsätze der Honorare für die in § 47 und der Anlage 13 Nummer 13.1 aufgeführten Grundleistungen bei Verkehrsanlagen sind in der folgenden Honorartafel für den Anwendungsbereich des § 45 festgesetzt:

Anrechenbare Kosten in Euro	Honorarzone I sehr geringe Anforderungen		Honorarzone II geringe Anforderungen		Honorarzone III durchschnittliche Anforderungen		Honorarzone IV hohe Anforderungen		Honorarzone V sehr hohe Anforderungen	
	von	bis	von	bis	von	bis	von	bis	von	bis
	Euro		Euro		Euro		Euro		Euro	
25.000	3.882	4.624	4.624	5.366	5.366	6.108	6.108	6.793	6.793	7.535
35.000	4.981	5.933	5.933	6.885	6.885	7.837	7.837	8.716	8.716	9.668
50.000	6.487	7.727	7.727	8.967	8.967	10.207	10.207	11.352	11.352	12.592
75.000	8.759	10.434	10.434	12.108	12.108	13.783	13.783	15.328	15.328	17.003
100.000	10.839	12.911	12.911	14.983	14.983	17.056	17.056	18.968	18.968	21.041
150.000	14.634	17.432	17.432	20.229	20.229	23.027	23.027	25.610	25.610	28.407
200.000	18.106	21.567	21.567	25.029	25.029	28.490	28.490	31.685	31.685	35.147
300.000	24.435	29.106	29.106	33.778	33.778	38.449	38.449	42.761	42.761	47.433
500.000	35.622	42.433	42.433	49.243	49.243	56.053	56.053	62.339	62.339	69.149
750.000	48.001	57.178	57.178	66.355	66.355	75.532	75.532	84.002	84.002	93.179
1.000.000	59.267	70.597	70.597	81.928	81.928	93.258	93.258	103.717	103.717	115.047
1.500.000	80.009	95.305	95.305	110.600	110.600	125.896	125.896	140.015	140.015	155.311
2.000.000	98.962	117.881	117.881	136.800	136.800	155.719	155.719	173.183	173.183	192.102
3.000.000	133.441	158.951	158.951	184.462	184.462	209.973	209.973	233.521	233.521	259.032
5.000.000	194.094	231.200	231.200	268.306	268.306	305.412	305.412	339.664	339.664	376.770
7.500.000	262.407	312.573	312.573	362.739	362.739	412.905	412.905	459.212	459.212	509.378
10.000.000	324.978	387.107	387.107	449.235	449.235	511.363	511.363	568.712	568.712	630.840
15.000.000	439.179	523.140	523.140	607.101	607.101	691.062	691.062	768.564	768.564	852.525
20.000.000	543.619	647.546	647.546	751.473	751.473	855.401	855.401	951.333	951.333	1.055.260
25.000.000	641.265	763.860	763.860	886.454	886.454	1.009.049	1.009.049	1.122.213	1.122.213	1.244.808

(2) Welchen Honorarzonen die Grundleistungen zugeordnet werden, richtet sich nach folgenden Bewertungsmerkmalen:
1. geologische und baugrundtechnische Gegebenheiten,
2. technische Ausrüstung und Ausstattung,
3. Einbindung in die Umgebung oder das Objektumfeld,
4. Umfang der Funktionsbereiche oder der konstruktiven oder technischen Anforderungen,
5. fachspezifische Bedingungen.

(3) Sind für Verkehrsanlagen Bewertungsmerkmale aus mehreren Honorarzonen anwendbar und bestehen deswegen Zweifel, welcher Honorarzone das Objekt zugeordnet werden kann, so ist zunächst die Anzahl der Bewertungspunkte zu ermitteln.
Zur Ermittlung der Bewertungspunkte werden die Bewertungsmerkmale wie folgt gewichtet:
1. die Bewertungsmerkmale gemäß Absatz 2 Nummer 1, 2 mit bis zu 5 Punkten,
2. das Bewertungsmerkmal gemäß Absatz 2 Nummer 3 mit bis zu 15 Punkten,
3. das Bewertungsmerkmal gemäß Absatz 2 Nummer 4 mit bis zu 10 Punkten,
4. das Bewertungsmerkmal gemäß Absatz 2 Nummer 5 mit bis zu 5 Punkten,

(4) Die Verkehrsanlage ist anhand der nach Absatz 3 ermittelten Bewertungspunkte einer der Honorarzonen zuzuordnen:

1. Honorarzone I: bis zu 10 Punkte,
2. Honorarzone II: 11 bis 17 Punkte,
3. Honorarzone III: 18 bis 25 Punkte,
4. Honorarzone IV: 26 bis 33 Punkte,
5. Honorarzone V: 34 bis 40 Punkte.

(5) Für die Zuordnung zu den Honorarzonen ist die Objektliste der Anlage 13 Nummer 13.2 zu berücksichtigen.

(6) Für Umbauten und Modernisierungen von Verkehrsanlagen kann bei einem durchschnittlichen Schwierigkeitsgrad ein Zuschlag gemäß § 6 Absatz 2 Satz 3 bis 33 Prozent schriftlich vereinbart werden.

Teil 4
Fachplanung

Abschnitt 1
Tragwerksplanung

§ 49
Anwendungsbereich

(1) Leistungen der Tragwerksplanung sind die statische Fachplanung für die Objektplanung Gebäude und Ingenieurbauwerke.
(2) Das Tragwerk bezeichnet das statische Gesamtsystem der miteinander verbundenen, lastabtragenden Konstruktionen, die für die Standsicherheit von Gebäuden, Ingenieurbauwerken, und Traggerüsten bei Ingenieurbauwerken maßgeblich sind.

§ 50
Besondere Grundlagen des Honorars

(1) Bei Gebäuden und zugehörigen baulichen Anlagen sind 55 Prozent der Baukonstruktionskosten und 10 Prozent der Kosten der Technischen Anlagen anrechenbar.
(2) Die Vertragsparteien können bei Gebäuden mit einem hohen Anteil an Kosten der Gründung und der Tragkonstruktionen schriftlich vereinbaren, dass die anrechenbaren Kosten abweichend von Absatz 1 nach Absatz 3 ermittelt werden.
(3) Bei Ingenieurbauwerken sind 90 Prozent der Baukonstruktionskosten und 15 Prozent der Kosten der Technischen Anlagen anrechenbar.
(4) Für Traggerüste bei Ingenieurbauwerken sind die Herstellkosten einschließlich der zugehörigen Kosten für Baustelleneinrichtungen anrechenbar. Bei mehrfach verwendeten Bauteilen ist der Neuwert anrechenbar.
(5) Die Vertragsparteien können vereinbaren, dass Kosten von Arbeiten, die nicht in den Absätzen 1 bis 3 erfasst sind, ganz oder teilweise anrechenbar sind, wenn der Auftragnehmer wegen dieser Arbeiten Mehrleistungen für das Tragwerk nach § 51 erbringt.

§ 51
Leistungsbild Tragwerksplanung

(1) Die Grundleistungen der Tragwerksplanung sind für Gebäude und zugehörige bauliche Anlagen sowie für Ingenieurbauwerke nach § 41 Nummer 1 bis 5 in den Leistungsphasen 1 bis 6 sowie für

Ingenieurbauwerke nach § 41 Nummer 6 und 7 in den Leistungsphasen 2 bis 6 zusammengefasst und werden wie folgt in Prozentsätzen der Honorare des § 52 bewertet:
1. für die Leistungsphase 1 (Grundlagenermittlung) mit 3 Prozent,
2. für die Leistungsphase 2 (Vorplanung) mit 10 Prozent,
3. für die Leistungsphase 3 (Entwurfsplanung) mit 15 Prozent,
4. für die Leistungsphase 4 (Genehmigungsplanung) mit 30 Prozent,
5. für die Leistungsphase 5 (Ausführungsplanung) mit 40 Prozent,
6. für die Leistungsphase 6 (Vorbereitung der Vergabe) mit 2 Prozent.

(2) Die Leistungsphase 5 ist abweichend von Absatz 1 mit 30 Prozent der Honorare des § 52 zu bewerten:
1. im Stahlbetonbau, sofern keine Schalpläne in Auftrag gegeben werden,
2. im Holzbau mit unterdurchschnittlichem Schwierigkeitsgrad.

(3) Die Leistungsphase 5 ist abweichend von Absatz 1 mit 20 Prozent der Honorare des § 52 zu bewerten, sofern nur Schalpläne in Auftrag gegeben werden.

(4) Bei sehr enger Bewehrung kann die Bewertung der Leistungsphase 5 um bis zu 4 Prozent erhöht werden.

(5) Anlage 14 Nummer 14.1 regelt die Grundleistungen jeder Leistungsphase und enthält Beispiele für Besondere Leistungen. Für Ingenieurbauwerke nach § 41 Nummer 6 und 7 sind die Grundleistungen der Tragwerksplanung zur Leistungsphase 1 im Leistungsbild der Ingenieurbauwerke gemäß § 43 enthalten.

§ 52
Honorare für Grundleistungen bei Tragwerksplanungen

(1) Die Mindest- und Höchstsätze der Honorare für die in § 51 und der Anlage 14 Nummer 14.1 aufgeführten Grundleistungen der Tragwerksplanungen sind in der folgenden Honorartafel festgesetzt:

Anrechenbare Kosten in Euro	Honorarzone I sehr geringe Anforderungen		Honorarzone II geringe Anforderungen		Honorarzone III durchschnittliche Anforderungen		Honorarzone IV hohe Anforderungen		Honorarzone V sehr hohe Anforderungen	
	von	bis	von	bis	von	bis	von	bis	von	bis
	Euro		Euro		Euro		Euro		Euro	
10.000	1.461	1.624	1.624	2.064	2.064	2.575	2.575	3.015	3.015	3.178
15.000	2.011	2.234	2.234	2.841	2.841	3.543	3.543	4.149	4.149	4.373
25.000	3.006	3.340	3.340	4.247	4.247	5.296	5.296	6.203	6.203	6.537
50.000	5.187	5.763	5.763	7.327	7.327	9.139	9.139	10.703	10.703	11.279
75.000	7.135	7.928	7.928	10.080	10.080	12.572	12.572	14.724	14.724	15.517
100.000	8.946	9.940	9.940	12.639	12.639	15.763	15.763	18.461	18.461	19.455
150.000	12.303	13.670	13.670	17.380	17.380	21.677	21.677	25.387	25.387	26.754
250.000	18.370	20.411	20.411	25.951	25.951	32.365	32.365	37.906	37.906	39.947
350.000	23.909	26.565	26.565	33.776	33.776	42.125	42.125	49.335	49.335	51.992
500.000	31.594	35.105	35.105	44.633	44.633	55.666	55.666	65.194	65.194	68.705
750.000	43.463	48.293	48.293	61.401	61.401	76.578	76.578	89.686	89.686	94.515
1.000.000	54.495	60.550	60.550	76.984	76.984	96.014	96.014	112.449	112.449	118.504
1.250.000	64.940	72.155	72.155	91.740	91.740	114.418	114.418	134.003	134.003	141.218
1.500.000	74.938	83.265	83.265	105.865	105.865	132.034	132.034	154.635	154.635	162.961
2.000.000	93.923	104.358	104.358	132.684	132.684	165.483	165.483	193.808	193.808	204.244

Anrechenbare Kosten in Euro	Honorarzone I sehr geringe Anforderungen		Honorarzone II geringe Anforderungen		Honorarzone III durchschnittliche Anforderungen		Honorarzone IV hohe Anforderungen		Honorarzone V sehr hohe Anforderungen	
	von	bis	von	bis	von	bis	von	bis	von	bis
	Euro		Euro		Euro		Euro		Euro	
3.000.000	129.059	143.398	143.398	182.321	182.321	227.389	227.389	266.311	266.311	280.651
5.000.000	192.384	213.760	213.760	271.781	271.781	338.962	338.962	396.983	396.983	418.359
7.500.000	264.487	293.874	293.874	373.640	373.640	466.001	466.001	545.767	545.767	575.154
10.000.000	331.398	368.220	368.220	468.166	468.166	583.892	583.892	683.838	683.838	720.660
15.000.000	455.117	505.686	505.686	642.943	642.943	801.873	801.873	939.131	939.131	989.699

(2) Die Honorarzone wird nach dem statisch-konstruktiven Schwierigkeitsgrad anhand der in Anlage 14 Nummer 14.2 dargestellten Bewertungsmerkmale ermittelt.

(3) Sind für ein Tragwerk Bewertungsmerkmale aus mehreren Honorarzonen anwendbar und bestehen deswegen Zweifel, welcher Honorarzone das Tragwerk zugeordnet werden kann, so ist für die Zuordnung die Mehrzahl der in den jeweiligen Honorarzonen nach Absatz 2 aufgeführten Bewertungsmerkmale und ihre Bedeutung im Einzelfall maßgebend.

(4) Für Umbauten und Modernisierungen kann bei einem durchschnittlichen Schwierigkeitsgrad ein Zuschlag gemäß § 6 Absatz 2 Satz 3 bis 50 Prozent schriftlich vereinbart werden.

(5) Steht der Planungsaufwand für Tragwerke bei Ingenieurbauwerken mit großer Längenausdehnung, die unter gleichen baulichen Bedingungen errichtet werden, in einem Missverhältnis zum ermittelten Honorar, ist § 7 Absatz 3 anzuwenden.

Abschnitt 2
Technische Ausrüstung

§ 53
Anwendungsbereich

(1) Die Leistungen der Technischen Ausrüstung umfassen die Fachplanungen für Objekte.

(2) Zur Technischen Ausrüstung gehören folgende Anlagengruppen:
1. Abwasser-, Wasser- und Gasanlagen,
2. Wärmeversorgungsanlagen,
3. Lufttechnische Anlagen,
4. Starkstromanlagen,
5. Fernmelde- und informationstechnische Anlagen,
6. Förderanlagen,
7. nutzungsspezifische Anlagen und verfahrenstechnische Anlagen,
8. Gebäudeautomation und Automation von Ingenieurbauwerken.

§ 54
Besondere Grundlagen des Honorars

(1) Das Honorar für Grundleistungen bei der Technischen Ausrüstung richtet sich für das jeweilige Objekt im Sinne des § 2 Absatz 1 Satz 1 nach der Summe der anrechenbaren Kosten der Anlagen jeder Anlagengruppe. Dies gilt für nutzungsspezifische Anlagen nur, wenn die Anlagen funktional gleichartig sind. Anrechenbar sind auch sonstige Maßnahmen für technische Anlagen.

(2) Umfasst ein Auftrag für unterschiedliche Objekte im Sinne des § 2 Absatz 1 Satz 1 mehrere Anlagen, die unter funktionalen und technischen Kriterien eine Einheit bilden, werden die anrechenbaren Kosten der Anlagen jeder Anlagengruppe zusammengefasst. Dies gilt für nutzungsspezifische Anlagen nur, wenn diese Anlagen funktional gleichartig sind. § 11 Absatz 1 ist nicht anzuwenden.

(3) Umfasst ein Auftrag im Wesentlichen gleiche Anlagen, die unter weitgehend vergleichbaren Bedingungen für im Wesentlichen gleiche Objekte geplant werden, ist die Rechtsfolge des § 11 Absatz 3 anzuwenden. Umfasst ein Auftrag im Wesentlichen gleiche Anlagen, die bereits Gegenstand eines anderen Vertrags zwischen den Vertragsparteien waren, ist die Rechtsfolge des § 11 Absatz 4 anzuwenden.

(4) Nicht anrechenbar sind die Kosten für die nichtöffentliche Erschließung und die Technischen Anlagen in Außenanlagen, soweit der Auftragnehmer diese nicht plant oder ihre Ausführung nicht überwacht.

(5) Werden Teile der Technischen Ausrüstung in Baukonstruktionen ausgeführt, so können die Vertragsparteien schriftlich vereinbaren, dass die Kosten hierfür ganz oder teilweise zu den anrechenbaren Kosten gehören. Satz 1 ist entsprechend für Bauteile der Kostengruppe Baukonstruktionen anzuwenden, deren Abmessung oder Konstruktion durch die Leistung der Technischen Ausrüstung wesentlich beeinflusst wird.

§ 55
Leistungsbild Technische Ausrüstung

(1) Das Leistungsbild „Technische Ausrüstung" umfasst Grundleistungen für Neuanlagen, Wiederaufbauten, Erweiterungsbauten, Umbauten, Modernisierungen, Instandhaltungen und Instandsetzungen. Die Grundleistungen bei der Technischen Ausrüstung sind in neun Leistungsphasen zusammengefasst und werden wie folgt in Prozentsätzen der Honorare des § 56 bewertet:
1. für die Leistungsphase 1 (Grundlagenermittlung) mit 2 Prozent,
2. für die Leistungsphase 2 (Vorplanung) mit 9 Prozent,
3. für die Leistungsphase 3 (Entwurfsplanung) mit 17 Prozent,
4. für die Leistungsphase 4 (Genehmigungsplanung) mit 2 Prozent,
5. für die Leistungsphase 5 (Ausführungsplanung) mit 22 Prozent,
6. für die Leistungsphase 6 (Vorbereitung der Vergabe) mit 7 Prozent,
7. für die Leistungsphase 7 (Mitwirkung bei der Vergabe) mit 5 Prozent,
8. für die Leistungsphase 8 (Objektüberwachung – Bauüberwachung) mit 35 Prozent,
9. für die Leistungsphase 9 (Objektbetreuung) mit 1 Prozent.

(2) Die Leistungsphase 5 ist abweichend von Absatz 1 Satz 2 mit einem Abschlag von jeweils 4 Prozent zu bewerten, sofern das Anfertigen von Schlitz- und Durchbruchsplänen oder das Prüfen der Montage- und Werkstattpläne der ausführenden Firmen nicht in Auftrag gegeben wird.

(3) Anlage 15 Nummer 15.1 regelt die Grundleistungen jeder Leistungsphase und enthält Beispiele für Besondere Leistungen.

§ 56
Honorare für Grundleistungen der Technischen Ausrüstung

(1) Die Mindest- und Höchstsätze der Honorare für die in § 55 und der Anlage 15.1 aufgeführten Grundleistungen bei einzelnen Anlagen sind in der folgenden Honorartafel festgesetzt:

Anrechenbare Kosten in Euro	Honorarzone I sehr geringe Anforderungen		Honorarzone II geringe Anforderungen		Honorarzone III durchschnittliche Anforderungen		Honorarzone IV hohe Anforderungen		Honorarzone V sehr hohe Anforderungen	
	von	bis	von	bis	von	bis	von	bis	von	bis
	Euro		Euro		Euro		Euro		Euro	
5.000	2.132	2.547	2.547	2.990	2.990	3.405	5.428	6.036	6.036	6.696
10.000	3.689	4.408	4.408	5.174	5.174	5.893	7.042	7.831	7.831	8.687
15.000	5.084	6.075	6.075	7.131	7.131	8.122	9.279	10.320	10.320	11.447
25.000	7.615	9.098	9.098	10.681	10.681	12.164	12.697	14.121	14.121	15.663
35.000	9.934	11.869	11.869	13.934	13.934	15.869	15.859	17.637	17.637	19.564
5.000	2.132	2.547	2.547	2.990	2.990	3.405	21.693	24.126	24.126	26.762
10.000	3.689	4.408	4.408	5.174	5.174	5.893	27.088	30.126	30.126	33.417
15.000	5.084	6.075	6.075	7.131	7.131	8.122	37.031	41.185	41.185	45.684
25.000	7.615	9.098	9.098	10.681	10.681	12.164	54.861	61.013	61.013	67.679
35.000	9.934	11.869	11.869	13.934	13.934	15.869	74.863	83.258	83.258	92.354
500.000	80.684	96.402	96.402	113.168	113.168	128.886	93.254	103.712	103.712	115.042
750.000	111.105	132.749	132.749	155.836	155.836	177.480	127.452	141.746	141.746	157.230
1.000.000	139.347	166.493	166.493	195.448	195.448	222.594	159.011	176.844	176.844	196.163
1.250.000	166.043	198.389	198.389	232.891	232.891	265.237	217.001	241.338	241.338	267.702
1.500.000	191.545	228.859	228.859	268.660	268.660	305.974	320.345	356.272	356.272	395.192
2.000.000	239.792	286.504	286.504	336.331	336.331	383.044	438.095	487.227	487.227	540.453
2.500.000	285.649	341.295	341.295	400.650	400.650	456.296	546.908	608.244	608.244	674.690
3.000.000	329.420	393.593	393.593	462.044	462.044	526.217	747.270	831.076	831.076	921.866
3.500.000	371.491	443.859	443.859	521.052	521.052	593.420	932.040	1.036.568	1.036.568	1.149.806
4.000.000	412.126	492.410	492.410	578.046	578.046	658.331	1.105.829	1.229.848	1.229.848	1.364.201

(2) Welchen Honorarzonen die Grundleistungen zugeordnet werden, richtet sich nach folgenden Bewertungsmerkmalen:
1. Anzahl der Funktionsbereiche,
2. Integrationsansprüche,
3. technische Ausgestaltung,
4. Anforderungen an die Technik,
5. konstruktive Anforderungen.

(3) Für die Zuordnung zu den Honorarzonen ist die Objektliste der Anlage 15 Nummer 15.2 zu berücksichtigen.

(4) Werden Anlagen einer Gruppe verschiedenen Honorarzonen zugeordnet, so ergibt sich das Honorar nach Absatz 1 aus der Summe der Einzelhonorare. Ein Einzelhonorar wird dabei für alle Anlagen ermittelt, die einer Honorarzone zugeordnet werden. Für die Ermittlung des Einzelhonorars ist zunächst das Honorar für die Anlagen jeder Honorarzone zu berechnen, das sich ergeben würde, wenn die gesamten anrechenbaren Kosten der Anlagengruppe nur der Honorarzone zugeordnet würden, für die das Einzelhonorar berechnet wird. Das Einzelhonorar ist dann nach dem Verhältnis der Summe der anrechenbaren Kosten der Anlagen einer Honorarzone zu den gesamten anrechenbaren Kosten der Anlagengruppe zu ermitteln.

(5) Für Umbauten und Modernisierungen kann bei einem durchschnittlichen Schwierigkeitsgrad ein Zuschlag gemäß § 6 Absatz 2 Satz 3 bis 50 Prozent schriftlich vereinbart werden.

(6) Steht der Planungsaufwand für die Technische Ausrüstung von Ingenieurbauwerken mit großer Längenausdehnung, die unter gleichen baulichen Bedingungen errichtet werden, in einem Missverhältnis zum ermittelten Honorar, ist § 7 Absatz 3 anzuwenden.

Teil 5
Übergangs- und Schlussvorschriften

§ 57
Übergangsvorschrift

Diese Verordnung ist nicht auf Grundleistungen anzuwenden, die vor ihrem Inkrafttreten vertraglich vereinbart wurden; insoweit bleiben die bisherigen Vorschriften anwendbar.

§ 58
Inkrafttreten, Außerkrafttreten

Diese Verordnung tritt am Tag nach der Verkündung in Kraft. Gleichzeitig tritt die Honorarordnung für Architekten und Ingenieure vom 11. August 2009 (BGBl. I S. 2732) außer Kraft.

Der Bundesrat hat zugestimmt.

Anlage 1

Beratungsleistungen

1.1 Umweltverträglichkeitsstudie

1.1.1 Leistungsbild Umweltverträglichkeitsstudie

(1) Die Grundleistungen bei Umweltverträglichkeitsstudien können in vier Leistungsphasen unterteilt und wie folgt in Prozentsätzen der Honorare in Nummer 1.1.2 bewertet werden. Die Bewertung der Leistungsphasen der Honorare erfolgt
1. für die Leistungsphase 1 (Klären der Aufgabenstellung und Ermitteln des Leistungsumfangs) mit 3 Prozent,
2. für die Leistungsphase 2 (Grundlagenermittlung) mit 37 Prozent,
3. für die Leistungsphase 3 (Vorläufige Fassung) mit 50 Prozent,
4. für die Leistungsphase 4 (Abgestimmte Fassung) mit 10 Prozent.

(2) Das Leistungsbild kann sich wie folgt zusammensetzen:

Leistungsphase 1: Klären der Aufgabenstellung und Ermitteln des Leistungsumfangs
– Zusammenstellen und Prüfen der vom Auftraggeber zur Verfügung gestellten untersuchungsrelevanten Unterlagen,
– Ortsbesichtigungen,
– Abgrenzen der Untersuchungsräume,
– Ermitteln der Untersuchungsinhalte,
– Konkretisieren weiteren Bedarfs an Daten und Unterlagen,
– Beraten zum Leistungsumfang für ergänzende Untersuchungen und Fachleistungen,
– Aufstellen eines verbindlichen Arbeitsplans unter Berücksichtigung der sonstigen Fachbeiträge.

Leistungsphase 2: Grundlagenermittlung
– Ermitteln und Beschreiben der untersuchungsrelevanten
– Sachverhalte aufgrund vorhandener Unterlagen,
– Beschreiben der Umwelt einschließlich des rechtlichen Schutzstatus, der fachplanerischen Vorgaben und Ziele sowie der für die Bewertung relevanten Funktionselemente für jedes Schutzgut einschließlich der Wechselwirkungen,
– Beschreiben der vorhandenen Beeinträchtigungen der Umwelt,
– Bewerten der Funktionselemente und der Leistungsfähigkeit der einzelnen Schutzgüter hinsichtlich ihrer Bedeutung und Empfindlichkeit,
– Raumwiderstandsanalyse, soweit nach Art des Vorhabens erforderlich, einschließlich des Ermittelns konfliktarmer Bereiche,
– Darstellen von Entwicklungstendenzen des Untersuchungsraumes für den Prognose-Null-Fall,
– Überprüfen der Abgrenzung des Untersuchungsraumes und der
– Untersuchungsinhalte,
– Zusammenfassendes Darstellen der Erfassung und Bewertung als Grundlage für die Erörterung mit dem Auftraggeber.

Leistungsphase 3: Vorläufige Fassung
– Ermitteln und Beschreiben der Umweltauswirkungen und Erstellen der vorläufigen Fassung,
– Mitwirken bei der Entwicklung und der Auswahl vertieft zu untersuchender planerischer Lösungen,
– Mitwirken bei der Optimierung von bis zu drei planerischen Lösungen (Hauptvarianten) zur Vermeidung von Beeinträchtigungen,
– Ermitteln, Beschreiben und Bewerten der unmittelbaren und mittelbaren Auswirkungen von bis zu drei planerischen Lösungen (Hauptvarianten) auf die Schutzgüter im Sinne des Gesetzes über die Umweltverträglichkeitsprüfung vom 24. Februar 2010 (BGBl. I S. 94) einschließlich der Wechselwirkungen,

- Einarbeiten der Ergebnisse vorhandener Untersuchungen zum Gebiets- und Artenschutz sowie zum Boden- und Wasserschutz,
- Vergleichendes Darstellen und Bewerten der Auswirkungen von bis zu drei planerischen Lösungen,
- Zusammenfassendes vergleichendes Bewerten des Projekts mit dem Prognose-Null-Fall,
- Erstellen von Hinweisen auf Maßnahmen zur Vermeidung und Verminderung von Beeinträchtigungen sowie zur Ausgleichbarkeit der unvermeidbaren Beeinträchtigungen,
- Erstellen von Hinweisen auf Schwierigkeiten bei der Zusammenstellung der Angaben,
- Zusammenführen und Darstellen der Ergebnisse als vorläufige Fassung in Text und Karten einschließlich des Herausarbeitens der grundsätzlichen Lösung der wesentlichen Teile der Aufgabe,
- Abstimmen der vorläufigen Fassung mit dem Auftraggeber.

Leistungsphase 4: Abgestimmte Fassung
Darstellen der mit dem Auftraggeber abgestimmten Fassung der Umweltverträglichkeitsstudie in Text und Karte einschließlich einer Zusammenfassung.

(3) Im Leistungsbild Umweltverträglichkeitsstudie können insbesondere die Besonderen Leistungen der Anlage 9 Anwendung finden.

1.1.2 Honorare für Grundleistungen bei Umweltverträglichkeitsstudien

(1) Die Mindest- und Höchstsätze der Honorare für die in Nummer 1.1.1 aufgeführten Grundleistungen bei Umweltverträglichkeitsstudien können anhand der folgenden Honorartafel bestimmt werden:

Fläche in Hektar	Honorarzone I geringe Anforderungen		Honorarzone II durchschnittliche Anforderungen		Honorarzone III hohe Anforderungen	
	von	bis	von	bis	von	bis
	Euro		Euro		Euro	
50	10.176	12.862	12.862	15.406	15.406	18.091
100	14.972	18.923	18.923	22.666	22.666	26.617
150	18.942	23.940	23.940	28.676	28.676	33.674
200	22.454	28.380	28.380	33.994	33.994	39.919
300	28.644	36.203	36.203	43.364	43.364	50.923
400	34.117	43.120	43.120	51.649	51.649	60.653
500	39.110	49.431	49.431	59.209	59.209	69.530
750	50.211	63.461	63.461	76.014	76.014	89.264
1.000	60.004	75.838	75.838	90.839	90.839	106.674
1.500	77.182	97.550	97.550	116.846	116.846	137.213
2.000	92.278	116.629	116.629	139.698	139.698	164.049
2.500	105.963	133.925	133.925	160.416	160.416	188.378
3.000	118.598	149.895	149.895	179.544	179.544	210.841
4.000	141.533	178.883	178.883	214.266	214.266	251.615
5.000	162.148	204.937	204.937	245.474	245.474	288.263
6.000	182.186	230.263	230.263	275.810	275.810	323.887
7.000	201.072	254.133	254.133	304.401	304.401	357.461
8.000	218.466	276.117	276.117	330.734	330.734	388.384
9.000	234.394	296.247	296.247	354.846	354.846	416.700
10.000	249.492	315.330	315.330	377.704	377.704	443.542

(2) Das Honorar für die Erstellung von Umweltverträglichkeitsstudien kann nach der Gesamtfläche des Untersuchungsraumes in Hektar und nach der Honorarzone berechnet werden.

(3) Umweltverträglichkeitsstudien können folgenden Honorarzonen zugeordnet werden:
1. Honorarzone I   (Geringe Anforderungen),
2. Honorarzone II (Durchschnittliche Anforderungen),
3. Honorarzone III (Hohe Anforderungen).

(4) Die Zuordnung zu den Honorarzonen kann anhand folgender Bewertungsmerkmale für zu erwartende nachteilige Auswirkungen auf die Umwelt ermittelt werden:
1. Bedeutung des Untersuchungsraumes für die Schutzgüter im Sinne des Gesetzes über die Umweltverträglichkeitsprüfung (UVPG),
2. Ausstattung des Untersuchungsraumes mit Schutzgebieten,
3. Landschaftsbild und -struktur,
4. Nutzungsansprüche,
5. Empfindlichkeit des Untersuchungsraumes gegenüber Umweltbelastungen und -beeinträchtigungen,
6. Intensität und Komplexität potenzieller nachteiliger Wirkfaktoren auf die Umwelt.

(5) Sind für eine Umweltverträglichkeitsstudie Bewertungsmerkmale aus mehreren Honorarzonen anwendbar und bestehen deswegen Zweifel, welcher Honorarzone die Umweltverträglichkeitsstudie zugeordnet werden kann, kann die Anzahl der Bewertungspunkte nach Absatz 4 ermittelt werden; die Umweltverträglichkeitsstudie kann nach der Summe der Bewertungspunkte folgenden Honorarzonen zugeordnet werden:
1. Honorarzone I: Umweltverträglichkeitsstudien mit bis zu 16 Punkten
2. Honorarzone II: Umweltverträglichkeitsstudien mit 17 bis 30 Punkten
3. Honorarzone III: Umweltverträglichkeitsstudien mit 31 bis 42 Punkten.

(6) Bei der Zuordnung einer Umweltverträglichkeitsstudie zu den Honorarzonen können nach dem Schwierigkeitsgrad der Anforderungen die Bewertungsmerkmale wie folgt gewichtet werden:
1. die Bewertungsmerkmale gemäß Absatz 4 Nummern 1 bis 4 mit je bis zu 6 Punkten und
2. die Bewertungsmerkmale gemäß Absatz 4 Nummern 5 und 6 mit je bis zu 9 Punkten.

(7) Wird die Größe des Untersuchungsraumes während der Leistungserbringung geändert, so kann das Honorar für die Leistungsphasen, die bis zur Änderung noch nicht erbracht sind, nach der geänderten Größe des Untersuchungsraumes berechnet werden.

1.2 Bauphysik

1.2.1 Anwendungsbereich

(1) Zu den Grundleistungen für Bauphysik können gehören:
– Wärmeschutz und Energiebilanzierung,
– Bauakustik (Schallschutz),
– Raumakustik.

(2) Wärmeschutz und Energiebilanzierung können den Wärmeschutz von Gebäuden und Ingenieurbauwerken und die fachübergreifende Energiebilanzierung umfassen.

(3) Die Bauakustik kann den Schallschutz von Objekten zur Erreichung eines regelgerechten Luft- und Trittschallschutzes und zur Begrenzung der von außen einwirkenden Geräusche sowie der Geräusche von Anlagen der Technischen Ausrüstung umfassen. Dazu kann auch der Schutz der Umgebung vor schädlichen Umwelteinwirkungen durch Lärm (Schallimmissionsschutz) gehören.

(4) Die Raumakustik kann die Beratung zu Räumen mit besonderen raumakustischen Anforderungen umfassen.

(5) Die Besonderen Grundlagen der Honorare werden gesondert in den Teilgebieten Wärmeschutz und Energiebilanzierung, Bauakustik, Raumakustik aufgeführt.

1.2.2 Leistungsbild Bauphysik

(1) Die Grundleistungen für Bauphysik können in sieben Leistungsphasen unterteilt und wie folgt in Prozentsätzen der Honorare in Nummer 1.2.3 bewertet werden:
1. für die Leistungsphase 1 (Grundlagenermittlung) mit 3 Prozent,
2. für die Leistungsphase 2 (Mitwirken bei der Vorplanung) mit 20 Prozent,
3. für die Leistungsphase 3 (Mitwirken bei der Entwurfsplanung) mit 40 Prozent,
4. für die Leistungsphase 4 (Mitwirken bei der Genehmigungsplanung) mit 6 Prozent,
5. für die Leistungsphase 5 (Mitwirken bei der Ausführungsplanung) mit 27 Prozent,
6. für die Leistungsphase 6 (Mitwirkung bei der Vorbereitung der Vergabe) mit 2 Prozent,
7. für die Leistungsphase 7 (Mitwirkung bei der Vergabe) mit 2 Prozent.

(2) Die Leistungsbild kann sich wie folgt zusammensetzen:

Grundleistungen	Besondere Leistungen
LPH 1 Grundlagenermittlung	
a) Klären der Aufgabenstellung b) Festlegen der Grundlagen, Vorgaben und Ziele	– Mitwirken bei der Ausarbeitung von Auslobungen und bei Vorprüfungen für Wettbewerbe – Bestandsaufnahme bestehender Gebäude, Ermitteln und Bewerten von Kennwerten – Schadensanalyse bestehender Gebäude – Mitwirken bei Vorgaben für Zertifizierungen
LPH 2 Mitwirkung bei der Vorplanung	
a) Analyse der Grundlagen b) Klären der wesentlichen Zusammenhänge von Gebäude und technischen Anlagen einschließlich Betrachtung von Alternativen c) Vordimensionieren der relevanten Bauteile des Gebäudes d) Mitwirken beim Abstimmen der fachspezifischen Planungskonzepte der Objektplanung und der Fachplanungen e) Erstellen eines Gesamtkonzeptes in Abstimmung mit der Objektplanung und den Fachplanungen f) Erstellen von Rechenmodellen, Auflisten der wesentlichen Kennwerte als Arbeitsgrundlage für Objektplanung und Fachplanungen	– Mitwirken beim Klären von Vorgaben für Fördermaßnahmen und bei deren Umsetzung – Mitwirken an Projekt-, Käufer- oder Mieterbaubeschreibungen – Erstellen eines fachübergreifenden Bauteilkatalogs
LPH 3 Mitwirkung bei der Entwurfsplanung	
a) Fortschreiben der Rechenmodelle und der wesentlichen Kennwerte für das Gebäude b) Mitwirken beim Fortschreiben der Planungskonzepte der Objektplanung und Fachplanung bis zum vollständigen Entwurf c) Bemessen der Bauteile des Gebäudes d) Erarbeiten von Übersichtsplänen und des Erläuterungsberichtes mit Vorgaben, Grundlagen und Auslegungsdaten	– Simulationen zur Prognose des Verhaltens von Bauteilen, Räumen, Gebäuden und Freiräumen

Grundleistungen	Besondere Leistungen

LPH 4 Mitwirkung bei der Genehmigungsplanung

a) Mitwirken beim Aufstellen der Genehmigungsplanung und bei Vorgesprächen mit Behörden b) Aufstellen der förmlichen Nachweise c) Vervollständigen und Anpassen der Unterlagen	– Mitwirken bei Vorkontrollen in Zertifizierungsprozessen – Mitwirken beim Einholen von Zustimmungen im Einzelfall

LPH 5 Mitwirkung bei der Ausführungsplanung

a) Durcharbeiten der Ergebnisse der Leistungsphasen 3 und 4 unter Beachtung der durch die Objektplanung integrierten Fachplanungen b) Mitwirken bei der Ausführungsplanung durch ergänzende Angaben für die Objektplanung und Fachplanungen	– Mitwirken beim Prüfen und Anerkennen der Montage- und Werkstattplanung der ausführenden Unternehmen auf Übereinstimmung mit der Ausführungsplanung

LPH 6 Mitwirkung bei der Vorbereitung der Vergabe

Beiträge zu Ausschreibungsunterlagen

LPH 7 Mitwirkung bei der Vergabe

Mitwirken beim Prüfen und Bewerten der Angebote auf Erfüllung der Anforderungen	– Prüfen von Nebenangeboten

LPH 8 Objektüberwachung u. Dokumentation

	– Mitwirken bei der Baustellenkontrolle – Messtechnisches Überprüfen der Qualität der Bauausführung und von Bauteil- oder Raumeigenschaften

LPH 9 Objektbetreuung

	– Mitwirken bei Audits in Zertifizierungsprozessen

1.2.3 Honorare für Grundleistungen für Wärmeschutz und Energiebilanzierung

(1) Das Honorar für die Grundleistungen nach Nummer 1.2.2 Absatz 2 kann sich nach den anrechenbaren Kosten des Gebäudes nach § 33 nach der Honorarzone nach § 35, der das Gebäude zuzuordnen ist, und nach der Honorartafel in Absatz 2 richten.

(2) Die Mindest- und Höchstsätze der Honorare für die in Nummer 1.2.2 Absatz 2 aufgeführten Grundleistungen für Wärmeschutz und Energiebilanzierung können anhand der folgenden Honorartafel bestimmt werden:

Anrechen-bare Kosten in Euro	Honorarzone I sehr geringe Anforderungen		Honorarzone II geringe Anforderungen		Honorarzone III durchschnittliche Anforderungen		Honorarzone IV hohe Anforderungen		Honorarzone V sehr hohe Anforderungen	
	von Euro	bis Euro	von Euro	bis Euro	von Euro	bis Euro	von Euro	bis Euro	von Euro	bis Euro
250.000	1.757	2.023	2.023	2.395	2.395	2.928	2.928	3.300	3.300	3.566
275.000	1.789	2.061	2.061	2.440	2.440	2.982	2.982	3.362	3.362	3.633
300.000	1.821	2.097	2.097	2.484	2.484	3.036	3.036	3.422	3.422	3.698
350.000	1.883	2.168	2.168	2.567	2.567	3.138	3.138	3.537	3.537	3.822
400.000	1.941	2.235	2.235	2.647	2.647	3.235	3.235	3.646	3.646	3.941
500.000	2.049	2.359	2.359	2.793	2.793	3.414	3.414	3.849	3.849	4.159
600.000	2.146	2.471	2.471	2.926	2.926	3.576	3.576	4.031	4.031	4.356
750.000	2.273	2.617	2.617	3.099	3.099	3.788	3.788	4.270	4.270	4.614
1.000.000	2.440	2.809	2.809	3.327	3.327	4.066	4.066	4.583	4.583	4.953
1.250.000	2.748	3.164	3.164	3.747	3.747	4.579	4.579	5.162	5.162	5.579
1.500.000	3.050	3.512	3.512	4.159	4.159	5.083	5.083	5.730	5.730	6.192
2.000.000	3.639	4.190	4.190	4.962	4.962	6.065	6.065	6.837	6.837	7.388
2.500.000	4.213	4.851	4.851	5.745	5.745	7.022	7.022	7.916	7.916	8.554
3.500.000	5.329	6.136	6.136	7.266	7.266	8.881	8.881	10.012	10.012	10.819
5.000.000	6.944	7.996	7.996	9.469	9.469	11.573	11.573	13.046	13.046	14.098
7.500.000	9.532	10.977	10.977	12.999	12.999	15.887	15.887	17.909	17.909	19.354
10.000.000	12.033	13.856	13.856	16.408	16.408	20.055	20.055	22.607	22.607	24.430
15.000.000	16.856	19.410	19.410	22.986	22.986	28.094	28.094	31.670	31.670	34.224
20.000.000	21.516	24.776	24.776	29.339	29.339	35.859	35.859	40.423	40.423	43.683
25.000.000	26.056	30.004	30.004	35.531	35.531	43.427	43.427	48.954	48.954	52.902

(3) Für Umbauten und Modernisierungen kann bei einem durchschnittlichen Schwierigkeitsgrad ein Zuschlag bis 33 Prozent auf das Honorar schriftlich vereinbart werden.

1.2.4 Honorare für Grundleistungen der Bauakustik

(1) Die Kosten für Baukonstruktionen und Anlagen der Technischen Ausrüstung können zu den anrechenbaren Kosten gehören. Der Umfang der mitzuverarbeitenden Bausubstanz kann angemessen berücksichtigt werden.

(2) Die Vertragsparteien können vereinbaren, dass die Kosten für besondere Bauausführungen ganz oder teilweise zu den anrechenbaren Kosten gehören, wenn hierdurch dem Auftragnehmer ein erhöhter Arbeitsaufwand entsteht.

(3) Die Mindest- und Höchstsätze der Honorare für die in Nummer 1.2.2 Absatz 2 aufgeführten Grundleistungen der Bauakustik können anhand der folgenden Honorartafel bestimmt werden:

Anrechenbare Kosten in Euro	Honorarzone I geringe Anforderungen		Honorarzone II durchschnittliche Anforderungen		Honorarzone III hohe Anforderungen	
	von Euro	bis Euro	von Euro	bis Euro	von Euro	bis Euro
250.000	1.729	1.985	1.985	2.284	2.284	2.625
275.000	1.840	2.113	2.113	2.431	2.431	2.794
300.000	1.948	2.237	2.237	2.574	2.574	2.959
350.000	2.156	2.475	2.475	2.847	2.847	3.273
400.000	2.353	2.701	2.701	3.108	3.108	3.573

Anrechenbare Kosten in Euro	Honorarzone I geringe Anforderungen		Honorarzone II durchschnittliche Anforderungen		Honorarzone III hohe Anforderungen	
	von	bis	von	bis	von	bis
	Euro		Euro		Euro	
500.000	2.724	3.127	3.127	3.598	3.598	4.136
600.000	3.069	3.524	3.524	4.055	4.055	4.661
750.000	3.553	4.080	4.080	4.694	4.694	5.396
1.000.000	4.291	4.927	4.927	5.669	5.669	6.516
1.250.000	4.968	5.704	5.704	6.563	6.563	7.544
1.500.000	5.599	6.429	6.429	7.397	7.397	8.503
2.000.000	6.763	7.765	7.765	8.934	8.934	10.270
2.500.000	7.830	8.990	8.990	10.343	10.343	11.890
3.500.000	9.766	11.213	11.213	12.901	12.901	14.830
5.000.000	12.345	14.174	14.174	16.307	16.307	18.746
7.500.000	16.114	18.502	18.502	21.287	21.287	24.470
10.000.000	19.470	22.354	22.354	25.719	25.719	29.565
15.000.000	25.422	29.188	29.188	33.582	33.582	38.604
20.000.000	30.722	35.273	35.273	40.583	40.583	46.652
25.000.000	35.585	40.857	40.857	47.008	47.008	54.037

(4) Für Umbauten und Modernisierungen kann bei einem durchschnittlichen Schwierigkeitsgrad ein Zuschlag bis 33 Prozent auf das Honorar schriftlich vereinbart werden.

(5) Die Leistungen der Bauakustik können den Honorarzonen anhand folgender Bewertungsmerkmale zugeordnet werden:
1. Art der Nutzung,
2. Anforderungen des Immissionsschutzes,
3. Anforderungen des Emissionsschutzes,
4. Art der Hüllkonstruktion, Anzahl der Konstruktionstypen,
5. Art und Intensität der Außenlärmbelastung,
6. Art und Umfang der Technischen Ausrüstung.

(6) § 52 Absatz 3 kann sinngemäß angewendet werden.

(7) Objektliste für die Bauakustik

Die nachstehend aufgeführten Innenräume können in der Regel den Honorarzonen wie folgt zugeordnet werden:

	Honorarzone		
Objektliste – Bauakustik	I	II	III
Wohnhäuser, Heime, Schulen, Verwaltungsgebäude oder Banken mit jeweils durchschnittlicher Technischer Ausrüstung oder entsprechendem Ausbau	x		
Heime, Schulen, Verwaltungsgebäude mit jeweils überdurchschnittlicher Technischer Ausrüstung oder entsprechendem Ausbau		x	
Wohnhäuser mit versetzten Grundrissen		x	
Wohnhäuser mit Außenlärmbelastungen		x	
Hotels, soweit nicht in Honorarzone III erwähnt		x	
Universitäten oder Hochschulen		x	
Krankenhäuser, soweit nicht in Honorarzone III erwähnt		x	

	Honorarzone		
Objektliste – Bauakustik	I	II	III
Gebäude für Erholung, Kur oder Genesung		x	
Versammlungsstätten, soweit nicht in Honorarzone III erwähnt		x	
Werkstätten mit schutzbedürftigen Räumen		x	
Hotels mit umfangreichen gastronomischen Einrichtungen			x
Gebäude mit gewerblicher Nutzung oder Wohnnutzung			x
Krankenhäuser in bauakustisch besonders ungünstigen Lagen oder mit ungünstiger Anordnung der Versorgungseinrichtungen			x
Theater-, Konzert- oder Kongressgebäude			x
Tonstudios oder akustische Messräume			x

1.2.5 Honorare für Grundleistungen der Raumakustik

(1) Das Honorar für jeden Innenraum, für den Grundleistungen zur Raumakustik erbracht werden, kann sich nach den anrechenbaren Kosten nach Absatz 2, nach der Honorarzone, der der Innenraum zuzuordnen ist, sowie nach der Honorartafel in Absatz 3 richten.

(2) Die Kosten für Baukonstruktionen und Technische Ausrüstung sowie die Kosten für die Ausstattung (DIN 276 – 1: 2008-12, Kostengruppe 610) des Innenraums können zu den anrechenbaren Kosten gehören. Die Kosten für die Baukonstruktionen und Technische Ausrüstung werden für die Anrechnung durch den Bruttorauminhalt des Gebäudes geteilt und mit dem Rauminhalt des Innenraums multipliziert. Der Umfang der mitzuverarbeitenden Bausubstanz kann angemessen berücksichtigt werden.

(3) Die Mindest- und Höchstsätze der Honorare für die in Nummer 1.2.2 Absatz 2 aufgeführten Grundleistungen der Raumakustik können anhand der folgenden Honorartafel bestimmt werden.

Anrechenbare Kosten in Euro	Honorarzone I sehr geringe Anforderungen		Honorarzone II geringe Anforderungen		Honorarzone III durchschnittliche Anforderungen		Honorarzone IV hohe Anforderungen		Honorarzone V sehr hohe Anforderungen	
	von	bis	von	bis	von	bis	von	bis	von	bis
	Euro		Euro		Euro		Euro		Euro	
50.000	1.714	2.226	2.226	2.737	2.737	3.279	3279	3790	3790	4301
75.000	1.805	2.343	2.343	2.882	2.882	3.452	3.452	3.990	3.990	4.528
100.000	1.892	2.457	2.457	3.021	3.021	3.619	3.619	4.183	4.183	4.748
150.000	2.061	2.676	2.676	3.291	3.291	3.942	3.942	4.557	4.557	5.171
200.000	2.225	2.888	2.888	3.551	3.551	4.254	4.254	4.917	4.917	5.581
250.000	2.384	3.095	3.095	3.806	3.806	4.558	4.558	5.269	5.269	5.980
300.000	2.540	3.297	3.297	4.055	4.055	4.857	4.857	5.614	5.614	6.371
400.000	2.844	3.693	3.693	4.541	4.541	5.439	5.439	6.287	6.287	7.136
500.000	3.141	4.078	4.078	5.015	5.015	6.007	6.007	6.944	6.944	7.881
750.000	3.860	5.011	5.011	6.163	6.163	7.382	7.382	8.533	8.533	9.684
1.000.000	4.555	5.913	5.913	7.272	7.272	8.710	8.710	10.069	10.069	11.427
1.500.000	5.896	7.655	7.655	9.413	9.413	11.275	11.275	13.034	13.034	14.792
2.000.000	7.193	9.338	9.338	11.483	11.483	13.755	13.755	15.900	15.900	18.045
2.500.000	8.457	10.979	10.979	13.501	13.501	16.172	16.172	18.694	18.694	21.217
3.000.000	9.696	12.588	12.588	15.479	15.479	18.541	18.541	21.433	21.433	24.325

Anrechen-bare Kosten in Euro	Honorarzone I sehr geringe Anforderungen		Honorarzone II geringe Anforderungen		Honorarzone III durchschnittliche Anforderungen		Honorarzone IV hohe Anforderungen		Honorarzone V sehr hohe Anforderungen	
	von	bis	von	bis	von	bis	von	bis	von	bis
	Euro		Euro		Euro		Euro		Euro	
4.000.000	12.115	15.729	15.729	19.342	19.342	23.168	23.168	26.781	26.781	30.395
5.000.000	14.474	18.791	18.791	23.108	23.108	27.679	27.679	31.996	31.996	36.313
6.000.000	16.786	21.793	21.793	26.799	26.799	32.100	32.100	37.107	37.107	42.113
7.000.000	19.060	24.744	24.744	30.429	30.429	36.448	36.448	42.133	42.133	47.817
7.500.000	20.184	26.204	26.204	32.224	32.224	38.598	38.598	44.618	44.618	50.638

(4) Für Umbauten und Modernisierungen kann bei einem durchschnittlichen Schwierigkeitsgrad ein Zuschlag bis 33 Prozent auf das Honorar vereinbart werden.

(5) Innenräume können nach den im Absatz 6 genannten Bewertungsmerkmalen folgenden Honorarzonen zugeordnet werden:
1. Honorarzone I: Innenräume mit sehr geringen Anforderungen,
2. Honorarzone II: Innenräume mit geringen Anforderungen,
3. Honorarzone III: Innenräume mit durchschnittlichen Anforderungen,
4. Honorarzone IV: Innenräume mit hohen Anforderungen,
5. Honorarzone V: Innenräume mit sehr hohen Anforderungen.

(6) Für die Zuordnung zu den Honorarzonen können folgende Bewertungsmerkmale herangezogen werden:
1. Anforderungen an die Einhaltung der Nachhallzeit,
2. Einhalten eines bestimmten Frequenzganges der Nachhallzeit,
3. Anforderungen an die räumliche und zeitliche Schallverteilung,
4. akustische Nutzungsart des Innenraums,
5. Veränderbarkeit der akustischen Eigenschaften des Innenraums.

(7) Objektliste für die Raumakustik

Die nachstehend aufgeführten Innenräume können in der Regel den Honorarzonen wie folgt zugeordnet werden:

Objektliste – Raumakustik	Honorarzone				
	I	II	III	IV	V
Pausenhallen, Spielhallen, Liege- und Wandelhallen	x				
Großraumbüros		x			
Unterrichts-, Vortrags- und Sitzungsräume					
– bis 500 m³			x		
– 500 bis 1.500 m³				x	
– über 1.500 m³					x
Filmtheater					
– bis 1.000 m³			x		
– 1.000 bis 3.000 m³				x	
– über 3.000 m³					x

	Honorarzone				
Objektliste – Raumakustik	I	II	III	IV	V
Kirchen					
– bis 1.000 m³		x			
– 1.000 bis 3.000 m³			x		
– über 3.000 m³				x	
Sporthallen, Turnhallen					
– nicht teilbar, bis 1.000 m³		x			
– teilbar, bis 3.000 m³				x	
Mehrzweckhallen					
– bis 3.000 m³				x	
– über 3.000 m³					x
Konzertsäle, Theater, Opernhäuser					x
Tonaufnahmeräume, akustische Messräume					x
Innenräume mit veränderlichen akustischen Eigenschaften					x

(8) § 52 Absatz 3 kann sinngemäß angewendet werden.

1.3 Geotechnik

1.3.1 Anwendungsbereich

(1) Die Leistungen für Geotechnik können die Beschreibung und Beurteilung der Baugrund- und Grundwasserverhältnisse für Gebäude und Ingenieurbauwerke im Hinblick auf das Objekt und die Erarbeitung einer Gründungsempfehlung umfassen. Dazu gehört auch die Beschreibung der Wechselwirkung zwischen Baugrund und Bauwerk sowie die Wechselwirkung mit der Umgebung.

(2) Die Leistungen können insbesondere das Festlegen von Baugrundkennwerten und von Kennwerten für rechnerische Nachweise zur Standsicherheit und Gebrauchstauglichkeit des Objektes, die Abschätzung zum Schwankungsbereich des Grundwassers sowie die Einordnung des Baugrundes nach bautechnischen Klassifikationsmerkmalen umfassen.

1.3.2 Besondere Grundlagen des Honorars

(1) Das Honorar der Grundleistungen kann sich nach den anrechenbaren Kosten der Tragwerksplanung nach § 50 Absatz 1 bis Absatz 3 für das gesamte Objekt aus Bauwerk und Baugrube richten.

(2) Das Honorar für Ingenieurbauwerke mit großer Längenausdehnung (Linienbauwerke) kann ergänzend frei vereinbart werden.

1.3.3 Leistungsbild Geotechnik

(1) Grundleistungen können die Beschreibung und Beurteilung der Baugrund- und Grundwasserverhältnisse sowie die daraus abzuleitenden Empfehlungen für die Gründung einschließlich der Angabe der Bemessungsgrößen für eine Flächen- oder Pfahlgründung, Hinweise zur Herstellung und Trockenhaltung der Baugrube und des Bauwerks, Angaben zur Auswirkung des Bauwerks auf die Umge-

bung und auf Nachbarbauwerke sowie Hinweise zur Bauausführung umfassen. Die Darstellung der Inhalte kann im Geotechnischen Bericht erfolgen.

(2) Die Grundleistungen können in folgenden Teilleistungen zusammengefasst und wie folgt in Prozentsätzen der Honorare der Nummer 1.3.4 bewertet werden:
1. für die Teilleistung a) (Grundlagenermittlung und Erkundungskonzept) mit 15 Prozent,
2. für die Teilleistung b) (Beschreiben der Baugrund- und Grundwasserverhältnisse) mit 35 Prozent,
3. für die Teilleistung c) (Beurteilung der Baugrund- und Grundwasserverhältnisse, Empfehlungen, Hinweise, Angaben zur Bemessung der Gründung) mit 50 Prozent.

(3) Das Leistungsbild kann sich wie folgt zusammensetzen:

Grundleistungen	Besondere Leistungen
Geotechnischer Bericht	
a) Grundlagenermittlung und Erkundungskonzept – Klären der Aufgabenstellung, Ermitteln der Baugrund- und Grundwasserverhältnisse auf Basis vorhandener Unterlagen – Festlegen und Darstellen der erforderlichen Baugrunderkundungen b) Beschreiben der Baugrund- und Grundwasserverhältnisse – Auswerten und Darstellen der Baugrunderkundungen sowie der Labor- und Felduntersuchungen – Abschätzen des Schwankungsbereiches von Wasserständen und/oder Druckhöhen im Boden – Klassifizieren des Baugrunds und Festlegen der Baugrundkennwerte c) Beurteilung der Baugrund- und Grundwasserverhältnisse, Empfehlungen, Hinweise, Angaben zur Bemessung der Gründung – Beurteilung des Baugrunds – Empfehlung für die Gründung mit Angabe der geotechnischen Bemessungsparameter (zum Beispiel Angaben zur Bemessung einer Flächen- oder Pfahlgründung) – Angabe der zu erwartenden Setzungen für die vom Tragwerksplaner im Rahmen der Entwurfsplanung nach § 49 zu erbringenden Grundleistungen – Hinweise zur Herstellung und Trockenhaltung der Baugrube und des Bauwerks sowie Angaben zur Auswirkung der Baumaßnahme auf Nachbarbauwerke – Allgemeine Angaben zum Erdbau – Angaben zur geotechnischen Eignung von Aushubmaterial zur Wiederverwendung bei der betreffenden Baumaßnahme sowie Hinweise zur Bauausführung	– Beschaffen von Bestandsunterlagen – Vorbereiten und Mitwirken bei der Vergabe von Aufschlussarbeiten und deren Überwachung – Veranlassen von Labor- und Felduntersuchungen – Aufstellen von geotechnischen Berechnungen zur Standsicherheit oder Gebrauchstauglichkeit, wie zum Beispiel Setzungs-, Grundbruch- und Geländebruchberechnungen – Aufstellen von hydrogeologischen, geohydraulischen und besonderen numerischen Berechnungen – Beratung zu Dränanlagen, Anlagen zur Grundwasserabsenkung oder sonstigen ständigen oder bauzeitlichen Eingriffen in das Grundwasser – Beratung zu Probebelastungen sowie fachtechnisches Betreuen und Auswerten – geotechnische Beratung zu Gründungselementen, Baugruben- oder Hangsicherungen und Erdbauwerken, Mitwirkung bei der Beratung zur Sicherung von Nachbarbauwerken – Untersuchungen zur Berücksichtigung dynamischer Beanspruchungen bei der Bemessung des Objekts oder seiner Gründung sowie Beratungsleistungen zur Vermeidung oder Beherrschung von dynamischen Einflüssen – Mitwirken bei der Bewertung von Nebenangeboten aus geotechnischer Sicht – Mitwirken während der Planung oder Ausführung des Objekts sowie Besprechungs- und Ortstermine – geotechnische Freigaben

1.3.4 Honorare Geotechnik

(1) Honorare für die in Nummer 1.3.3 Absatz 3 aufgeführten Grundleistungen können nach der folgenden Honorartafel bestimmt werden:

Anrechenbare Kosten in Euro	Honorarzone I sehr geringe Anforderungen		Honorarzone II geringe Anforderungen		Honorarzone III durchschnittliche Anforderungen		Honorarzone IV hohe Anforderungen		Honorarzone V sehr hohe Anforderungen	
	von	bis	von	bis	von	bis	von	bis	von	bis
	Euro		Euro		Euro		Euro		Euro	
50.000	789	1.222	1.222	1.654	1.654	2.105	2.105	2.537	2.537	2.970
75.000	951	1.472	1.472	1.993	1.993	2.537	2.537	3.058	3.058	3.579
100.000	1.086	1.681	1.681	2.276	2.276	2.896	2.896	3.491	3.491	4.086
125.000	1.204	1.863	1.863	2.522	2.522	3.210	3.210	3.869	3.869	4.528
150.000	1.309	2.026	2.026	2.742	2.742	3.490	3.490	4.207	4.207	4.924
200.000	1.494	2.312	2.312	3.130	3.130	3.984	3.984	4.802	4.802	5.621
300.000	1.800	2.786	2.786	3.772	3.772	4.800	4.800	5.786	5.786	6.772
400.000	2.054	3.179	3.179	4.304	4.304	5.478	5.478	6.603	6.603	7.728
500.000	2.276	3.522	3.522	4.768	4.768	6.069	6.069	7.315	7.315	8.561
750.000	2.740	4.241	4.241	5.741	5.741	7.307	7.307	8.808	8.808	10.308
1.000.000	3.125	4.836	4.836	6.548	6.548	8.334	8.334	10.045	10.045	11.756
1.500.000	3.765	5.827	5.827	7.889	7.889	10.041	10.041	12.103	12.103	14.165
2.000.000	4.297	6.650	6.650	9.003	9.003	11.459	11.459	13.812	13.812	16.165
3.000.000	5.175	8.009	8.009	10.842	10.842	13.799	13.799	16.633	16.633	19.467
5.000.000	6.535	10.114	10.114	13.693	13.693	17.428	17.428	21.007	21.007	24.586
7.500.000	7.878	12.192	12.192	16.506	16.506	21.007	21.007	25.321	25.321	29.635
10.000.000	8.994	13.919	13.919	18.844	18.844	23.983	23.983	28.909	28.909	33.834
15.000.000	10.839	16.775	16.775	22.711	22.711	28.905	28.905	34.840	34.840	40.776
20.000.000	12.373	19.148	19.148	25.923	25.923	32.993	32.993	39.769	39.769	46.544
25.000.000	13.708	21.215	21.215	28.722	28.722	36.556	36.556	44.063	44.063	51.570

(2) Die Honorarzone kann bei den geotechnischen Grundleistungen aufgrund folgender Bewertungsmerkmale ermittelt werden:
1. Honorarzone I: Gründungen mit sehr geringem Schwierigkeitsgrad, insbesondere gering setzungsempfindliche Objekte mit einheitlicher Gründungsart bei annähernd regelmäßigem Schichtenaufbau des Untergrundes mit einheitlicher Tragfähigkeit und Setzungsfähigkeit innerhalb der Baufläche;
2. Honorarzone II: Gründungen mit geringem Schwierigkeitsgrad, insbesondere
– setzungsempfindliche Objekte sowie gering setzungsempfindliche Objekte mit bereichsweise unterschiedlicher Gründungsart oder bereichsweise stark unterschiedlichen Lasten bei annähernd regelmäßigem Schichtenaufbau des Untergrundes mit einheitlicher Tragfähigkeit und Setzungsfähigkeit innerhalb der Baufläche,
– gering setzungsempfindliche Objekte mit einheitlicher Gründungsart bei unregelmäßigem Schichtenaufbau des Untergrundes mit unterschiedlicher Tragfähigkeit und Setzungsfähigkeit innerhalb der Baufläche;
3. Honorarzone III: Gründungen mit durchschnittlichem Schwierigkeitsgrad, insbesondere
– stark setzungsempfindliche Objekte bei annähernd regelmäßigem Schichtenaufbau des Untergrundes mit einheitlicher Tragfähigkeit und Setzungsfähigkeit innerhalb der Baufläche,
– setzungsempfindliche Objekte sowie gering setzungsempfindliche Bauwerke mit bereichsweise unterschiedlicher Gründungsart oder bereichsweise stark unterschiedlichen Lasten bei unregelmäßigem Schichtenaufbau des Untergrundes mit unterschiedlicher Tragfähigkeit und Setzungsfähigkeit innerhalb der Baufläche,

- gering setzungsempfindliche Objekte mit einheitlicher Gründungsart bei unregelmäßigem Schichtenaufbau des Untergrundes mit stark unterschiedlicher Tragfähigkeit und Setzungsfähigkeit innerhalb der Baufläche;
4. Honorarzone IV: Gründungen mit hohem Schwierigkeitsgrad, insbesondere
- stark setzungsempfindliche Objekte bei unregelmäßigem Schichtenaufbau des Untergrundes mit unterschiedlicher Tragfähigkeit und Setzungsfähigkeit innerhalb der Baufläche,
- setzungsempfindliche Objekte sowie gering setzungsempfindliche Objekte mit bereichsweise unterschiedlicher Gründungsart oder bereichsweise stark unterschiedlichen Lasten bei unregelmäßigem Schichtenaufbau des Untergrundes mit stark unterschiedlicher Tragfähigkeit und Setzungsfähigkeit innerhalb der Baufläche;
5. Honorarzone V: Gründungen mit sehr hohem Schwierigkeitsgrad, insbesondere stark setzungsempfindliche Objekte bei unregelmäßigem Schichtenaufbau des Untergrundes mit stark unterschiedlicher Tragfähigkeit und Setzungsfähigkeit innerhalb der Baufläche.

(3) § 52 Absatz 3 kann sinngemäß angewendet werden.

(4) Die Aspekte des Grundwassereinflusses auf das Objekt und die Nachbarbebauung können bei der Festlegung der Honorarzone zusätzlich berücksichtigt werden.

1.4 Ingenieurvermessung

1.4.1 Anwendungsbereich

(1) Leistungen der Ingenieurvermessung können das Erfassen raumbezogener Daten über Bauwerke und Anlagen, Grundstücke und Topographie, das Erstellen von Plänen, das Übertragen von Planungen in die Örtlichkeit sowie das vermessungstechnische Überwachen der Bauausführung einbeziehen, soweit die Leistungen mit besonderen instrumentellen und vermessungstechnischen Verfahrensanforderungen erbracht werden müssen. Ausgenommen von Satz 1 sind Leistungen, die nach landesrechtlichen Vorschriften für Zwecke der Landesvermessung und des Liegenschaftskatasters durchgeführt werden.

(2) Zur Ingenieurvermessung können gehören:
1. Planungsbegleitende Vermessungen für die Planung und den Entwurf von Gebäuden, Ingenieurbauwerken, Verkehrsanlagen sowie für Flächenplanungen,
2. Bauvermessung vor und während der Bauausführung und die abschließende Bestandsdokumentation von Gebäuden, Ingenieurbauwerken und Verkehrsanlagen,
3. sonstige vermessungstechnische Leistungen:
- Vermessung an Objekten außerhalb der Planungs- und Bauphase,
- Vermessung bei Wasserstraßen,
- Fernerkundungen, die das Aufnehmen, Auswerten und Interpretieren von Luftbildern und anderer raumbezogener Daten umfassen, die durch Aufzeichnung über eine große Distanz erfasst sind, als Grundlage insbesondere für Zwecke der Raumordnung und des Umweltschutzes,
- vermessungstechnische Leistungen zum Aufbau von geographisch-geometrischen Datenbanken für raumbezogene Informationssysteme sowie
- vermessungstechnische Leistungen, soweit sie nicht in Absatz 1 und Absatz 2 erfasst sind.

1.4.2 Grundlagen des Honorars bei der Planungsbegleitenden Vermessung

(1) Das Honorar für Grundleistungen der Planungsbegleitenden Vermessung kann sich nach der Summe der Verrechnungseinheiten, der Honorarzone in Nummer 1.4.3 und der Honorartafel in Nummer 1.4.8 richten.

(2) Die Verrechnungseinheiten können sich aus der Größe der aufzunehmenden Flächen und deren Punktdichte berechnen. Die Punktdichte beschreibt die durchschnittliche Anzahl der für die Erfassung der planungsrelevanten Daten je Hektar zu messenden Punkte.

(3) Abhängig von der Punktdichte können die Flächen den nachstehenden Verrechnungseinheiten (VE) je Hektar (ha) zugeordnet werden.

sehr geringe Punktdichte	(ca. 70 Punkte/ha)	50 VE
geringe Punktdichte	(ca. 150 Punkte/ha)	70 VE
durchschnittliche Punktdichte	(ca. 250 Punkte/ha)	100 VE
hohe Punktdichte	(ca. 350 Punkte/ha)	130 VE
sehr hohe Punktdichte	(ca. 500 Punkte/ha)	150 VE

(4) Umfasst ein Auftrag Vermessungen für mehrere Objekte, so können die Honorare für die Vermessung jedes Objektes getrennt berechnet werden.

1.4.3 Honorarzonen für Grundleistungen bei der Planungsbegleitenden Vermessung

(1) Die Honorarzone kann bei der Planungsbegleitenden Vermessung aufgrund folgender Bewertungsmerkmale ermittelt werden:

a) Qualität der vorhandenen Daten und Kartenunterlagen

sehr hoch	1 Punkt
hoch	2 Punkte
befriedigend	3 Punkte
kaum ausreichend	4 Punkte
mangelhaft	5 Punkte

b) Qualität des vorhandenen geodätischen Raumbezugs

sehr hoch	1 Punkt
hoch	2 Punkte
befriedigend	3 Punkte
kaum ausreichend	4 Punkte
mangelhaft	5 Punkte

c) Anforderungen an die Genauigkeit

sehr gering	1 Punkt
gering	2 Punkte
durchschnittlich	3 Punkte
hoch	4 Punkte
sehr hoch	5 Punkte

d) Beeinträchtigungen durch die Geländebeschaffenheit und bei der Begehbarkeit

sehr gering	1 bis 2 Punkte
gering	3 bis 4 Punkte
durchschnittlich	5 bis 6 Punkte
hoch	7 bis 8 Punkte
sehr hoch	9 bis 10 Punkte

e) Behinderung durch Bebauung und Bewuchs

sehr gering	1 bis 3 Punkte
gering	4 bis 6 Punkte
durchschnittlich	7 bis 9 Punkte
hoch	10 bis 12 Punkte
sehr hoch	13 bis 15 Punkte

f) Behinderung durch Verkehr

sehr gering	1 bis 3 Punkte
gering	4 bis 6 Punkte

durchschnittlich	7 bis 9 Punkte
hoch	10 bis 12 Punkte
sehr hoch	13 bis 15 Punkte

(2) Die Honorarzone kann sich aus der Summe der Bewertungspunkte wie folgt ergeben:

Honorarzone I	bis 13 Punkte
Honorarzone II	14 bis 23 Punkte
Honorarzone III	24 bis 34 Punkte
Honorarzone IV	35 bis 44 Punkte
Honorarzone V	45 bis 55 Punkte.

1.4.4 Leistungsbild Planungsbegleitende Vermessung

(1) Das Leistungsbild Planungsbegleitende Vermessung kann die Aufnahme planungsrelevanter Daten und die Darstellung in analoger und digitaler Form für die Planung und den Entwurf von Gebäuden, Ingenieurbauwerken, Verkehrsanlagen sowie für Flächenplanungen umfassen.

(2) Die Grundleistungen können in vier Leistungsphasen zusammengefasst und wie folgt in Prozentsätzen der Honorare der Nummer 1.4.8 Absatz 1 bewertet werden:
1. für die Leistungsphase 1 (Grundlagenermittlung) mit 5 Prozent,
2. für die Leistungsphase 2 (Geodätischer Raumbezug) mit 20 Prozent,
3. für die Leistungsphase 3 (Vermessungstechnische Grundlagen) mit 65 Prozent,
4. für die Leistungsphase 4 (Digitales Geländemodell mit 10 Prozent.

(3) Das Leistungsbild kann sich wie folgt zusammensetzen:

Grundleistungen	**Besondere Leistungen**
1. Grundlagenermittlung	
a) Einholen von Informationen und Beschaffen von Unterlagen über die Örtlichkeit und das geplante Objekt b) Beschaffen vermessungstechnischer Unterlagen und Daten c) Ortsbesichtigung d) Ermitteln des Leistungsumfangs in Abhängigkeit von den Genauigkeitsanforderungen und dem Schwierigkeitsgrad	– Schriftliches Einholen von Genehmigungen zum Betreten von Grundstücken, von Bauwerken, zum Befahren von Gewässern und für anordnungsbedürftige Verkehrssicherungsmaßnahmen
2. Geodätischer Raumbezug	
a) Erkunden und Vermarken von Lage- und Höhenfestpunkten b) Fertigen von Punktbeschreibungen und Einmessungsskizzen c) Messungen zum Bestimmen der Fest- und Passpunkte d) Auswerten der Messungen und Erstellen des Koordinaten- und Höhenverzeichnisses	– Entwurf, Messung und Auswertung von Sondernetzen hoher Genauigkeit – Vermarken aufgrund besonderer Anforderungen – Aufstellung von Rahmenmessprogrammen
3. Vermessungstechnische Grundlagen	
a) Topographische/morphologische Geländeaufnahme einschließlich Erfassen von Zwangspunkten und planungsrelevanter Objekte	– Maßnahmen für anordnungsbedürftige Verkehrssicherung

Grundleistungen	Besondere Leistungen
b) Aufbereiten und Auswerten der erfassten Daten c) Erstellen eines Digitalen Lagemodells mit ausgewählten planungsrelevanten Höhenpunkten d) Übernehmen von Kanälen, Leitungen, Kabeln und unterirdischen Bauwerken aus vorhandenen Unterlagen e) Übernehmen des Liegenschaftskatasters f) Übernehmen der bestehenden öffentlich-rechtlichen Festsetzungen g) Erstellen von Plänen mit Darstellen der Situation im Planungsbereich mit ausgewählten planungsrelevanten Höhenpunkten h) Liefern der Pläne und Daten in analoger und digitaler Form	– Orten und Aufmessen des unterirdischen Bestandes – Vermessungsarbeiten unter Tage, unter Wasser oder bei Nacht – Detailliertes Aufnehmen bestehender Objekte und Anlagen neben der normalen topographischen Aufnahme wie zum Beispiel Fassaden und Innenräume von Gebäuden – Ermitteln von Gebäudeschnitten – Aufnahmen über den festgelegten Planungsbereich hinaus – Erfassen zusätzlicher Merkmale wie zum Beispiel Baumkronen – Eintragen von Eigentümerangaben – Darstellen in verschiedenen Maßstäben – Ausarbeiten der Lagepläne entsprechend der rechtlichen Bedingungen für behördliche Genehmigungsverfahren – Übernahme der Objektplanung in ein digitales Lagemodell

4. Digitales Geländemodell

a) Selektion der die Geländeoberfläche beschreibenden Höhenpunkte und Bruchkanten aus der Geländeaufnahme
b) Berechnung eines digitalen Geländemodells
c) Ableitung von Geländeschnitten
d) Darstellen der Höhen in Punkt-, Raster- oder Schichtlinienform
e) Liefern der Pläne und Daten in analoger und digitaler Form

1.4.5 Grundlagen des Honorars bei der Bauvermessung

(1) Das Honorar für Grundleistungen bei der Bauvermessung kann sich nach den anrechenbaren Kosten des Objekts, der Honorarzone in Nummer 1.4.6 und der Honorartafel in Nummer 1.4.8 Absatz 2 richten.

(2) Anrechenbare Kosten können die Herstellungskosten des Objekts darstellen. Diese können entsprechend § 4 Absatz 1 und
1. bei Gebäuden entsprechend § 33,
2. bei Ingenieurbauwerken entsprechend § 42,
3. bei Verkehrsanlagen entsprechend § 46 ermittelt werden.

Anrechenbar können bei Ingenieurbauwerken 100 Prozent, bei Gebäuden und Verkehrsanlagen 80 Prozent der ermittelten Kosten sein.

(3) Die Absätze 1 und 2 sowie die Nummer 1.4.6 und Nummer 1.4.7 finden keine Anwendung für vermessungstechnische Grundleistungen bei ober- und unterirdischen Leitungen, Tunnel-, Stollen- und Kavernenbauwerken, innerörtlichen Verkehrsanlagen mit überwiegend innerörtlichem Verkehr, bei Geh- und Radwegen sowie Gleis- und Bahnsteiganlagen. Das Honorar für die in Satz 1 genannten Objekte kann ergänzend frei vereinbart werden.

1.4.6 Honorarzonen für Grundleistungen bei der Bauvermessung

(1) Die Honorarzone kann bei der Bauvermessung aufgrund folgender Bewertungsmerkmale ermittelt werden:

a) Beeinträchtigungen durch die Geländebeschaffenheit und bei der Begehbarkeit
sehr gering 1 Punkt
gering 2 Punkte
durchschnittlich 3 Punkte
hoch 4 Punkte
sehr hoch 5 Punkte

b) Behinderungen durch Bebauung und Bewuchs
sehr gering 1 bis 2 Punkte
gering 3 bis 4 Punkte
durchschnittlich 5 bis 6 Punkte
hoch 7 bis 8 Punkte
sehr hoch 9 bis 10 Punkte

c) Behinderung durch den Verkehr
sehr gering 1 bis 2 Punkte
gering 3 bis 4 Punkte
durchschnittlich 5 bis 6 Punkte
hoch 7 bis 8 Punkte
sehr hoch 9 bis 10 Punkte

d) Anforderungen an die Genauigkeit
sehr gering 1 bis 2 Punkte
gering 3 bis 4 Punkte
durchschnittlich 5 bis 6 Punkte
hoch 7 bis 8 Punkte
sehr hoch 9 bis 10 Punkte

e) Anforderungen durch die Geometrie des Objekts
sehr gering 1 bis 2 Punkte
gering 3 bis 4 Punkte
durchschnittlich 5 bis 6 Punkte
hoch 7 bis 8 Punkte
sehr hoch 9 bis 10 Punkte

f) Behinderung durch den Baubetrieb
sehr gering 1 bis 3 Punkte
gering 4 bis 6 Punkte
durchschnittlich 7 bis 9 Punkte
hoch 10 bis 12 Punkte
sehr hoch 13 bis 15 Punkte

(2) Die Honorarzone kann sich aus der Summe der Bewertungspunkte wie folgt ergeben:

Honorarzone I bis 14 Punkte
Honorarzone II 15 bis 25 Punkte
Honorarzone III 26 bis 37 Punkte
Honorarzone IV 38 bis 48 Punkte
Honorarzone V 49 bis 60 Punkte

1.4.7 Leistungsbild Bauvermessung

(1) Das Leistungsbild Bauvermessung kann die Vermessungsleistungen für den Bau und die abschließende Bestandsdokumentation von Gebäuden, Ingenieurbauwerken und Verkehrsanlagen umfassen.

(2) Die Grundleistungen können in fünf Leistungsphasen zusammengefasst und wie folgt in Prozentsätzen der Honorare der Nummer 1.4.8 Absatz 2 bewertet werden:
1. für die Leistungsphase 1 (Baugeometrische Beratung) mit 2 Prozent
2. für die Leistungsphase 2 (Absteckungsunterlagen) mit 5 Prozent
3. für die Leistungsphase 3 (Bauvorbereitende Vermessung) mit 16 Prozent
4. für die Leistungsphase 4 (Bauausführungsvermessung) mit 62 Prozent
5. für die Leistungsphase 5 (Vermessungstechnische Überwachung der Bauausführung) mit 15 Prozent.

(3) Das Leistungsbild kann sich wie folgt zusammensetzen:

Grundleistungen	Besondere Leistungen
1. Baugeometrische Beratung	
a) Ermitteln des Leistungsumfanges in Abhängigkeit vom Projekt b) Beraten, insbesondere im Hinblick auf die erforderlichen Genauigkeiten und zur Konzeption eines Messprogramms c) Festlegen eines für alle Beteiligten verbindlichen Maß-, Bezugs- und Benennungssystems	– Erstellen von vermessungstechnischen Leistungsbeschreibungen – Erarbeiten von Organisationsvorschlägen über Zuständigkeiten, Verantwortlichkeit und Schnittstellen der Objektvermessung – Erstellen von Messprogrammen für Bewegungs- und Deformationsmessungen, einschließlich Vorgaben für die Baustelleneinrichtung
2. Absteckungsunterlagen	
a) Berechnen der Detailgeometrie anhand der Ausführungsplanung, Erstellen eines Absteckungsplanes und Berechnen von Absteckungsdaten einschließlich Aufzeigen von Widersprüchen (Absteckungsunterlagen)	– Durchführen von zusätzlichen Aufnahmen und ergänzende Berechnungen, falls keine qualifizierten Unterlagen aus der Leistungsphase vermessungstechnische Grundlagen vorliegen – Durchführen von Optimierungsberechnungen im Rahmen der Baugeometrie (zum Beispiel Flächennutzung, Abstandsflächen) – Erarbeitung von Vorschlägen zur Beseitigung von Widersprüchen bei der Verwendung von Zwangspunkten (zum Beispiel bauordnungsrechtliche Vorgaben)
3. Bauvorbereitende Vermessung	
a) Prüfen und Ergänzen des bestehenden Festpunktfeldes b) Zusammenstellung und Aufbereitung der Absteckungsdaten c) Absteckung: Übertragen der Projektgeometrie (Hauptpunkte) und des Baufeldes in die Örtlichkeit d) Übergabe der Lage- und Höhenfestpunkte, der Hauptpunkte und der Absteckungsunterlagen an das bauausführende Unternehmen	– Absteckung auf besondere Anforderungen (zum Beispiel Archäologie, Ausholzung, Grobabsteckung, Kampfmittelräumung)

Grundleistungen	Besondere Leistungen
4. Bauausführungsvermessung	
a) Messungen zur Verdichtung des Lage- und Höhenfestpunktfeldes b) Messungen zur Überprüfung und Sicherung von Fest- und Achspunkten c) Baubegleitende Absteckungen der geometriebestimmenden Bauwerkspunkte nach Lage und Höhe d) Messungen zur Erfassung von Bewegungen und Deformationen des zu erstellenden Objekts an konstruktiv bedeutsamen Punkten e) Baubegleitende Eigenüberwachungsmessungen und deren Dokumentation f) Fortlaufende Bestandserfassung während der Bauausführung als Grundlage für den Bestandplan	– Erstellen und Konkretisieren des Messprogramms – Absteckungen unter Berücksichtigung von belastungs- und fertigungstechnischen Verformungen – Prüfen der Maßgenauigkeit von Fertigteilen – Aufmaß von Bauleistungen, soweit besondere vermessungstechnische Leistungen gegeben sind – Ausgabe von Baustellenbestandsplänen während der Bauausführung – Fortführen der vermessungstechnischen Bestandspläne nach Abschluss der Grundleistungen – Herstellen von Bestandsplänen
5. Vermessungstechnische Überwachung der Bauausführung	
a) Kontrollieren der Bauausführung durch stichprobenartige Messungen an Schalungen und entstehenden Bauteilen (Kontrollmessungen) b) Fertigen von Messprotokollen c) Stichprobenartige Bewegungs- und Deformationsmessungen an konstruktiv bedeutsamen Punkten des zu erstellenden Objekts	– Prüfen der Mengenermittlungen – Beratung zu langfristigen vermessungstechnischen Objektüberwachungen im Rahmen der Ausführungskontrolle baulicher Maßnahmen und deren Durchführung – Vermessungen für die Abnahme von Bauleistungen, soweit besondere vermessungstechnische Anforderungen gegeben sind

(4) Die Leistungsphase 4 ist abweichend von Absatz 2 bei Gebäuden mit 45 bis 62 Prozent zu bewerten.

1.4.8 Honorare für Grundleistungen bei der Ingenieurvermessung

(1) Die Honorare für die in Nummer 1.4.4 Absatz 3 aufgeführten Grundleistungen der Planungsbegleitenden Vermessung können sich nach der folgenden Honorartafel richten:

Anrechenbare Kosten in Euro	Honorarzone I sehr geringe Anforderungen		Honorarzone II geringe Anforderungen		Honorarzone III durchschnittliche Anforderungen		Honorarzone IV hohe Anforderungen		Honorarzone V sehr hohe Anforderungen	
	von	bis	von	bis	von	bis	von	bis	von	bis
	Euro		Euro		Euro		Euro		Euro	
6	658	777	777	914	914	1.051	1.051	1.170	1.170	1.289
20	953	1.123	1123	1.306	1.306	1.489	1.489	1.659	1.659	1.828
50	1.480	1.740	1.740	2.000	2.000	2.260	2.260	2.520	2.520	2.780
103	2.225	2.616	2.616	3.007	3.007	3.399	3.399	3.790	3.790	4.182
188	3.325	3.826	3.826	4.327	4.327	4.829	4.829	5.330	5.330	5.831
278	4.320	4.931	4.931	5.542	5.542	6.153	6.153	6.765	6.765	7.376
359	5.156	5.826	5.826	6.547	6.547	7.217	7.217	7.939	7.939	8.609

Anrechenbare Kosten in Euro	Honorarzone I sehr geringe Anforderungen		Honorarzone II geringe Anforderungen		Honorarzone III durchschnittliche Anforderungen		Honorarzone IV hohe Anforderungen		Honorarzone V sehr hohe Anforderungen	
	von Euro	bis Euro	von Euro	bis Euro	von Euro	bis Euro	von Euro	bis Euro	von Euro	bis Euro
435	5.881	6.656	6.656	7.437	7.437	8.212	8.212	8.994	8.994	9.768
506	6.547	7.383	7.383	8.219	8.219	9.055	9.055	9.892	9.892	10.728
659	7.867	8.859	8.859	9.815	9.815	10.809	10.809	11.765	11.765	12.757
822	9.187	10.299	10.299	11.413	11.413	12.513	12.513	13.625	13.625	14.737
1.105	11.332	12.667	12.667	14.002	14.002	15.336	15.336	16.672	16.672	18.006
1.400	13.525	14.977	14.977	16.532	16.532	18.086	18.086	19.642	19.642	21.196
2.033	17.714	19.597	19.597	21.592	21.592	23.586	23.586	25.582	25.582	27.576
2.713	21.894	24.217	24.217	26.652	26.652	29.086	29.086	31.522	31.522	33.956
3.430	26.074	28.837	28.837	31.712	31.712	34.586	34.586	37.462	37.462	40.336
4.949	34.434	38.077	38.077	41.832	41.832	45.586	45.586	49.342	49.342	53.096
7.385	46.974	51.937	51.937	57.012	57.012	62.086	62.086	67.162	67.162	72.236
11.726	67.874	75.037	75.037	82.312	82.312	89.586	89.586	96.862	96.862	104.136

(2) Die Honorare für die in Nummer 1.4.7 Absatz 3 Grundleistungen der Bauvermessung können sich nach der folgenden Honorartafel richten:

Anrechenbare Kosten in Euro	Honorarzone I sehr geringe Anforderungen		Honorarzone II geringe Anforderungen		Honorarzone III durchschnittliche Anforderungen		Honorarzone IV hohe Anforderungen		Honorarzone V sehr hohe Anforderungen	
	von Euro	bis Euro	von Euro	bis Euro	von Euro	bis Euro	von Euro	bis Euro	von Euro	bis Euro
50.000	4.282	4.782	4.782	5.283	5.283	5.839	5.839	6.339	6.339	6.840
75.000	4.648	5.191	5.191	5.734	5.734	6.338	6.338	6.881	6.881	7.424
100.000	5.002	5.586	5.586	6.171	6.171	6.820	6.820	7.405	7.405	7.989
150.000	5.684	6.349	6.349	7.013	7.013	7.751	7.751	8.416	8.416	9.080
200.000	6.344	7.086	7.086	7.827	7.827	8.651	8.651	9.393	9.393	10.134
250.000	6.987	7.804	7.804	8.621	8.621	9.528	9.528	10.345	10.345	11.162
300.000	7.618	8.508	8.508	9.399	9.399	10.388	10.388	11.278	11.278	12.169
400.000	8.848	9.883	9.883	10.917	10.917	12.066	12.066	13.100	13.100	14.134
500.000	10.048	11.222	11.222	12.397	12.397	13.702	13.702	14.876	14.876	16.051
600.000	11.223	12.535	12.535	13.847	13.847	15.304	15.304	16.616	16.616	17.928
750.000	12.950	14.464	14.464	15.978	15.978	17.659	17.659	19.173	19.173	20.687
1.000.000	15.754	17.596	17.596	19.437	19.437	21.483	21.483	23.325	23.325	25.166
1.500.000	21.165	23.639	23.639	26.113	26.113	28.862	28.862	31.336	31.336	33.810
2.000.000	26.393	29.478	29.478	32.563	32.563	35.990	35.990	39.075	39.075	42.160
2.500.000	31.488	35.168	35.168	38.849	38.849	42.938	42.938	46.619	46.619	50.299
3.000.000	36.480	40.744	40.744	45.008	45.008	49.745	49.745	54.009	54.009	58.273
4.000.000	46.224	51.626	51.626	57.029	57.029	63.032	63.032	68.435	68.435	73.838
5.000.000	55.720	62.232	62.232	68.745	68.745	75.981	75.981	82.494	82.494	89.007
7.500.000	78.690	87.888	87.888	97.085	97.085	107.305	107.305	116.502	116.502	125.700
10.000.000	100.876	112.667	112.667	124.458	124.458	137.559	137.559	149.350	149.350	161.140

Für sonstige vermessungstechnische Leistungen nach Nummer 1.4.1 kann ein Honorar ergänzend frei vereinbart werden.

Anlage 2 zu § 18 Absatz 2

Grundleistungen im Leistungsbild Flächennutzungsplan

Das Leistungsbild setzt sich aus folgenden Grundleistungen je Leistungsphase zusammen:

1. Leistungsphase 1: Vorentwurf für die frühzeitigen Beteiligungen
   a) Zusammenstellen und Werten des vorhandenen Grundlagenmaterials
   b) Erfassen der abwägungsrelevanten Sachverhalte
   c) Ortsbesichtigungen
   d) Festlegen ergänzender Fachleistungen und Formulieren von Entscheidungshilfen für die Auswahl anderer fachlich Beteiligter, soweit notwendig
   e) Analysieren und Darstellen des Zustandes des Plangebiets, soweit für die Planung von Bedeutung und abwägungsrelevant, unter Verwendung hierzu vorliegender Fachbeiträge
   f) Mitwirken beim Festlegen von Zielen und Zwecken der Planung
   g) Erarbeiten des Vorentwurfes in der vorgeschriebenen Fassung mit Begründung für die frühzeitigen Beteiligungen nach den Bestimmungen des Baugesetzbuchs
   h) Darlegen der wesentlichen Auswirkungen der Planung
   i) Berücksichtigen von Fachplanungen
   j) Mitwirken an der frühzeitigen Öffentlichkeitsbeteiligung einschließlich Erörterung der Planung
   k) Mitwirken an der frühzeitigen Beteiligung der Behörden und Stellen, die Träger öffentlicher Belange sind
   l) Mitwirken an der frühzeitigen Abstimmung mit den Nachbargemeinden
   m) Abstimmen des Vorentwurfs für die frühzeitigen Beteiligungen in der vorgeschriebenen Fassung mit der Gemeinde

2. Leistungsphase 2: Entwurf zur öffentlichen Auslegung
   a) Erarbeiten des Entwurfes in der vorgeschriebenen Fassung mit Begründung für die Öffentlichkeits- und Behördenbeteiligung nach den Bestimmungen des Baugesetzbuchs
   b) Mitwirken an der Öffentlichkeitsbeteiligung
   c) Mitwirken an der Beteiligung der Behörden und Stellen, die Träger öffentlicher Belange sind
   d) Mitwirken an der Abstimmung mit den Nachbargemeinden
   e) Mitwirken bei der Abwägung der Gemeinde zu Stellungnahmen aus frühzeitigen Beteiligungen
   f) Abstimmen des Entwurfs mit der Gemeinde

3. Leistungsphase 3: Plan zur Beschlussfassung
   a) Erarbeiten des Planes in der vorgeschriebenen Fassung mit Begründung für den Beschluss durch die Gemeinde
   b) Mitwirken bei der Abwägung der Gemeinde zu Stellungnahmen
   c) Erstellen des Planes in der durch Beschluss der Gemeinde aufgestellten Fassung.

Anlage 3 zu § 19 Absatz 2

Grundleistungen im Leistungsbild Bebauungsplan

Das Leistungsbild setzt sich aus folgenden Grundleistungen je Leistungsphase zusammen:

1. Leistungsphase 1: Vorentwurf für die frühzeitigen Beteiligungen
   a) Zusammenstellen und Werten des vorhandenen Grundlagenmaterials
   b) Erfassen der abwägungsrelevanten Sachverhalte
   c) Ortsbesichtigungen
   d) Festlegen ergänzender Fachleistungen und Formulieren von Entscheidungshilfen für die Auswahl anderer fachlich Beteiligter, soweit notwendig

e) Analysieren und Darstellen des Zustandes des Plangebiets, soweit für die Planung von Bedeutung und abwägungsrelevant, unter Verwendung hierzu vorliegender Fachbeiträge
   f) Mitwirken beim Festlegen von Zielen und Zwecken der Planung
   g) Erarbeiten des Vorentwurfes in der vorgeschriebenen Fassung mit Begründung für die frühzeitigen Beteiligungen nach den Bestimmungen des Baugesetzbuchs
   h) Darlegen der wesentlichen Auswirkungen der Planung
   i) Berücksichtigen von Fachplanungen
   j) Mitwirken an der frühzeitigen Öffentlichkeitsbeteiligung einschließlich Erörterung der Planung
   k) Mitwirken an der frühzeitigen Beteiligung der Behörden und Stellen, die Träger öffentlicher Belange sind
   l) Mitwirken an der frühzeitigen Abstimmung mit den Nachbargemeinden
   m) Abstimmen des Vorentwurfes für die frühzeitigen Beteiligungen in der vorgeschriebenen Fassung mit der Gemeinde

2. Leistungsphase 2: Entwurf zur öffentlichen Auslegung
   a) Erarbeiten des Entwurfes in der vorgeschriebenen Fassung mit Begründung für die Öffentlichkeits- und Behördenbeteiligung nach den Bestimmungen des Baugesetzbuchs
   b) Mitwirken an der Öffentlichkeitsbeteiligung
   c) Mitwirken an der Beteiligung der Behörden und Stellen, die Träger öffentlicher Belange sind
   d) Mitwirken an der Abstimmung mit den Nachbargemeinden
   e) Mitwirken bei der Abwägung der Gemeinde zu Stellungnahmen aus frühzeitigen Beteiligungen
   f) Abstimmen des Entwurfs mit der Gemeinde

3. Leistungsphase 3: Plan zur Beschlussfassung
   a) Erarbeiten des Planes in der vorgeschriebenen Fassung mit Begründung für den Beschluss durch die Gemeinde
   b) Mitwirken bei der Abwägung der Gemeinde zu Stellungnahmen
   c) Erstellen des Planes in der durch Beschluss der Gemeinde aufgestellten Fassung.

Anlage 4 zu § 23 Absatz 2

Grundleistungen im Leistungsbild Landschaftsplan

Das Leistungsbild setzt sich aus folgenden Grundleistungen je Leistungsphase zusammen:

1. Leistungsphase 1: Klären der Aufgabenstellung und Ermitteln des Leistungsumfangs
   a) Zusammenstellen und Prüfen der vom Auftraggeber zur Verfügung gestellten planungsrelevanten Unterlagen
   b) Ortsbesichtigungen
   c) Abgrenzen des Planungsgebiets
   d) Konkretisieren weiteren Bedarfs an Daten und Unterlagen
   e) Beraten zum Leistungsumfang für ergänzende Untersuchungen und Fachleistungen
   f) Aufstellen eines verbindlichen Arbeitsplans unter Berücksichtigung der sonstigen Fachbeiträge

2. Leistungsphase 2: Ermitteln der Planungsgrundlagen
   a) Ermitteln und Beschreiben der planungsrelevanten Sachverhalte auf Grundlage vorhandener Unterlagen und Daten
   b) Landschaftsbewertung nach den Zielen und Grundsätzen des Naturschutzes und der Landschaftspflege
   c) Bewerten von Flächen und Funktionen des Naturhaushalts und des Landschaftsbildes hinsichtlich ihrer Eignung, Leistungsfähigkeit, Empfindlichkeit und Vorbelastung

d) Bewerten geplanter Eingriffe in Natur und Landschaft
   e) Feststellen von Nutzungs- und Zielkonflikten
   f) Zusammenfassendes Darstellen der Erfassung und Bewertung
3. Leistungsphase 3: Vorläufige Fassung
   a) Formulieren von örtlichen Zielen und Grundsätzen zum Schutz, zur Pflege und Entwicklung von Natur und Landschaft einschließlich Erholungsvorsorge
   b) Darlegen der angestrebten Flächenfunktionen und Flächennutzungen sowie der örtlichen Erfordernisse und Maßnahmen zur Umsetzung der konkretisierten Ziele des Naturschutzes und der Landschaftspflege
   c) Erarbeiten von Vorschlägen zur Übernahme in andere Planungen, insbesondere in die Bauleitpläne
   d) Hinweise auf Folgeplanungen und -maßnahmen
   e) Mitwirken bei der Beteiligung der nach den Bestimmungen des Bundesnaturschutzgesetzes anerkannten Verbände
   f) Mitwirken bei der Abstimmung der Vorläufigen Fassung mit der für Naturschutz und Landschaftspflege zuständigen Behörde
   g) Abstimmen der Vorläufigen Fassung mit dem Auftraggeber
4. Leistungsphase 4: Abgestimmte Fassung
   Darstellen des Landschaftsplans in der mit dem Auftraggeber abgestimmten Fassung in Text und Karte.

Anlage 5 zu § 24 Absatz 2

Grundleistungen im Leistungsbild Grünordnungsplan

Das Leistungsbild setzt sich aus folgenden Grundleistungen je Leistungsphase zusammen:

1. Leistungsphase 1: Klären der Aufgabenstellung und Ermitteln des Leistungsumfangs
   a) Zusammenstellen und Prüfen der vom Auftraggeber zur Verfügung gestellten planungsrelevanten Unterlagen
   b) Ortsbesichtigungen
   c) Abgrenzen des Planungsgebiets
   d) Konkretisieren weiteren Bedarfs an Daten und Unterlagen
   e) Beraten zum Leistungsumfang für ergänzende Untersuchungen und Fachleistungen
   f) Aufstellen eines verbindlichen Arbeitsplans unter Berücksichtigung der sonstigen Fachbeiträge
2. Leistungsphase 2: Ermitteln der Planungsgrundlagen
   a) Ermitteln und Beschreiben der planungsrelevanten Sachverhalte auf Grundlage vorhandener Unterlagen und Daten
   b) Bewerten der Landschaft nach den Zielen des Naturschutzes und der Landschaftspflege einschließlich der Erholungsvorsorge
   c) Zusammenfassendes Darstellen der Bestandsaufnahme und Bewertung in Text und Karte
3. Leistungsphase 3: Vorläufige Fassung
   a) Lösen der Planungsaufgabe und Erläutern der Ziele, Erfordernisse und Maßnahmen in Text und Karte
   b) Darlegen der angestrebten Flächenfunktionen und Flächennutzungen
   c) Darlegen von Gestaltungs-, Schutz-, Pflege- und Entwicklungsmaßnahmen
   d) Vorschläge zur Übernahme in andere Planungen, insbesondere in die Bauleitplanung
   e) Mitwirken bei der Abstimmung der vorläufigen Fassung mit der für den Naturschutz zuständigen Behörde
   f) Bearbeiten der naturschutzrechtlichen Eingriffsregelung

aa) Ermitteln und Bewerten der durch die Planung zu erwartenden Beeinträchtigungen des Naturhaushalts und des Landschaftsbildes nach Art, Umfang, Ort und zeitlichem Ablauf
bb) Erarbeiten von Lösungen zur Vermeidung oder Verminderung erheblicher Beeinträchtigungen des Naturhaushalts und des Landschaftsbildes in Abstimmung mit den an der Planung fachlich Beteiligten
cc) Ermitteln der unvermeidbaren Beeinträchtigungen
dd) Vergleichendes Gegenüberstellen von unvermeidbaren Beeinträchtigungen und Ausgleich und Ersatz einschließlich Darstellen verbleibender, nicht ausgleichbarer oder ersetzbarer Beeinträchtigungen
ee) Darstellen und Begründen von Maßnahmen des Naturschutzes und der Landschaftspflege, insbesondere Ausgleichs-, Ersatz-, Gestaltungs- und Schutzmaßnahmen sowie Maßnahmen zur Unterhaltung und rechtlichen Sicherung von Ausgleichs- und Ersatzmaßnahmen
ff) Integrieren ergänzender, zulassungsrelevanter Regelungen und Maßnahmen aufgrund des Natura 2000-Gebietsschutzes und der Vorschriften zum besonderen Artenschutz auf Grundlage vorhandener Unterlagen

4. <u>Leistungsphase 4:</u> Abgestimmte Fassung
Darstellen des Grünordnungsplans oder Landschaftsplanerischen Fachbeitrags in der mit dem Auftraggeber abgestimmten Fassung in Text und Karte.

Anlage 6 zu § 25 Absatz 2

Grundleistungen im Leistungsbild Landschaftsrahmenplan

Das Leistungsbild Landschaftsrahmenplan setzt sich aus folgenden Grundleistungen je Leistungsphase zusammen:

1. <u>Leistungsphase 1:</u> Klären der Aufgabenstellung und Ermitteln des Leistungsumfangs
   a) Zusammenstellen und Prüfen der vom Auftraggeber zur Verfügung gestellten planungsrelevanten Unterlagen
   b) Ortsbesichtigungen
   c) Abgrenzen des Planungsgebiets
   d) Konkretisieren weiteren Bedarfs an Daten und Unterlagen
   e) Beraten zum Leistungsumfang für ergänzende Untersuchungen und Fachleistungen
   f) Aufstellen eines verbindlichen Arbeitsplans unter Berücksichtigung der sonstigen Fachbeiträge

2. <u>Leistungsphase 2:</u> Ermitteln der Planungsgrundlagen
   a) Ermitteln und Beschreiben der planungsrelevanten Sachverhalte auf Grundlage vorhandener Unterlagen und Daten
   b) Landschaftsbewertung nach den Zielen und Grundsätzen des Naturschutzes und der Landschaftspflege
   c) Bewerten von Flächen und Funktionen des Naturhaushalts und des Landschaftsbildes hinsichtlich ihrer Eignung, Leistungsfähigkeit, Empfindlichkeit und Vorbelastung
   d) Bewerten geplanter Eingriffe in Natur und Landschaft
   e) Feststellen von Nutzungs- und Zielkonflikten
   f) Zusammenfassendes Darstellen der Erfassung und Bewertung

3. <u>Leistungsphase 3:</u> Vorläufige Fassung
   a) Lösen der Planungsaufgabe und
   b) Erläutern der Ziele, Erfordernisse und Maßnahmen in Text und Karte
   Zu Buchstabe a) und b) gehören:
   aa) Erstellen des Zielkonzepts
   bb) Umsetzen des Zielkonzepts durch Schutz, Pflege und Entwicklung bestimmter Teile von Natur und Landschaft und durch Artenhilfsmaßnahmen für ausgewählte Tier- und Pflanzenarten

cc) Vorschläge zur Übernahme in andere Planungen, insbesondere in Regionalplanung, Raumordnung und Bauleitplanung
dd) Mitwirken bei der Abstimmung der vorläufigen Fassung mit der für den Naturschutz zuständigen Behörde
ee) Abstimmen der Vorläufigen Fassung mit dem Auftraggeber

4. Leistungsphase 4: Abgestimmte Fassung
Darstellen des Landschaftsrahmenplans in der mit dem Auftraggeber abgestimmten Fassung in Text und Karte.

Anlage 7 zu § 26 Absatz 2

Grundleistungen im Leistungsbild Landschaftspflegerischer Begleitplan

Das Leistungsbild Landschaftspflegerischer Begleitplan setzt sich aus folgenden Grundleistungen je Leistungsphase zusammen:

1. Leistungsphase 1: Klären der Aufgabenstellung und Ermitteln des Leistungsumfangs
   a) Zusammenstellen und Prüfen der vom Auftraggeber zur Verfügung gestellten planungsrelevanten Unterlagen
   b) Ortsbesichtigungen
   c) Abgrenzen des Planungsgebiets anhand der planungsrelevanten Funktionen
   d) Konkretisieren weiteren Bedarfs an Daten und Unterlagen
   e) Beraten zum Leistungsumfang für ergänzende Untersuchungen und Fachleistungen
   f) Aufstellen eines verbindlichen Arbeitsplans unter Berücksichtigung der sonstigen Fachbeiträge

2. Leistungsphase 2: Ermitteln und Bewerten der Planungsgrundlagen
   a) Bestandsaufnahme:
   Erfassen von Natur und Landschaft jeweils einschließlich des rechtlichen Schutzstatus und fachplanerischer Festsetzungen und Ziele für die Naturgüter auf Grundlage vorhandener Unterlagen und örtlicher Erhebungen
   b) Bestandsbewertung:
      aa) Bewerten der Leistungsfähigkeit und Empfindlichkeit des Naturhaushalts und des Landschaftsbildes nach den Zielen und Grundsätzen des Naturschutzes und der Landschaftspflege
      bb) Bewerten der vorhandenen Beeinträchtigungen von Natur und Landschaft (Vorbelastung)
      cc) Zusammenfassendes Darstellen der Ergebnisse als Grundlage für die Erörterung mit dem Auftraggeber

3. Leistungsphase 3: Vorläufige Fassung
   a) Konfliktanalyse
   b) Ermitteln und Bewerten der durch das Vorhaben zu erwartenden Beeinträchtigungen des Naturhaushalts und des Landschaftsbildes nach Art, Umfang, Ort und zeitlichem Ablauf
   c) Konfliktminderung
   d) Erarbeiten von Lösungen zur Vermeidung oder Verminderung erheblicher Beeinträchtigungen des Naturhaushalts und des Landschaftsbildes in Abstimmung mit den an der Planung fachlich Beteiligten
   e) Ermitteln der unvermeidbaren Beeinträchtigungen
   f) Erarbeiten und Begründen von Maßnahmen des Naturschutzes und der Landschaftspflege, insbesondere Ausgleichs-, Ersatz- und Gestaltungsmaßnahmen sowie von Angaben zur Unterhaltung dem Grunde nach und Vorschläge zur rechtlichen Sicherung von Ausgleichs- und Ersatzmaßnahmen

g) Integrieren von Maßnahmen aufgrund des Natura 2000-Gebietsschutzes sowie aufgrund der Vorschriften zum besonderen Artenschutz und anderer Umweltfachgesetze auf Grundlage vorhandener Unterlagen und Erarbeiten eines Gesamtkonzepts
h) Vergleichendes Gegenüberstellen von unvermeidbaren Beeinträchtigungen und Ausgleich und Ersatz einschließlich Darstellen verbleibender, nicht ausgleichbarer oder ersetzbarer Beeinträchtigungen
i) Kostenermittlung nach Vorgaben des Auftraggebers
j) Zusammenfassendes Darstellen der Ergebnisse in Text und Karte
k) Mitwirken bei der Abstimmung mit der für Naturschutz und Landschaftspflege zuständigen Behörde
l) Abstimmen der Vorläufigen Fassung mit dem Auftraggeber

4. <u>Leistungsphase 4:</u> Abgestimmte Fassung
Darstellen des Landschaftspflegerischen Begleitplans in der mit dem Auftraggeber abgestimmten Fassung in Text und Karte.

Anlage 8 zu § 27 Absatz 2

Grundleistungen im Leistungsbild Pflege- und Entwicklungsplan

Das Leistungsbild Pflege- und Entwicklungsplan setzt sich aus folgenden Grundleistungen je Leistungsphase zusammen:

1. <u>Leistungsphase 1:</u> Klären der Aufgabenstellung und Ermitteln des Leistungsumfangs
    a) Zusammenstellen und Prüfen der vom Auftraggeber zur Verfügung gestellten planungsrelevanten Unterlagen
    b) Ortsbesichtigungen
    c) Abgrenzen des Planungsgebiets anhand der planungsrelevanten Funktionen
    d) Konkretisieren weiteren Bedarfs an Daten und Unterlagen
    e) Beraten zum Leistungsumfang für ergänzende Untersuchungen und Fachleistungen
    f) Aufstellen eines verbindlichen Arbeitsplans unter Berücksichtigung der sonstigen Fachbeiträge

2. <u>Leistungsphase 2:</u> Ermitteln der Planungsgrundlagen
    a) Ermitteln und Beschreiben der planungsrelevanten Sachverhalte aufgrund vorhandener Unterlagen
    b) Auswerten und Einarbeiten von Fachbeiträgen
    c) Bewerten der Bestandsaufnahmen einschließlich vorhandener Beeinträchtigungen sowie der abiotischen Faktoren hinsichtlich ihrer Standort- und Lebensraumbedeutung nach den Zielen und Grundsätzen des Naturschutzes
    d) Beschreiben der Zielkonflikte mit bestehenden Nutzungen
    e) Beschreiben des zu erwartenden Zustands von Arten und ihren Lebensräumen (Zielkonflikte mit geplanten Nutzungen)
    f) Überprüfen der festgelegten Untersuchungsinhalte
    g) Zusammenfassendes Darstellen von Erfassung und Bewertung in Text und Karte

3. <u>Leistungsphase 3:</u> Vorläufige Fassung
    a) Lösen der Planungsaufgabe und Erläutern der Ziele, Erfordernisse und Maßnahmen in Text und Karte
    b) Formulieren von Zielen zum Schutz, zur Pflege, zur Erhaltung und Entwicklung von Arten, Biotoptypen und naturnahen Lebensräumen bzw. Standortbedingungen
    c) Erfassen und Darstellen von Flächen, auf denen eine Nutzung weiter betrieben werden soll, und von Flächen, auf denen regelmäßig Pflegemaßnahmen durchzuführen sind, sowie von Maßnahmen zur Verbesserung der ökologischen Standortverhältnisse und zur Änderung der Biotopstruktur

d) Erarbeiten von Vorschlägen für Maßnahmen zur Förderung bestimmter Tier- und Pflanzenarten, zur Lenkung des Besucherverkehrs, für die Durchführung der Pflege- und Entwicklungsmaßnahmen und für Änderungen von Schutzzweck und -zielen sowie Grenzen von Schutzgebieten
  e) Erarbeiten von Hinweisen für weitere wissenschaftliche Untersuchungen (Monitoring), Folgeplanungen und Maßnahmen
  f) Kostenermittlung
  g) Abstimmen der Vorläufigen Fassung mit dem Auftraggeber

4. Leistungsphase 4: Abgestimmte Fassung
   Darstellen des Pflege- und Entwicklungsplans in der mit dem Auftraggeber abgestimmten Fassung in Text und Karte.

Anlage 9 zu §§ 18 Absatz 2, 19 Absatz 2, 23 Absatz 2, 24 Absatz 2, 25 Absatz 2, 26 Absatz 2, 27 Absatz 2

Besondere Leistungen zur Flächenplanung

Für die Leistungsbilder der Flächenplanung können insbesondere folgende Besondere Leistungen vereinbart werden:

1. Rahmensetzende Pläne und Konzepte:
   a) Leitbilder
   b) Entwicklungskonzepte
   c) Masterpläne
   d) Rahmenpläne

2. Städtebaulicher Entwurf:
   a) Grundlagenermittlung
   b) Vorentwurf
   c) Entwurf
   Der Städtebauliche Entwurf kann als Grundlage für Leistungen nach § 19 der HOAI dienen und Ergebnis eines städtebaulichen Wettbewerbes sein.

3. Leistungen zur Verfahrens- und Projektsteuerung sowie zur Qualitätssicherung:
   a) Durchführen von Planungsaudits
   b) Vorabstimmungen mit Planungsbeteiligten und Fachbehörden
   c) Aufstellen und Überwachen von integrierten Terminplänen
   d) Vor- und Nachbereiten von planungsbezogenen Sitzungen
   e) Koordinieren von Planungsbeteiligten
   f) Moderation von Planungsverfahren
   g) Ausarbeiten von Leistungskatalogen für Leistungen Dritter
   h) Mitwirken bei Vergabeverfahren für Leistungen Dritter (Einholung von Angeboten, Vergabevorschläge)
   i) Prüfen und Bewerten von Leistungen Dritter
   j) Mitwirken beim Ermitteln von Fördermöglichkeiten
   k) Stellungnahmen zu Einzelvorhaben während der Planaufstellung

4. Leistungen zur Vorbereitung und inhaltlichen Ergänzung:
   a) Erstellen digitaler Geländemodelle
   b) Digitalisieren von Unterlagen
   c) Anpassen von Datenformaten
   d) Erarbeiten einer einheitlichen Planungsgrundlage aus unterschiedlichen Unterlagen
   e) Strukturanalysen

- f) Stadtbildanalysen, Landschaftsbildanalysen
- g) Statistische und örtliche Erhebungen sowie Bedarfsermittlungen, zum Beispiel zur Versorgung, zur Wirtschafts-, Sozial- und Baustruktur sowie zur soziokulturellen Struktur
- h) Befragungen und Interviews
- i) Differenziertes Erheben, Kartieren, Analysieren und Darstellen von spezifischen Merkmalen und Nutzungen
- j) Erstellen von Beiplänen, zum Beispiel für Verkehr, Infrastruktureinrichtungen, Flurbereinigungen, Grundbesitzkarten und Gütekarten unter Berücksichtigung der Pläne anderer an der Planung fachlich Beteiligter
- k) Modelle
- l) Erstellen zusätzlicher Hilfsmittel der Darstellung zum Beispiel Fotomontagen, 3D-Darstellungen, Videopräsentationen

5. Verfahrensbegleitende Leistungen:
   - a) Vorbereiten und Durchführen des Scopings
   - b) Vorbereiten, Durchführen, Auswerten und Dokumentieren der formellen Beteiligungsverfahren
   - c) Ermitteln der voraussichtlich erheblichen Umweltauswirkungen für die Umweltprüfung
   - d) Erarbeiten des Umweltberichtes
   - e) Berechnen und Darstellen der Umweltschutzmaßnahmen
   - f) Bearbeiten der Anforderungen aus der naturschutzrechtlichen Eingriffsregelung in Bauleitplanungsverfahren
   - g) Erstellen von Sitzungsvorlagen, Arbeitsheften und anderen Unterlagen
   - h) Wesentliche Änderungen oder Neubearbeitung des Entwurfs nach Offenlage oder Beteiligungen, insbesondere nach Stellungnahmen
   - i) Ausarbeiten der Beratungsunterlagen der Gemeinde zu Stellungnahmen im Rahmen der formellen Beteiligungsverfahren
   - j) Leistungen für die Drucklegung, Erstellen von Mehrausfertigungen
   - k) Überarbeiten von Planzeichnungen und von Begründungen nach der Beschlussfassung (zum Beispiel Satzungsbeschluss)
   - l) Verfassen von Bekanntmachungstexten und Organisation der öffentlichen Bekanntmachungen
   - m) Mitteilen des Ergebnisses der Prüfung der Stellungnahmen an die Beteiligten
   - n) Benachrichtigen von Bürgern und Behörden, die Stellungnahmen abgegeben haben, über das Abwägungsergebnis
   - o) Erstellen der Verfahrensdokumentation
   - p) Erstellen und Fortschreiben eines digitalen Planungsordners
   - q) Mitwirken an der Öffentlichkeitsarbeit des Auftraggebers einschließlich Mitwirken an Informationsschriften und öffentlichen Diskussionen sowie Erstellen der dazu notwendigen Planungsunterlagen und Schriftsätze
   - r) Teilnehmen an Sitzungen von politischen Gremien des Auftraggebers oder an Sitzungen im Rahmen der Öffentlichkeitsbeteiligung
   - s) Mitwirken an Anhörungs- oder Erörterungsterminen
   - t) Leiten bzw. Begleiten von Arbeitsgruppen
   - u) Erstellen der zusammenfassenden Erklärung nach dem Baugesetzbuch
   - v) Anwenden komplexer Bilanzierungsverfahren im Rahmen der naturschutzrechtlichen Eingriffsregelung
   - w) Erstellen von Bilanzen nach fachrechtlichen Vorgaben
   - x) Entwickeln von Monitoringkonzepten und -maßnahmen
   - y) Ermitteln von Eigentumsverhältnissen, insbesondere Klären der Verfügbarkeit von geeigneten Flächen für Maßnahmen

6. Weitere besondere Leistungen bei landschaftsplanerischen Leistungen:
   a) Erarbeiten einer Planungsraumanalyse im Rahmen einer Umweltverträglichkeitsstudie
   b) Mitwirken an der Prüfung der Verpflichtung, zu einem Vorhaben oder einer Planung eine Umweltverträglichkeitsprüfung durchzuführen (Screening)
   c) Erstellen einer allgemein verständlichen nichttechnischen Zusammenfassung nach dem Gesetz über die Umweltverträglichkeitsprüfung
   d) Daten aus vorhandenen Unterlagen im Einzelnen ermitteln und aufbereiten
   e) Örtliche Erhebungen, die nicht überwiegend der Kontrolle der aus Unterlagen erhobenen Daten dienen
   f) Erstellen eines eigenständigen allgemein verständlichen Erläuterungsberichtes für Genehmigungsverfahren oder qualifizierende Zuarbeiten hierzu
   g) Erstellen von Unterlagen im Rahmen von artenschutzrechtlichen Prüfungen oder Prüfungen zur Vereinbarkeit mit der Fauna-Flora-Habitat-Richtlinie
   h) Kartieren von Biotoptypen, floristischen oder faunistischen Arten oder Artengruppen
   i) Vertiefendes Untersuchen des Naturhaushalts, wie z.B. der Geologie, Hydrogeologie, Gewässergüte und -morphologie, Bodenanalysen
   j) Mitwirken an Beteiligungsverfahren in der Bauleitplanung
   k) Mitwirken an Genehmigungsverfahren nach fachrechtlichen Vorschriften
   l) Fortführen der mit dem Auftraggeber abgestimmten Fassung im Rahmen eines Genehmigungsverfahrens, Erstellen einer genehmigungsfähigen Fassung auf der Grundlage von Anregungen Dritter.

Anlage 10 zu §§ 34 Absatz 1, 35 Absatz 6

Grundleistungen im Leistungsbild Gebäude und Innenräume, Besondere Leistungen, Objektlisten

10.1 Leistungsbild Gebäude und Innenräume

Grundleistungen	Besondere Leistungen
LPH 1 Grundlagenermittlung	
a) Klären der Aufgabenstellung auf Grundlage der Vorgaben oder der Bedarfsplanung des Auftraggebers b) Ortsbesichtigung c) Beraten zum gesamten Leistungs- und Untersuchungsbedarf d) Formulieren der Entscheidungshilfen für die Auswahl anderer an der Planung fachlich Beteiligter e) Zusammenfassen, Erläutern und Dokumentieren der Ergebnisse	– Bedarfsplanung – Bedarfsermittlung – Aufstellen eines Funktionsprogramms – Aufstellen eines Raumprogramms – Standortanalyse – Mitwirken bei Grundstücks- und Objektauswahl, -beschaffung und -übertragung – Beschaffen von Unterlagen, die für das Vorhaben erheblich sind – Bestandsaufnahme – technische Substanzerkundung – Betriebsplanung – Prüfen der Umwelterheblichkeit – Prüfen der Umweltverträglichkeit – Machbarkeitsstudie – Wirtschaftlichkeitsuntersuchung – Projektstrukturplanung – Zusammenstellen der Anforderungen aus Zertifizierungssystemen

Grundleistungen	Besondere Leistungen
	– Verfahrensbetreuung, Mitwirken bei der Vergabe von Planungs- und Gutachterleistungen

LPH 2 Vorplanung (Projekt- und Planungsvorbereitung)

Grundleistungen	Besondere Leistungen
a) Analysieren der Grundlagen, Abstimmen der Leistungen mit den fachlich an der Planung Beteiligten b) Abstimmen der Zielvorstellungen, Hinweisen auf Zielkonflikte c) Erarbeiten der Vorplanung, Untersuchen, Darstellen und Bewerten von Varianten nach gleichen Anforderungen, Zeichnungen im Maßstab nach Art und Größe des Objekts d) Klären und Erläutern der wesentlichen Zusammenhänge, Vorgaben und Bedingungen (zum Beispiel städtebauliche, gestalterische, funktionale, technische, wirtschaftliche, ökologische, bauphysikalische, energiewirtschaftliche, soziale, öffentlich-rechtliche) e) Bereitstellen der Arbeitsergebnisse als Grundlage für die anderen an der Planung fachlich Beteiligten sowie Koordination und Integration von deren Leistungen f) Vorverhandlungen über die Genehmigungsfähigkeit g) Kostenschätzung nach DIN 276, Vergleich mit den finanziellen Rahmenbedingungen h) Erstellen eines Terminplans mit den wesentlichen Vorgängen des Planungs- und Bauablaufs i) Zusammenfassen, Erläutern und Dokumentieren der Ergebnisse	– Aufstellen eines Katalogs für die Planung und Abwicklung der Programmziele – Untersuchen alternativer Lösungsansätze nach verschiedenen Anforderungen, einschließlich Kostenbewertung – Beachten der Anforderungen des vereinbarten Zertifizierungssystems – Durchführen des Zertifizierungssystems – Ergänzen der Vorplanungsunterlagen auf Grund besonderer Anforderungen – Aufstellen eines Finanzierungsplanes – Mitwirken bei der Kredit- und Fördermittelbeschaffung – Durchführen von Wirtschaftlichkeitsuntersuchungen – Durchführen der Voranfrage (Bauanfrage) – Anfertigen von besonderen Präsentationshilfen, die für die Klärung im Vorentwurfsprozess nicht notwendig sind, zum Beispiel – Präsentationsmodelle – Perspektivische Darstellungen – Bewegte Darstellung/Animation – Farb- und Materialcollagen – digitales Geländemodell – 3-D- oder 4-D-Gebäudemodellbearbeitung (Building Information Modelling BIM) – Aufstellen einer vertieften Kostenschätzung nach Positionen einzelner Gewerke – Fortschreiben des Projektstrukturplanes – Aufstellen von Raumbüchern – Erarbeiten und Erstellen von besonderen bauordnungsrechtlichen Nachweisen für den vorbeugenden und organisatorischen Brandschutz bei baulichen Anlagen besonderer Art und Nutzung, Bestandsbauten oder im Falle von Abweichungen von der Bauordnung

LPH 3 Entwurfsplanung (System- und Integrationsplanung)

Grundleistungen	Besondere Leistungen
a) Erarbeiten der Entwurfsplanung, unter weiterer Berücksichtigung der wesentlichen Zusammenhänge, Vorgaben und Bedingungen (zum Beispiel städtebauliche, gestalterische, funktionale, technische, wirtschaftliche, ökologische, soziale, öffentlich-rechtliche) auf der	– Analyse der Alternativen/Varianten und deren Wertung mit Kostenuntersuchung (Optimierung), – Wirtschaftlichkeitsberechnung, – Aufstellen und Fortschreiben einer vertieften Kostenberechnung

Grundleistungen	Besondere Leistungen
Grundlage der Vorplanung und als Grundlage für die weiteren Leistungsphasen und die erforderlichen öffentlich-rechtlichen Genehmigungen unter Verwendung der Beiträge anderer an der Planung fachlich Beteiligter. Zeichnungen nach Art und Größe des Objekts im erforderlichen Umfang und Detaillierungsgrad unter Berücksichtigung aller fachspezifischen Anforderungen, zum Beispiel bei Gebäuden im Maßstab 1:100, zum Beispiel bei Innenräumen im Maßstab 1:50 bis 1:20 b) Bereitstellen der Arbeitsergebnisse als Grundlage für die anderen an der Planung fachlich Beteiligten sowie Koordination und Integration von deren Leistungen c) Objektbeschreibung d) Verhandlungen über die Genehmigungsfähigkeit e) Kostenberechnung nach DIN 276 und Vergleich mit der Kostenschätzung, f) Fortschreiben des Terminplans g) Zusammenfassen, Erläutern und Dokumentieren der Ergebnisse	– Fortschreiben von Raumbüchern

LPH 4 Genehmigungsplanung

Grundleistungen	Besondere Leistungen
a) Erarbeiten und Zusammenstellen der Vorlagen und Nachweise für öffentlich-rechtliche Genehmigungen oder Zustimmungen einschließlich der Anträge auf Ausnahmen und Befreiungen sowie notwendiger Verhandlungen mit Behörden unter Verwendung der Beiträge anderer an der Planung fachlich Beteiligter b) Einreichen der Vorlagen c) Ergänzen und Anpassen der Planungsunterlagen, Beschreibungen und Berechnungen	– Mitwirken bei der Beschaffung der nachbarlichen Zustimmung – Nachweise, insbesondere technischer, konstruktiver und bauphysikalischer Art für die Erlangung behördlicher Zustimmungen im Einzelfall – Fachliche und organisatorische Unterstützung des Bauherrn im Widerspruchsverfahren, Klageverfahren oder ähnlichen Verfahren

LPH 5 Ausführungsplanung

Grundleistungen	Besondere Leistungen
a) Erarbeiten der Ausführungsplanung mit allen für die Ausführung notwendigen Einzelangaben (zeichnerisch und textlich) auf der Grundlage der Entwurfs- und Genehmigungsplanung bis zur ausführungsreifen Lösung, als Grundlage für die weiteren Leistungsphasen	– Aufstellen einer detaillierten Objektbeschreibung als Grundlage der Leistungsbeschreibung mit Leistungsprogramm*) – Prüfen der vom bauausführenden Unternehmen auf Grund der Leistungsbeschreibung mit Leistungsprogramm ausgearbeiteten Ausführungspläne auf Übereinstimmung mit der Entwurfsplanung*)

Grundleistungen	Besondere Leistungen
b) Ausführungs-, Detail- und Konstruktionszeichnungen nach Art und Größe des Objekts im erforderlichen Umfang und Detaillierungsgrad unter Berücksichtigung aller fachspezifischen Anforderungen, zum Beispiel bei Gebäuden im Maßstab 1:50 bis 1:1, zum Beispiel bei Innenräumen im Maßstab 1:20 bis 1:1 c) Bereitstellen der Arbeitsergebnisse als Grundlage für die anderen an der Planung fachlich Beteiligten sowie Koordination und Integration von deren Leistungen d) Fortschreiben des Terminplans e) Fortschreiben der Ausführungsplanung aufgrund der gewerkeorientierten Bearbeitung während der Objektausführung f) Überprüfen erforderlicher Montagepläne der vom Objektplaner geplanten Baukonstruktionen und baukonstruktiven Einbauten auf Übereinstimmung mit der Ausführungsplanung	– Fortschreiben von Raumbüchern in detaillierter Form – Mitwirken beim Anlagenkennzeichnungssystem (AKS) – Prüfen und Anerkennen von Plänen Dritter, nicht an der Planung fachlich Beteiligter auf Übereinstimmung mit den Ausführungsplänen (zum Beispiel Werkstattzeichnungen von Unternehmen, Aufstellungs- und Fundamentpläne nutzungsspezifischer oder betriebstechnischer Anlagen), soweit die Leistungen Anlagen betreffen, die in den anrechenbaren Kosten nicht erfasst sind *) Diese Besondere Leistung wird bei Leistungsbeschreibung mit Leistungsprogramm ganz oder teilweise Grundleistung. In diesem Fall entfallen die entsprechenden Grundleistungen dieser Leistungsphase.

LPH 6 Vorbereitung der Vergabe

Grundleistungen	Besondere Leistungen
a) Aufstellen eines Vergabeterminplans b) Aufstellen von Leistungsbeschreibungen mit Leistungsverzeichnissen nach Leistungsbereichen, Ermitteln und Zusammenstellen von Mengen auf der Grundlage der Ausführungsplanung unter Verwendung der Beiträge anderer an der Planung fachlich Beteiligter c) Abstimmen und Koordinieren der Schnittstellen zu den Leistungsbeschreibungen der an der Planung fachlich Beteiligten d) Ermitteln der Kosten auf der Grundlage vom Planer bepreister Leistungsverzeichnisse e) Kostenkontrolle durch Vergleich der vom Planer bepreisten Leistungsverzeichnisse mit der Kostenberechnung f) Zusammenstellen der Vergabeunterlagen für alle Leistungsbereiche	– Aufstellen der Leistungsbeschreibungen mit Leistungsprogramm auf der Grundlage der detaillierten Objektbeschreibung*) – Aufstellen von alternativen Leistungsbeschreibungen für geschlossene Leistungsbereiche – Aufstellen von vergleichenden Kostenübersichten unter Auswertung der Beiträge anderer an der Planung fachlich Beteiligter *) Diese Besondere Leistung wird bei einer Leistungsbeschreibung mit Leistungsprogramm ganz oder teilweise zur Grundleistung. In diesem Fall entfallen die entsprechenden Grundleistungen dieser Leistungsphase.

LPH 7 Mitwirkung bei der Vergabe

Grundleistungen	Besondere Leistungen
a) Koordinieren der Vergaben der Fachplaner b) Einholen von Angeboten c) Prüfen und Werten der Angebote einschließlich Aufstellen eines Preisspiegels nach Einzelpositionen oder Teilleistungen, Prüfen und Werten der Angebote zusätzlicher und geänderter Leistungen der ausführenden Unternehmen und der Angemessenheit der Preise	– Prüfen und Werten von Nebenangeboten mit Auswirkungen auf die abgestimmte Planung – Mitwirken bei der Mittelabflussplanung – Fachliche Vorbereitung und Mitwirken bei Nachprüfungsverfahren – Mitwirken bei der Prüfung von bauwirtschaftlich begründeten Nachtragsangeboten

Grundleistungen	Besondere Leistungen
d) Führen von Bietergesprächen e) Erstellen der Vergabevorschläge, Dokumentation des Vergabeverfahrens f) Zusammenstellen der Vertragsunterlagen für alle Leistungsbereiche g) Vergleichen der Ausschreibungsergebnisse mit den vom Planer bepreisten Leistungsverzeichnissen oder der Kostenberechnung h) Mitwirken bei der Auftragserteilung	– Prüfen und Werten der Angebote aus Leistungsbeschreibung mit Leistungsprogramm einschließlich Preisspiegel*) – Aufstellen, Prüfen und Werten von Preisspiegeln nach besonderen Anforderungen *) Diese Besondere Leistung wird bei Leistungsbeschreibung mit Leistungsprogramm ganz oder teilweise Grundleistung. In diesem Fall entfallen die entsprechenden Grundleistungen dieser Leistungsphase.

LPH 8 Objektüberwachung (Bauüberwachung) und Dokumentation

Grundleistungen	Besondere Leistungen
a) Überwachen der Ausführung des Objektes auf Übereinstimmung mit der öffentlich-rechtlichen Genehmigung oder Zustimmung, den Verträgen mit ausführenden Unternehmen, den Ausführungsunterlagen, den einschlägigen Vorschriften sowie mit den allgemein anerkannten Regeln der Technik b) Überwachen der Ausführung von Tragwerken mit sehr geringen und geringen Planungsanforderungen auf Übereinstimmung mit dem Standsicherheitsnachweis c) Koordinieren der an der Objektüberwachung fachlich Beteiligten d) Aufstellen, Fortschreiben und Überwachen eines Terminplans (Balkendiagramm) e) Dokumentation des Bauablaufs (zum Beispiel Bautagebuch) f) Gemeinsames Aufmaß mit den ausführenden Unternehmen g) Rechnungsprüfung einschließlich Prüfen der Aufmaße der bauausführenden Unternehmen h) Vergleich der Ergebnisse der Rechnungsprüfungen mit den Auftragssummen einschließlich Nachträgen i) Kostenkontrolle durch Überprüfen der Leistungsabrechnung der bauausführenden Unternehmen im Vergleich zu den Vertragspreisen j) Kostenfeststellung, zum Beispiel nach DIN 276 k) Organisation der Abnahme der Bauleistungen unter Mitwirkung anderer an der Planung und Objektüberwachung fachlich Beteiligter, Feststellung von Mängeln, Abnahmeempfehlung für den Auftraggeber	– Aufstellen, Überwachen und Fortschreiben eines Zahlungsplanes – Aufstellen, Überwachen und Fortschreiben von differenzierten Zeit-, Kosten- oder Kapazitätsplänen – Tätigkeit als verantwortlicher Bauleiter, soweit diese Tätigkeit nach jeweiligem Landesrecht über die Grundleistungen der LPH 8 hinausgeht

Grundleistungen	Besondere Leistungen

l) Antrag auf öffentlich-rechtliche Abnahmen und Teilnahme daran
m) Systematische Zusammenstellung der Dokumentation, zeichnerischen Darstellungen und rechnerischen Ergebnisse des Objekts
n) Übergabe des Objekts
o) Auflisten der Verjährungsfristen für Mängelansprüche
p) Überwachen der Beseitigung der bei der Abnahme festgestellten Mängel

LPH 9 Objektbetreuung

Grundleistungen	Besondere Leistungen
a) Fachliche Bewertung der innerhalb der Verjährungsfristen für Gewährleistungsansprüche festgestellten Mängel, längstens jedoch bis zum Ablauf von fünf Jahren seit Abnahme der Leistung, einschließlich notwendiger Begehungen b) Objektbegehung zur Mängelfeststellung vor Ablauf der Verjährungsfristen für Mängelansprüche gegenüber den ausführenden Unternehmen c) Mitwirken bei der Freigabe von Sicherheitsleistungen	– Überwachen der Mängelbeseitigung innerhalb der Verjährungsfrist – Erstellen einer Gebäudebestandsdokumentation – Aufstellen von Ausrüstungs- und Inventarverzeichnissen – Erstellen von Wartungs- und Pflegeanweisungen – Erstellen eines Instandhaltungskonzepts – Objektbeobachtung – Objektverwaltung – Baubegehungen nach Übergabe – Aufbereiten der Planungs- und Kostendaten für eine Objektdatei oder Kostenrichtwerte – Evaluieren von Wirtschaftlichkeitsberechnungen

10.2 Objektliste Gebäude

Nachstehende Gebäude werden in der Regel folgenden Honorarzonen zugerechnet.

Objektliste – Gebäude	Honorarzone				
	I	II	III	IV	V
Wohnen					
– Einfache Behelfsbauten für vorübergehende Nutzung	x				
– Einfache Wohnbauten mit gemeinschaftlichen Sanitär- und Kücheneinrichtungen		x			
– Einfamilienhäuser, Wohnhäuser oder Hausgruppen in verdichteter Bauweise				x	x
– Wohnheime, Gemeinschaftsunterkünfte, Jugendherbergen, -freizeitzentren, -stätten				x	x
Ausbildung/Wissenschaft/Forschung					
– Offene Pausen-, Spielhallen	x				
– Studentenhäuser				x	x
– Schulen mit durchschnittlichen Planungsanforderungen, zum Beispiel Grundschulen, weiterführende Schulen und Berufsschulen				x	

Objektliste – Gebäude	Honorarzone				
	I	II	III	IV	V
– Schulen mit hohen Planungsanforderungen, Bildungszentren, Hochschulen, Universitäten, Akademien				x	
– Hörsaal-, Kongresszentren				x	
– Labor- oder Institutsgebäude				x	x
Büro/Verwaltung/Staat/Kommune					
– Büro-, Verwaltungsgebäude			x	x	
– Wirtschaftsgebäude, Bauhöfe			x	x	
– Parlaments-, Gerichtsgebäude				x	
– Bauten für den Strafvollzug				x	x
– Feuerwachen, Rettungsstationen			x	x	
– Sparkassen- oder Bankfilialen			x	x	
– Büchereien, Bibliotheken, Archive			x	x	
Gesundheit/Betreuung					
– Liege- oder Wandelhallen	x				
– Kindergärten, Kinderhorte			x		
– Jugendzentren, Jugendfreizeitstätten			x		
– Betreuungseinrichtungen, Altentagesstätten			x		
– Pflegeheime oder Bettenhäuser, ohne oder mit medizinisch-technischen Einrichtungen				x	x
– Unfall-, Sanitätswachen, Ambulatorien		x	x		
– Therapie- oder Rehabilitations-Einrichtungen, Gebäude für Erholung, Kur oder Genesung				x	x
– Hilfskrankenhäuser				x	
– Krankenhäuser der Versorgungsstufe I oder II, Krankenhäuser besonderer Zweckbestimmung				x	
– Krankenhäuser der Versorgungsstufe III, Universitätskliniken					x
Handel und Verkauf/Gastgewerbe					
– Einfache Verkaufslager, Verkaufsstände, Kioske		x			
– Ladenbauten, Discounter, Einkaufszentren, Märkte, Messehallen				x	x
– Gebäude für Gastronomie, Kantinen oder Mensen				x	x
– Großküchen, mit oder ohne Speiseräume				x	
– Pensionen, Hotels				x	x
Freizeit/Sport					
– Einfache Tribünenbauten			x		
– Bootshäuser			x		
– Turn- oder Sportgebäude				x	x
– Mehrzweckhallen, Hallenschwimmbäder, Großsportstätten				x	x
Gewerbe/Industrie/Landwirtschaft					
– Einfache Landwirtschaftliche Gebäude, zum Beispiel Feldscheunen, Einstellhallen	x				
– Landwirtschaftliche Betriebsgebäude, Stallanlagen		x	x	x	

	Honorarzone				
Objektliste – Gebäude	I	II	III	IV	V
– Gewächshäuser für die Produktion		x			
– Einfache geschlossene, eingeschossige Hallen, Werkstätten		x			
– Spezielle Lagergebäude, zum Beispiel Kühlhäuser			x		
– Werkstätten, Fertigungsgebäude des Handwerks oder der Industrie		x	x	x	
– Produktionsgebäude der Industrie			x	x	x
Infrastruktur					
– Offene Verbindungsgänge, Überdachungen, zum Beispiel Wetterschutzhäuser, Carports	x				
– Einfache Garagenbauten		x			
– Parkhäuser, -garagen, Tiefgaragen, jeweils mit integrierten weiteren Nutzungsarten		x	x		
– Bahnhöfe oder Stationen verschiedener öffentlicher Verkehrsmittel				x	
– Flughäfen				x	x
– Energieversorgungszentralen, Kraftwerksgebäude, Großkraftwerke				x	x
Kultur-/Sakralbauten					
– Pavillons für kulturelle Zwecke		x	x		
– Bürger-, Gemeindezentren, Kultur-, Sakralbauten, Kirchen				x	
– Mehrzweckhallen für religiöse oder kulturelle Zwecke				x	
– Ausstellungsgebäude, Lichtspielhäuser			x	x	
– Museen				x	x
– Theater-, Opern-, Konzertgebäude				x	x
– Studiogebäude für Rundfunk oder Fernsehen				x	x

10.3 Objektliste Innenräume

Nachstehende Innenräume werden in der Regel folgenden Honorarzonen zugerechnet:

	Honorarzone				
Objektliste – Innenräume	I	II	III	IV	V
– einfachste Innenräume für vorübergehende Nutzung ohne oder mit einfachsten seriellen Einrichtungsgegenständen	x				
– Innenräume mit geringer Planungsanforderung, unter Verwendung von serienmäßig hergestellten Möbeln und Ausstattungsgegenständen einfacher Qualität, ohne technische Ausstattung		x			
– Innenräume mit durchschnittlicher Planungsanforderung, zum überwiegenden Teil unter Verwendung von serienmäßig hergestellten Möbeln und Ausstattungsgegenständen oder mit durchschnittlicher technischer Ausstattung			x		
– Innenräume mit hohen Planungsanforderungen, unter Mitverwendung von serienmäßig hergestellten Möbeln und Ausstattungsgegenständen gehobener Qualität oder gehobener technischer Ausstattung				x	
– Innenräume mit sehr hohen Planungsanforderungen, unter Verwendung von aufwendiger Einrichtung oder Ausstattung oder umfangreicher technischer Ausstattung					x

Objektliste – Innenräume	Honorarzone				
	I	II	III	IV	V
Wohnen					
– einfachste Räume ohne Einrichtung oder für vorübergehende Nutzung	x				
– einfache Wohnräume mit geringen Anforderungen an Gestaltung oder Ausstattung		x			
– Wohnräume mit durchschnittlichen Anforderungen, serielle Einbauküchen			x		
– Wohnräume in Gemeinschaftsunterkünften oder Heimen			x		
– Wohnräume gehobener Anforderungen, individuell geplante Küchen und Bäder				x	
– Dachgeschossausbauten, Wintergärten				x	
– individuelle Wohnräume in anspruchsvoller Gestaltung mit aufwendiger Einrichtung, Ausstattung und technischer Ausrüstung					x
Ausbildung/Wissenschaft/Forschung					
– einfache offene Hallen	x				
– Lager- oder Nebenräume mit einfacher Einrichtung oder Ausstattung		x			
– Gruppenräume zum Beispiel in Kindergärten, Kinderhorten, Jugendzentren, Jugendherbergen, Jugendheimen			x	x	
– Klassenzimmer, Hörsäle, Seminarräume, Büchereien, Mensen			x	x	
– Aulen, Bildungszentren, Bibliotheken, Labore, Lehrküchen mit oder ohne Speise- oder Aufenthaltsräume, Fachunterrichtsräume mit technischer Ausstattung				x	
– Kongress-, Konferenz-, Seminar-, Tagungsbereiche mit individuellem Ausbau und Einrichtung und umfangreicher technischer Ausstattung				x	
– Räume wissenschaftlicher Forschung mit hohen Ansprüchen und technischer Ausrüstung					x
Büro/Verwaltung/Staat/Kommune					
– innere Verkehrsflächen	x				
– Post-, Kopier-, Putz- oder sonstige Nebenräume ohne baukonstruktive Einbauten		x			
– Büro-, Verwaltungs-, Aufenthaltsräume mit durchschnittlichen Anforderungen, Treppenhäuser, Wartehallen, Teeküchen			x		
– Räume für sanitäre Anlagen, Werkräume, Wirtschaftsräume, Technikräume			x		
– Eingangshallen, Sitzungs- oder Besprechungsräume, Kantinen, Sozialräume			x	x	
– Kundenzentren, -ausstellungen, -präsentationen			x	x	
– Versammlungs-, Konferenzbereiche, Gerichtssäle, Arbeitsbereiche von Führungskräften mit individueller Gestaltung oder Einrichtung oder gehobener technischer Ausstattung				x	
– Geschäfts-, Versammlungs- oder Konferenzräume mit anspruchsvollem Ausbau oder anspruchsvoller Einrichtung, aufwendiger Ausstattung oder sehr hohen technischen Anforderungen					x
Gesundheit/Betreuung					
– offene Spiel- oder Wandelhallen	x				
– einfache Ruhe- oder Nebenräume		x			
– Sprech-, Betreuungs-, Patienten-, Heimzimmer oder Sozialräume mit durchschnittlichen Anforderungen ohne medizintechnische Ausrüstung			x		

Verordnungstext HOAI 2013 – Anlage 10 – Zu §§ 34 Absatz 1, 35 Absatz 6

	Honorarzone				
Objektliste – Innenräume	I	II	III	IV	V
– Behandlungs- oder Betreuungsbereiche mit medizintechnischer Ausrüstung oder Einrichtung in Kranken-, Therapie-, Rehabilitations- oder Pflegeeinrichtungen, Arztpraxen				x	
– Operations-, Kreißsäle, Röntgenräume				x	x
Handel/Gastgewerbe					
– Verkaufsstände für vorübergehende Nutzung	x				
– Kioske, Verkaufslager, Nebenräume mit einfacher Einrichtung und Ausstattung		x			
– durchschnittliche Laden- oder Gasträume, Einkaufsbereiche, Schnellgaststätten			x		
– Fachgeschäfte, Boutiquen, Showrooms, Lichtspieltheater, Großküchen				x	
– Messestände, bei Verwendung von System- oder Modulbauteilen			x		
– individuelle Messestände				x	
– Gasträume, Sanitärbereiche gehobener Gestaltung, zum Beispiel in Restaurants, Bars, Weinstuben, Cafés, Clubräumen				x	
– Gast- oder Sanitärbereiche zum Beispiel in Pensionen oder Hotels mit durchschnittlichen Anforderungen oder Einrichtungen oder Ausstattungen				x	
– Gast-, Informations- oder Unterhaltungsbereiche in Hotels mit individueller Gestaltung oder Möblierung oder gehobener Einrichtung oder technischer Ausstattung				x	
Freizeit/Sport					
– Neben- oder Wirtschafträume in Sportanlagen oder Schwimmbädern		x			
– Schwimmbäder, Fitness-, Wellness- oder Saunaanlagen, Großsportstätten			x	x	
– Sport-, Mehrzweck- oder Stadthallen, Gymnastikräume, Tanzschulen			x	x	
Gewerbe/Industrie/Landwirtschaft/Verkehr					
– einfache Hallen oder Werkstätten ohne fachspezifische Einrichtung, Pavillons		x			
– landwirtschaftliche Betriebsbereiche		x	x		
– Gewerbebereiche, Werkstätten mit technischer oder maschineller Einrichtung			x	x	
– Umfassende Fabrikations- oder Produktionsanlagen				x	
– Räume in Tiefgaragen, Unterführungen		x			
– Gast- oder Betriebsbereiche in Flughäfen, Bahnhöfen				x	x
Kultur-/Sakralbauten					
– Kultur- oder Sakralbereiche, Kirchenräume				x	x
– individuell gestaltete Ausstellungs-, Museums- oder Theaterbereiche				x	x
– Konzert- oder Theatersäle, Studioräume für Rundfunk, Fernsehen oder Theater					x

Anlage 11 zu §§ 39 Absatz 4, 40 Absatz 5

Grundleistungen im Leistungsbild Freianlagen, Besondere Leistungen, Objektliste

11.1 Leistungsbild Freianlagen

Grundleistungen	Besondere Leistungen
LPH 1 Grundlagenermittlung	
a) Klären der Aufgabenstellung aufgrund der Vorgaben oder der Bedarfsplanung des Auftraggebers oder vorliegender Planungs- und Genehmigungsunterlagen b) Ortsbesichtigung c) Beraten zum gesamten Leistungs- und Untersuchungsbedarf d) Formulieren von Entscheidungshilfen für die Auswahl anderer an der Planung fachlich Beteiligter e) Zusammenfassen, Erläutern und Dokumentieren der Ergebnisse	– Mitwirken bei der öffentlichen Erschließung – Kartieren und Untersuchen des Bestandes, Floristische oder faunistische Kartierungen – Begutachtung des Standortes mit besonderen Methoden zum Beispiel Bodenanalysen – Beschaffen bzw. Aktualisieren bestehender Planunterlagen, Erstellen von Bestandskarten
LPH 2 Vorplanung (Projekt- u. Planungsvorbereitung)	

a) Analysieren der Grundlagen, Abstimmen der Leistungen mit den fachlich an der Planung Beteiligten
b) Abstimmen der Zielvorstellungen
c) Erfassen, Bewerten und Erläutern der Wechselwirkungen im Ökosystem
d) Erarbeiten eines Planungskonzepts einschließlich Untersuchen und Bewerten von Varianten nach gleichen Anforderungen unter Berücksichtigung zum Beispiel
  – der Topographie und der weiteren standörtlichen und ökologischen Rahmenbedingungen,
  – der Umweltbelange einschließlich der natur- und artenschutzrechtlichen Anforderungen und der vegetationstechnischen Bedingungen,
  – der gestalterischen und funktionalen Anforderungen
  – Klären der wesentlichen Zusammenhänge, Vorgänge und Bedingungen
  – Abstimmen oder Koordinieren unter Integration der Beiträge anderer an der Planung fachlich Beteiligter
e) Darstellen des Vorentwurfs mit Erläuterungen und Angaben zum terminlichen Ablauf
	– Umweltfolgenabschätzung
	– Bestandsaufnahme, Vermessung
	– Fotodokumentationen
	– Mitwirken bei der Beantragung von Fördermitteln und Beschäftigungsmaßnahmen
	– Erarbeiten von Unterlagen für besondere technische Prüfverfahren
	– Beurteilen und Bewerten der vorhanden Bausubstanz, Bauteile, Materialien, Einbauten oder der zu schützenden oder zu erhaltenden Gehölze oder Vegetationsbestände

Grundleistungen	Besondere Leistungen
f) Kostenschätzung, zum Beispiel nach DIN 276, Vergleich mit den finanziellen Rahmenbedingungen g) Zusammenfassen, Erläutern und Dokumentieren der Vorplanungsergebnisse	

LPH 3 Entwurfsplanung (System- und Integrationsplanung)

Grundleistungen	Besondere Leistungen
a) Erarbeiten der Entwurfsplanung auf Grundlage der Vorplanung unter Vertiefung zum Beispiel der gestalterischen, funktionalen, wirtschaftlichen, standörtlichen, ökologischen, natur- und artenschutzrechtlichen Anforderungen, Abstimmen oder Koordinieren unter Integration der Beiträge anderer an der Planung fachlich Beteiligter b) Abstimmen der Planung mit zu beteiligenden Stellen und Behörden c) Darstellen des Entwurfs zum Beispiel im Maßstab 1:500 bis 1:100, mit erforderlichen Angaben insbesondere – zur Bepflanzung, – zu Materialien und Ausstattungen, – zu Maßnahmen aufgrund rechtlicher Vorgaben, – zum terminlichen Ablauf d) Objektbeschreibung mit Erläuterung von Ausgleichs- und Ersatzmaßnahmen nach Maßgabe der naturschutzrechtlichen Eingriffsregelung e) Kostenberechnung, zum Beispiel nach DIN 276 einschließlich zugehöriger Mengenermittlung f) Vergleich der Kostenberechnung mit der Kostenschätzung g) Zusammenfassen, Erläutern und Dokumentieren der Entwurfsplanungsergebnisse	– Mitwirken beim Beschaffen nachbarlicher Zustimmungen – Erarbeiten besonderer Darstellungen, zum Beispiel Modelle, Perspektiven, Animationen – Beteiligung von externen Initiativ- und Betroffenengruppen bei Planung und Ausführung – Mitwirken bei Beteiligungsverfahren oder Workshops – Mieter- oder Nutzerbefragungen – Erarbeiten von Ausarbeitungen nach den Anforderungen der naturschutzrechtlichen Eingriffsregelung sowie des besonderen Arten- und Biotopschutzrechtes, Eingriffsgutachten, Eingriffs- oder Ausgleichsbilanz nach landesrechtlichen Regelungen – Mitwirken beim Erstellen von Kostenaufstellungen und Planunterlagen für Vermarktung und Vertrieb – Erstellen und Zusammenstellen von Unterlagen für die Beauftragung von Dritten (Sachverständigenbeauftragung) – Mitwirken bei der Beantragung und Abrechnung von Fördermitteln und Beschäftigungsmaßnahmen – Abrufen von Fördermitteln nach Vergleich mit den Ist-Kosten (Baufinanzierungsleistung) – Mitwirken bei der Finanzierungsplanung – Erstellen einer Kosten-Nutzen-Analyse – Aufstellen und Berechnen von Lebenszykluskosten

LPH 4 Genehmigungsplanung

Grundleistungen	Besondere Leistungen
a) Erarbeiten und Zusammenstellen der Vorlagen und Nachweise für öffentlich-rechtliche Genehmigungen oder Zustimmungen einschließlich der Anträge auf Ausnahmen und Befreiungen sowie notwendiger Verhandlungen mit Behörden unter Verwendung der Beiträge anderer an der Planung fachlich Beteiligter b) Einreichen der Vorlagen	– Teilnahme an Sitzungen in politischen Gremien oder im Rahmen der Öffentlichkeitsbeteiligung – Erstellen von landschaftspflegerischen Fachbeiträgen oder natur- und artenschutzrechtlichen Beiträgen – Mitwirken beim Einholen von Genehmigungen und Erlaubnissen nach Naturschutz-, Fach- und Satzungsrecht

Grundleistungen	Besondere Leistungen
c) Ergänzen und Anpassen der Planungsunterlagen, Beschreibungen und Berechnungen	– Erfassen, Bewerten und Darstellen des Bestandes gemäß Ortssatzung – Erstellen von Rodungs- und Baumfällanträgen – Erstellen von Genehmigungsunterlagen und Anträgen nach besonderen Anforderungen – Erstellen eines Überflutungsnachweises für Grundstücke – Prüfen von Unterlagen der Planfeststellung auf Übereinstimmung mit der Planung

LPH 5 Ausführungsplanung

Grundleistungen	Besondere Leistungen

a) Erarbeiten der Ausführungsplanung auf Grundlage der Entwurfs- und Genehmigungsplanung bis zur ausführungsreifen Lösung als Grundlage für die weiteren Leistungsphasen
b) Erstellen von Plänen oder Beschreibungen, je nach Art des Bauvorhabens zum Beispiel im Maßstab 1:200 bis 1:50
c) Abstimmen oder Koordinieren unter Integration der Beiträge anderer an der Planung fachlich Beteiligter
d) Darstellen der Freianlagen mit den für die Ausführung notwendigen Angaben, Detail- oder Konstruktionszeichnungen, insbesondere
  – zu Oberflächenmaterial, -befestigungen und -relief,
  – zu ober- und unterirdischen Einbauten und Ausstattungen,
  – zur Vegetation mit Angaben zu Arten, Sorten und Qualitäten,
  – zu landschaftspflegerischen, naturschutzfachlichen oder artenschutzrechtlichen Maßnahmen
e) Fortschreiben der Angaben zum terminlichen Ablauf
f) Fortschreiben der Ausführungsplanung während der Objektausführung
	– Erarbeitung von Unterlagen für besondere technische Prüfverfahren (zum Beispiel Lastplattendruckversuche)
	– Auswahl von Pflanzen beim Lieferanten (Erzeuger)

LPH 6 Vorbereitung der Vergabe

Grundleistungen	Besondere Leistungen
a) Aufstellen von Leistungsbeschreibungen mit Leistungsverzeichnissen b) Ermitteln und Zusammenstellen von Mengen auf Grundlage der Ausführungsplanung c) Abstimmen oder Koordinieren der Leistungsbeschreibungen mit den an der Planung fachlich Beteiligten	– Alternative Leistungsbeschreibung für geschlossene Leistungsbereiche – Besondere Ausarbeitungen zum Beispiel für Selbsthilfearbeiten

Grundleistungen	Besondere Leistungen

d) Aufstellen eines Terminplans unter Berücksichtigung jahreszeitlicher, bauablaufbedingter und witterungsbedingter Erfordernisse
e) Ermitteln der Kosten auf Grundlage der vom Planer bepreisten Leistungsverzeichnisse
f) Kostenkontrolle durch Vergleich der vom Planer bepreisten Leistungsverzeichnisse mit der Kostenberechnung
g) Zusammenstellen der Vergabeunterlagen

LPH 7 Mitwirkung bei der Vergabe

a) Einholen von Angeboten
b) Prüfen und Werten der Angebote einschließlich Aufstellen eines Preisspiegels nach Einzelpositionen oder Teilleistungen. Prüfen und Werten der Angebote zusätzlicher und geänderter Leistungen der ausführenden Unternehmen und der Angemessenheit der Preise
c) Führen von Bietergesprächen
d) Erstellen der Vergabevorschläge Dokumentation des Vergabeverfahrens
e) Zusammenstellen der Vertragsunterlagen
f) Kostenkontrolle durch Vergleichen der Ausschreibungsergebnisse mit den vom Planer bepreisten Leistungsverzeichnissen und der Kostenberechnung
g) Mitwirken bei der Auftragserteilung

LPH 8 Objektüberwachung (Bauüberwachung) und Dokumentation

Grundleistungen	Besondere Leistungen
a) Überwachen der Ausführung des Objekts auf Übereinstimmung mit der Genehmigung oder Zustimmung, den Verträgen mit ausführenden Unternehmen, den Ausführungsunterlagen, den einschlägigen Vorschriften sowie mit den allgemein anerkannten Regeln der Technik b) Überprüfen von Pflanzen- und Materiallieferungen c) Abstimmen mit den oder Koordinieren der an der Objektüberwachung fachlich Beteiligten d) Fortschreiben und Überwachen des Terminplans unter Berücksichtigung jahreszeitlicher, bauablaufbedingter und witterungsbedingter Erfordernisse e) Dokumentation des Bauablaufes (zum Beispiel Bautagebuch), Feststellen des Anwuchsergebnisses	– Dokumentation des Bauablaufs nach besonderen Anforderungen des Auftraggebers – fachliches Mitwirken bei Gerichtsverfahren – Bauoberleitung, künstlerische Oberleitung – Erstellen einer Freianlagenbestandsdokumentation

Grundleistungen	Besondere Leistungen
f) Mitwirken beim Aufmaß mit den bauausführenden Unternehmen	
g) Rechnungsprüfung einschließlich Prüfen der Aufmaße der ausführenden Unternehmen	
h) Vergleich der Ergebnisse der Rechnungsprüfungen mit den Auftragssummen einschließlich Nachträgen	
i) Organisation der Abnahme der Bauleistungen unter Mitwirkung anderer an der Planung und Objektüberwachung fachlich Beteiligter, Feststellung von Mängeln, Abnahmeempfehlung für den Auftraggeber	
j) Antrag auf öffentlich-rechtliche Abnahmen und Teilnahme daran,	
k) Übergabe des Objekts	
l) Überwachen der Beseitigung der bei der Abnahme festgestellten Mängel	
m) Auflisten der Verjährungsfristen für Mängelansprüche	
n) Überwachen der Fertigstellungspflege bei vegetationstechnischen Maßnahmen	
o) Kostenkontrolle durch Überprüfen der Leistungsabrechnung der bauausführenden Unternehmen im Vergleich zu den Vertragspreisen	
p) Kostenfeststellung, zum Beispiel nach DIN 276	
q) Systematische Zusammenstellung der Dokumentation, zeichnerischen Darstellungen und rechnerischen Ergebnisse des Objekts	

LPH 9 Objektbetreuung

Grundleistungen	Besondere Leistungen
a) Fachliche Bewertung der innerhalb der Verjährungsfristen für Gewährleistungsansprüche festgestellten Mängel, längstens jedoch bis zum Ablauf von 5 Jahren seit Abnahme der Leistung, einschließlich notwendiger Begehungen	– Überwachung der Entwicklungs- und Unterhaltungspflege – Überwachen von Wartungsleistungen – Überwachen der Mängelbeseitigung innerhalb der Verjährungsfrist
b) Objektbegehung zur Mängelfeststellung vor Ablauf der Verjährungsfristen für Mängelansprüche gegenüber den ausführenden Unternehmen	
c) Mitwirken bei der Freigabe von Sicherheitsleistungen	

11.2 Objektliste Freianlagen

Nachstehende Freianlagen werden in der Regel folgenden Honorarzonen zugeordnet:

Objekte	Honorarzone				
	I	II	III	IV	V
In der freien Landschaft					
– einfache Geländegestaltung	x				
– Einsaaten in der freien Landschaft	x				
– Pflanzungen in der freien Landschaft oder Windschutzpflanzungen, mit sehr geringen oder geringen Anforderungen	x	x			
– Pflanzungen in der freien Landschaft mit natur- und artenschutzrechtlichen Anforderungen (Kompensationserfordernissen)			x		
– Flächen für den Arten- und Biotopschutz mit differenzierten Gestaltungsansprüchen oder mit Biotopverbundfunktion				x	
– Naturnahe Gewässer- und Ufergestaltung			x		
– Geländegestaltungen und Pflanzungen für Deponien, Halden und Entnahmestellen mit geringen oder durchschnittlichen Anforderungen		x	x		
– Freiflächen mit einfachem Ausbau bei kleineren Siedlungen, bei Einzelbauwerken und bei landwirtschaftlichen Aussiedlungen		x			
– Begleitgrün zu Objekten, Bauwerken und Anlagen mit geringen oder durchschnittlichen Anforderungen		x	x		
In Stadt- und Ortslagen					
– Grünverbindungen ohne besondere Ausstattung			x		
– innerörtliche Grünzüge, Grünverbindungen mit besonderer Ausstattung				x	
– Freizeitparks und Parkanlagen				x	
– Geländegestaltung ohne oder mit Abstützungen			x	x	
– Begleitgrün zu Objekten, Bauwerken und Anlagen sowie an Ortsrändern		x	x		
– Schulgärten und naturkundliche Lehrpfade und -gebiete				x	
– Hausgärten und Gartenhöfe mit Repräsentationsansprüchen				x	x
Gebäudebegrünung					
– Terrassen- und Dachgärten					x
– Bauwerksbegrünung vertikal und horizontal mit hohen oder sehr hohen Anforderungen				x	x
– Innenbegrünung mit hohen oder sehr hohen Anforderungen				x	x
– Innenhöfe mit hohen oder sehr hohen Anforderungen				x	x
Spiel- und Sportanlagen					
– Ski- und Rodelhänge ohne oder mit technischer Ausstattung	x	x			
– Spielwiesen		x			
– Ballspielplätze, Bolzplätze, mit geringen oder durchschnittlichen Anforderungen		x	x		

	Honorarzone				
Objekte	I	II	III	IV	V
– Sportanlagen in der Landschaft, Parcours, Wettkampfstrecken			x		
– Kombinationsspielfelder, Sport-, Tennisplätze u. Sportanlagen mit Tennenbelag oder Kunststoff- oder Kunstrasenbelag			x	x	
– Spielplätze				x	
– Sportanlagen Typ A bis C oder Sportstadien				x	x
– Golfplätze mit besonderen natur- und artenschutzrechtlichen Anforderungen oder in stark reliefiertem Geländeumfeld				x	x
– Freibäder mit besonderen Anforderungen; Schwimmteiche				x	x
– Schul- und Pausenhöfe mit Spiel- und Bewegungsangebot				x	
Sonderanlagen					
– Freilichtbühnen				x	
– Zelt- oder Camping- oder Badeplätze, mit durchschnittlicher oder hoher Ausstattung oder Kleingartenanlagen			x	x	
Objekte					
– Friedhöfe, Ehrenmale, Gedenkstätten, mit hoher oder sehr hoher Ausstattung				x	x
– Zoologische und botanische Gärten					x
– Lärmschutzeinrichtungen				x	
– Garten- und Hallenschauen					x
– Freiflächen im Zusammenhang mit historischen Anlagen, historische Park- und Gartenanlagen, Gartendenkmale					x
Sonstige Freianlagen					
– Freiflächen mit Bauwerksbezug, mit durchschnittlichen topographischen Verhältnissen oder durchschnittlicher Ausstattung			x		
– Freiflächen mit Bauwerksbezug, mit schwierigen oder besonders schwierigen topographischen Verhältnissen oder hoher oder sehr hoher Ausstattung				x	x
– Fußgängerbereiche und Stadtplätze mit hoher oder sehr hoher Ausstattungsintensität				x	x

Anlage 12 zu §§ 43 Absatz 5, 44 Absatz 5

Grundleistungen im Leistungsbild Ingenieurbauwerke, Besondere Leistungen, Objektliste

12.1 Leistungsbild Ingenieurbauwerke

Grundleistungen	Besondere Leistungen
LPH 1 Grundlagenermittlung	
a) Klären der Aufgabenstellung aufgrund der Vorgaben oder der Bedarfsplanung des Auftraggebers b) Ermitteln der Planungsrandbedingungen sowie Beraten zum gesamten Leistungsbedarf c) Formulieren von Entscheidungshilfen für die Auswahl anderer an der Planung fachlich Beteiligter d) bei Objekten nach § 41 Nummer 6 und 7, die eine Tragwerksplanung erfordern: Klären der Aufgabenstellung auch auf dem Gebiet der Tragwerksplanung e) Ortsbesichtigung f) Zusammenfassen, Erläutern und Dokumentieren der Ergebnisse	– Auswahl und Besichtigung ähnlicher Objekte
LPH 2 Vorplanung	
a) Analysieren der Grundlagen b) Abstimmen der Zielvorstellungen auf die öffentlich-rechtlichen Randbedingungen sowie Planungen Dritter c) Untersuchen von Lösungsmöglichkeiten mit ihren Einflüssen auf bauliche und konstruktive Gestaltung, Zweckmäßigkeit, Wirtschaftlichkeit unter Beachtung der Umweltverträglichkeit d) Beschaffen und Auswerten amtlicher Karten e) Erarbeiten eines Planungskonzepts einschließlich Untersuchung der alternativen Lösungsmöglichkeiten nach gleichen Anforderungen mit zeichnerischer Darstellung und Bewertung unter Einarbeitung der Beiträge anderer an der Planung fachlich Beteiligter f) Klären und Erläutern der wesentlichen fachspezifischen Zusammenhänge, Vorgänge und Bedingungen g) Vorabstimmen mit Behörden und anderen an der Planung fachlich Beteiligten über die Genehmigungsfähigkeit, gegebenenfalls Mitwirken bei Verhandlungen über die Bezuschussung und Kostenbeteiligung	– Erstellen von Leitungsbestandsplänen – vertiefte Untersuchungen zum Nachweis von Nachhaltigkeitsaspekten – Anfertigen von Nutzen-Kosten-Untersuchungen – Wirtschaftlichkeitsprüfung – Beschaffen von Auszügen aus Grundbuch, Kataster und anderen amtlichen Unterlagen

Grundleistungen	Besondere Leistungen
h) Mitwirken beim Erläutern des Planungskonzepts gegenüber Dritten an bis zu 2 Terminen,	
i) Überarbeiten des Planungskonzepts nach Bedenken und Anregungen	
j) Kostenschätzung, Vergleich mit den finanziellen Rahmenbedingungen	
k) Zusammenfassen, Erläutern und Dokumentieren der Ergebnisse	

LPH 3 Entwurfsplanung

Grundleistungen	Besondere Leistungen
a) Erarbeiten des Entwurfs auf Grundlage der Vorplanung durch zeichnerische Darstellung im erforderlichen Umfang und Detaillierungsgrad unter Berücksichtigung aller fachspezifischen Anforderungen Bereitstellen der Arbeitsergebnisse als Grundlage für die anderen an der Planung fachlich Beteiligten sowie Integration und Koordination der Fachplanungen	– Fortschreiben von Nutzen-Kosten-Untersuchungen – Mitwirken bei Verwaltungsvereinbarungen – Nachweis der zwingenden Gründe des überwiegenden öffentlichen Interesses der Notwendigkeit der Maßnahme (zum Beispiel Gebiets- und Artenschutz gemäß der Richtlinie 92/43/EWG des Rates vom 21. Mai 1992 zur Erhaltung der natürlichen Lebensräume sowie der wildlebenden Tiere und Pflanzen (ABl. L 206 vom 22.7.1992, S. 7) – Fiktivkostenberechnungen (Kostenteilung)
b) Erläuterungsbericht unter Verwendung der Beiträge anderer an der Planung fachlich Beteiligter	
c) fachspezifische Berechnungen, ausgenommen Berechnungen aus anderen Leistungsbildern	
d) Ermitteln und Begründen der zuwendungsfähigen Kosten, Mitwirken beim Aufstellen des Finanzierungsplans sowie Vorbereiten der Anträge auf Finanzierung	
e) Mitwirken beim Erläutern des vorläufigen Entwurfs gegenüber Dritten an bis zu 3 Terminen, Überarbeiten des vorläufigen Entwurfs auf Grund von Bedenken und Anregungen	
f) Vorabstimmen der Genehmigungsfähigkeit mit Behörden und anderen an der Planung fachlich Beteiligten	
g) Kostenberechnung einschließlich zugehöriger Mengenermittlung, Vergleich der Kostenberechnung mit der Kostenschätzung	
h) Ermitteln der wesentlichen Bauphasen unter Berücksichtigung der Verkehrslenkung und der Aufrechterhaltung des Betriebes während der Bauzeit	
i) Bauzeiten- und Kostenplan	
j) Zusammenfassen, Erläutern und Dokumentieren der Ergebnisse	

Grundleistungen	Besondere Leistungen
LPH 4 Genehmigungsplanung	
a) Erarbeiten und Zusammenstellen der Unterlagen für die erforderlichen öffentlich-rechtlichen Verfahren oder Genehmigungsverfahren einschließlich der Anträge auf Ausnahmen und Befreiungen, Aufstellen des Bauwerksverzeichnisses unter Verwendung der Beiträge anderer an der Planung fachlich Beteiligter b) Erstellen des Grunderwerbsplanes und des Grunderwerbsverzeichnisses unter Verwendung der Beiträge anderer an der Planung fachlich Beteiligter c) Vervollständigen und Anpassen der Planungsunterlagen, Beschreibungen und Berechnungen unter Verwendung der Beiträge anderer an der Planung fachlich Beteiligter d) Abstimmen mit Behörden e) Mitwirken in Genehmigungsverfahren einschließlich der Teilnahme an bis zu 4 Erläuterungs-, Erörterungsterminen f) Mitwirken beim Abfassen von Stellungnahmen zu Bedenken und Anregungen in bis zu 10 Kategorien	– Mitwirken bei der Beschaffung der Zustimmung von Betroffenen
LPH 5 Ausführungsplanung	
a) Erarbeiten der Ausführungsplanung auf Grundlage der Ergebnisse der Leistungsphasen 3 und 4 unter Berücksichtigung aller fachspezifischen Anforderungen und Verwendung der Beiträge anderer an der Planung fachlich Beteiligter bis zur ausführungsreifen Lösung b) Zeichnerische Darstellung, Erläuterungen und zur Objektplanung gehörige Berechnungen mit allen für die Ausführung notwendigen Einzelangaben einschließlich Detailzeichnungen in den erforderlichen Maßstäben c) Bereitstellen der Arbeitsergebnisse als Grundlage für die anderen an der Planung fachlich Beteiligten und Integrieren ihrer Beiträge bis zur ausführungsreifen Lösung d) Vervollständigen der Ausführungsplanung während der Objektausführung	– Objektübergreifende, integrierte Bauablaufplanung – Koordination des Gesamtprojekts – Aufstellen von Ablauf- und Netzplänen – Planen von Anlagen der Verfahrens- und Prozesstechnik für Ingenieurbauwerke gemäß § 41 Nummer 1 bis 3 und 5, die dem Auftragnehmer übertragen werden, der auch die Grundleistungen für die jeweiligen Ingenieurbauwerke erbringt
LPH 6 Vorbereiten der Vergabe	
a) Ermitteln von Mengen nach Einzelpositionen unter Verwendung der Beiträge anderer an der Planung fachlich Beteiligter	– detaillierte Planung von Bauphasen bei besonderen Anforderungen

Grundleistungen	Besondere Leistungen
b) Aufstellen der Vergabeunterlagen, insbesondere Anfertigen der Leistungsbeschreibungen mit Leistungsverzeichnissen sowie der Besonderen Vertragsbedingungen	
c) Abstimmen und Koordinieren der Schnittstellen zu den Leistungsbeschreibungen der anderen an der Planung fachlich Beteiligten	
d) Festlegen der wesentlichen Ausführungsphasen	
e) Ermitteln der Kosten auf Grundlage der vom Planer (Entwurfsverfasser) bepreisten Leistungsverzeichnisse	
f) Kostenkontrolle durch Vergleich der vom Planer (Entwurfsverfasser) bepreisten Leistungsverzeichnisse mit der Kostenberechnung	
g) Zusammenstellen der Vergabeunterlagen	

LPH 7 Mitwirken bei der Vergabe

Grundleistungen	Besondere Leistungen
a) Einholen von Angeboten	– Prüfen und Werten von Nebenangeboten
b) Prüfen und Werten der Angebote, Aufstellen des Preisspiegels	
c) Abstimmen und Zusammenstellen der Leistungen der fachlich Beteiligten, die an der Vergabe mitwirken	
d) Führen von Bietergesprächen	
e) Erstellen der Vergabevorschläge, Dokumentation des Vergabeverfahrens	
f) Zusammenstellen der Vertragsunterlagen	
g) Vergleichen der Ausschreibungsergebnisse mit den vom Planer bepreisten Leistungsverzeichnissen und der Kostenberechnung	
h) Mitwirken bei der Auftragserteilung	

LPH 8 Bauoberleitung

Grundleistungen	Besondere Leistungen
a) Aufsicht über die örtliche Bauüberwachung, Koordinierung der an der Objektüberwachung fachlich Beteiligten, einmaliges Prüfen von Plänen auf Übereinstimmung mit dem auszuführenden Objekt und Mitwirken bei deren Freigabe	– Kostenkontrolle – Prüfen von Nachträgen – Erstellen eines Bauwerksbuchs – Erstellen von Bestandsplänen – Örtliche Bauüberwachung: – Plausibilitätsprüfung der Absteckung – Überwachen der Ausführung der Bauleistungen – Mitwirken beim Einweisen des Auftragnehmers in die Baumaßnahme (Bauanlaufbesprechung)
b) Aufstellen, Fortschreiben und Überwachen eines Terminplans (Balkendiagramm)	
c) Veranlassen und Mitwirken beim Inverzugsetzen der ausführenden Unternehmen	
d) Kostenfeststellung, Vergleich der Kostenfeststellung mit der Auftragssumme	

Grundleistungen	Besondere Leistungen
e) Abnahme von Bauleistungen, Leistungen und Lieferungen unter Mitwirkung der örtlichen Bauüberwachung und anderer an der Planung und Objektüberwachung fachlich Beteiligter, Feststellen von Mängeln, Fertigung einer Niederschrift über das Ergebnis der Abnahme f) Überwachen der Prüfungen der Funktionsfähigkeit der Anlagenteile und der Gesamtanlage g) Antrag auf behördliche Abnahmen und Teilnahme daran h) Übergabe des Objekts i) Auflisten der Verjährungsfristen der Mängelansprüche j) Zusammenstellen und Übergeben der Dokumentation des Bauablaufs, der Bestandsunterlagen und der Wartungsvorschriften	– Überwachen der Ausführung des Objektes auf Übereinstimmung mit den zur Ausführung freigegebenen Unterlagen, dem Bauvertrag und den Vorgaben des Auftraggebers, – Prüfen und Bewerten der Berechtigung von Nachträgen – Durchführen oder Veranlassen von Kontrollprüfungen – Überwachen der Beseitigung der bei der Abnahme der Leistungen festgestellten Mängel – Dokumentation des Bauablaufs – Mitwirken beim Aufmaß mit den ausführenden Unternehmen und Prüfen der Aufmaße – Mitwirken bei behördlichen Abnahmen – Mitwirken bei der Abnahme von Leistungen und Lieferungen – Rechnungsprüfung, Vergleich der Ergebnisse der Rechnungsprüfungen mit der Auftragssumme – Mitwirken beim Überwachen der Prüfung der Funktionsfähigkeit der Anlagenteile und der Gesamtanlage – Überwachen der Ausführung von Tragwerken nach Anlage 14.2 Honorarzone I und II mit sehr geringen und geringen Planungsanforderungen auf Übereinstimmung mit dem Standsicherheitsnachweis
LPH 9 Objektbetreuung a) Fachliche Bewertung der innerhalb der Verjährungsfristen für Gewährleistungsansprüche festgestellten Mängel, längstens jedoch bis zum Ablauf von fünf Jahren seit Abnahme der Leistung, einschließlich notwendiger Begehungen b) Objektbegehung zur Mängelfeststellung vor Ablauf der Verjährungsfristen für Mängelansprüche gegenüber den ausführenden Unternehmen c) Mitwirken bei der Freigabe von Sicherheitsleistungen	– Überwachen der Mängelbeseitigung innerhalb der Verjährungsfrist

12.2 Objektliste Ingenieurbauwerke

Nachstehende Objekte werden in der Regel folgenden Honorarzonen zugerechnet:

Gruppe 1 – Bauwerke und Anlagen der Wasserversorgung	I	II	III	IV	V
– Zisternen	x				
– einfache Anlagen zur Gewinnung und Förderung von Wasser, zum Beispiel Quellfassungen, Schachtbrunnen		x			
– Tiefbrunnen			x		
– Brunnengalerien und Horizontalbrunnen				x	
– Leitungen für Wasser ohne Zwangspunkte	x				
– Leitungen für Wasser mit geringen Verknüpfungen und wenigen Zwangspunkten		x			
– Leitungen für Wasser mit zahlreichen Verknüpfungen und mehreren Zwangspunkten				x	
– Einfache Leitungsnetze für Wasser		x			
– Leitungsnetze mit mehreren Verknüpfungen und zahlreichen Zwangspunkten und mit einer Druckzone				x	
– Leitungsnetze für Wasser mit zahlreichen Verknüpfungen und zahlreichen Zwangspunkten				x	
– einfache Anlagen zur Speicherung von Wasser, zum Beispiel Behälter in Fertigbauweise, Feuerlöschbecken		x			
– Speicherbehälter				x	
– Speicherbehälter in Turmbauweise				x	
– einfache Wasseraufbereitungsanlagen und Anlagen mit mechanischen Verfahren, Pumpwerke und Druckerhöhungsanlagen			x		
– Wasseraufbereitungsanlagen mit physikalischen und chemischen Verfahren, schwierige Pumpwerke und Druckerhöhungsanlagen				x	
– Bauwerke und Anlagen mehrstufiger oder kombinierter Verfahren der Wasseraufbereitung					x
Gruppe 2 – Bauwerke u. Anlagen d. Abwasserentsorgung mit Ausnahme Entwässerungsanlagen, die der Zweckbestimmung der Verkehrsanlagen dienen, und Regenwasserversickerung (Abgrenzung zu Freianlagen)	Honorarzone				
	I	II	III	IV	V
– Leitungen für Abwasser ohne Zwangspunkte	x				
– Leitungen für Abwasser mit geringen Verknüpfungen und wenigen Zwangspunkten		x			
– Leitungen für Abwasser mit zahlreichen Verknüpfungen und zahlreichen Zwangspunkten			x		
– einfache Leitungsnetze für Abwasser		x			
– Leitungsnetze für Abwasser mit mehreren Verknüpfungen und mehreren Zwangspunkten			x		
– Leitungsnetze für Abwasser mit zahlreichen Zwangspunkten				x	
– Erdbecken als Regenrückhaltebecken		x			
– Regenbecken und Kanalstauräume mit geringen Verknüpfungen und wenigen Zwangspunkten			x		

	I	II	III	IV	V
– Regenbecken und Kanalstauräume mit zahlreichen Verknüpfungen und zahlreichen Zwangspunkten, kombinierte Regenwasserbewirtschaftungsanlagen				x	
– Schlammabsetzanlagen, Schlammpolder		x			
– Schlammabsetzanlagen mit mechanischen Einrichtungen			x		
– Schlammbehandlungsanlagen				x	
– Bauwerke und Anlagen für mehrstufige oder kombinierte Verfahren der Schlammbehandlung					x
– Industriell systematisierte Abwasserbehandlungsanlagen, einfache Pumpwerke und Hebeanlagen		x			
– Abwasserbehandlungsanlagen mit gemeinsamer aerober Stabilisierung, Pumpwerke und Hebeanlagen			x		
– Abwasserbehandlungsanlagen, schwierige Pumpwerke und Hebeanlagen				x	
– Schwierige Abwasserbehandlungsanlagen					x

Gruppe 3 – Bauwerke und Anlagen des Wasserbaus ausgenommen Freianlagen nach § 39 Absatz 1	Honorarzone				
	I	II	III	IV	V
– Berieselung und rohrlose Dränung, flächenhafter Erdbau mit unterschiedlichen Schütthöhen oder Materialien		x			
– Beregnung und Rohrdränung			x		
– Beregnung und Rohrdränung bei ungleichmäßigen Boden- und schwierigen Geländeverhältnissen				x	
– Einzelgewässer mit gleichförmigem ungegliedertem Querschnitt ohne Zwangspunkte, ausgenommen Einzelgewässer mit überwiegend ökologischen und landschaftsgestalterischen Elementen	x				
– Einzelgewässer mit gleichförmigem gegliedertem Querschnitt und einigen Zwangspunkten		x			
– Einzelgewässer mit ungleichförmigem ungegliedertem Querschnitt und einigen Zwangspunkten, Gewässersysteme mit einigen Zwangspunkten			x		
– Einzelgewässer mit ungleichförmigem gegliedertem Querschnitt und vielen Zwangspunkten, Gewässersysteme mit vielen Zwangspunkten, besonders schwieriger Gewässerausbau mit sehr hohen technischen Anforderungen und ökologischen Ausgleichsmaßnahmen				x	
– Teiche bis 3 m Dammhöhe über Sohle ohne Hochwasserentlastung, ausgenommen Teiche ohne Dämme	x				
– Teiche mit mehr als 3 m Dammhöhe über Sohle ohne Hochwasserentlastung, Teiche bis 3 m Dammhöhe über Sohle mit Hochwasserentlastung		x			
– Hochwasserrückhaltebecken und Talsperren bis 5 m Dammhöhe über Sohle oder bis 100.000 m³ Speicherraum			x		
– Hochwasserrückhaltebecken und Talsperren mit mehr als 100.000 m³ und weniger als 5.000.000 m³ Speicherraum				x	
– Hochwasserrückhaltebecken und Talsperren mit mehr als 5.000.000 m³ Speicherraum					x
– Deich- und Dammbauten		x			
– schwierige Deich- und Dammbauten			x		
– besonders schwierige Deich- und Dammbauten				x	
– einfache Pumpanlagen, Pumpwerke und Schöpfwerke		x			
– Pump- und Schöpfwerke, Siele			x		
– schwierige Pump- und Schöpfwerke				x	

	1	2	3	4	5
– einfache Durchlässe	x				
– Durchlässe und Düker		x			
– schwierige Durchlässe und Düker			x		
– besonders schwierige Durchlässe und Düker				x	
– einfache feste Wehre		x			
– feste Wehre			x		
– einfache bewegliche Wehre			x		
– bewegliche Wehre				x	
– einfache Sperrwerke und Sperrtore			x		
– Sperrwerke				x	
– Kleinwasserkraftanlagen			x		
– Wasserkraftanlagen				x	
– schwierige Wasserkraftanlagen, zum Beispiel Pumpspeicherwerke oder Kavernenkraftwerke					x
– Fangedämme, Hochwasserwände			x		
– Fangedämme, Hochwasserschutzwände in schwieriger Bauweise				x	
– eingeschwommene Senkkästen, schwierige Fangedämme, Wellenbrecher					x
– Bootsanlegestellen mit Dalben, Leitwänden, Festmacher- und Fenderanlagen an stehenden Gewässern	x				
– Bootsanlegestellen mit Dalben, Leitwänden, Festmacher- und Fenderanlagen an fließenden Gewässern, einfache Schiffslösch- u. -ladestellen, einfache Kaimauern und Piers		x			
– Schiffslösch- und -ladestellen, Häfen, jeweils mit Dalben, Leitwänden, Festmacher- und Fenderanlagen mit hohen Belastungen, Kaimauern und Piers			x		
– Schiffsanlege-, -lösch- und -ladestellen bei Tide oder Hochwasserbeeinflussung, Häfen bei Tide- und Hochwasserbeeinflussung, schwierige Kaimauern und Piers				x	
– schwierige schwimmende Schiffsanleger, bewegliche Verladebrücken					x
– einfache Uferbefestigungen	x				
– Uferwände und -mauern		x			
– Schwierige Uferwände und -mauern, Ufer- und Sohlensicherung an Wasserstraßen			x		
– Schifffahrtskanäle, mit Dalben, Leitwänden, bei einfachen Bedingungen			x		
– Schifffahrtskanäle, mit Dalben, Leitwänden, bei schwierigen Bedingungen in Dammstrecken, mit Kreuzungsbauwerken				x	
– Kanalbrücken					x
– einfache Schiffsschleusen, Bootsschleusen		x			
– Schiffsschleusen bei geringen Hubhöhen			x		
– Schiffsschleusen bei großen Hubhöhen und Sparschleusen				x	
– Schiffshebewerke					x
– Werftanlagen, einfache Docks			x		
– schwierige Docks				x	
– Schwimmdocks					x

Gruppe 4 – Bauwerke u. Anlagen für Ver- und Entsorgung mit Gasen, Energieträgern, Feststoffen einschließlich wassergefährdenden Flüssigkeiten, ausgenommen Anlagen nach § 53 Absatz 2	Honorarzone				
	I	II	III	IV	V
– Transportleitungen für Fernwärme, wassergefährdende Flüssigkeiten und Gase ohne Zwangspunkte	x				
– Transportleitungen für Fernwärme, wassergefährdende Flüssigkeiten und Gase mit geringen Verknüpfungen und wenigen Zwangspunkten		x			
– Transportleitungen für Fernwärme, wassergefährdende Flüssigkeiten und Gase mit zahlreichen Verknüpfungen oder zahlreichen Zwangspunkten			x		
– Transportleitungen für Fernwärme, wassergefährdende Flüssigkeiten und Gase mit zahlreichen Verknüpfungen und zahlreichen Zwangspunkten				x	
– Industriell vorgefertigte einstufige Leichtflüssigkeitsabscheider			x		
– einstufige Leichtflüssigkeitsabscheider				x	
– mehrstufige Leichtflüssigkeitsabscheider				x	
– Leerrohrnetze mit wenigen Verknüpfungen			x		
– Leerrohrnetze mit zahlreichen Verknüpfungen				x	
– Handelsübliche Fertigbehälter für Tankanlagen	x				
– Pumpzentralen für Tankanlagen in Ortbetonbauweise			x		
– Anlagen zur Lagerung wassergefährdender Flüssigkeiten in einfachen Fällen			x		
Gruppe 5 – Bauwerke und Anlagen der Abfallentsorgung	Honorarzone				
	I	II	III	IV	V
– Zwischenlager, Sammelstellen und Umladestationen offener Bauart für Abfälle oder Wertstoffe ohne Zusatzeinrichtungen	x				
– Zwischenlager, Sammelstellen und Umladestationen offener Bauart für Abfälle oder Wertstoffe mit einfachen Zusatzeinrichtungen		x			
– Zwischenlager, Sammelstellen und Umladestationen offener Bauart für Abfälle oder Wertstoffe, mit schwierigen Zusatzeinrichtungen			x		
– einfache, einstufige Aufbereitungsanlagen für Wertstoffe		x			
– Aufbereitungsanlagen für Wertstoffe			x		
– mehrstufige Aufbereitungsanlagen für Wertstoffe				x	
– einfache Bauschuttaufbereitungsanlagen		x			
– Bauschuttaufbereitungsanlagen			x		
– Bauschuttdeponien ohne besondere Einrichtungen		x			
– Bauschuttdeponien			x		
– Pflanzenabfall-Kompostierungsanlagen ohne besondere Einrichtungen		x			
– Biomüll-Kompostierungsanlagen, Pflanzenabfall-Kompostierungsanlagen			x		
– Kompostwerke				x	
– Hausmüll- und Monodeponien			x		
– Hausmülldeponien und Monodeponien mit schwierigen technischen Anforderungen				x	
– Anlagen zur Konditionierung von Sonderabfällen				x	
– Verbrennungsanlagen, Pyrolyseanlagen					x

	I	II	III	IV	V
– Sonderabfalldeponien				x	
– Anlagen für Untertagedeponien				x	
– Behälterdeponien				x	
– Abdichtung v. Altablagerungen u. kontaminierten Standorten			x		
– Abdichtung von Altablagerungen und kontaminierten Standorten mit schwierigen technischen Anforderungen				x	
– Anlagen zur Behandlung kontaminierter Böden einschließlich Bodenluft				x	
– einfache Grundwasserdekontaminierungsanlagen				x	
– komplexe Grundwasserdekontaminierungsanlagen					x

Gruppe 6 – konstruktive Ingenieurbauwerke für Verkehrsanlagen	Honorarzone				
	I	II	III	IV	V
– Lärmschutzwälle, ausgenommen Lärmschutzwälle als Mittel der Geländegestaltung,	x				
– einfache Lärmschutzanlagen		x			
– Lärmschutzanlagen			x		
– Lärmschutzanlagen in schwieriger städtebaulicher Situation				x	
– gerade Einfeldbrücken einfacher Bauart			x		
– Einfeldbrücken			x		
– einfache Mehrfeld- und Bogenbrücken			x		
– schwierige Einfeld-, Mehrfeld- und Bogenbrücken				x	
– Schwierige, längs vorgespannte Stahlverbundkonstruktionen					x
– besonders schwierige Brücken					x
– Tunnel- und Trogbauwerke			x		
– schwierige Tunnel- und Trogbauwerke				x	
– besonders schwierige Tunnel- und Trogbauwerke					x
– Untergrundbahnhöfe			x		
– schwierige Untergrundbahnhöfe				x	
– besonders schwierige Untergrundbahnhöfe und Kreuzungsbahnhöfe					x

Gruppe 7 – sonstige Einzelbauwerke sonstige Einzelbauwerke, ausgenommen Gebäude und Freileitungs- und Oberleitungsmaste	Honorarzone				
	I	II	III	IV	V
– einfache Schornsteine		x			
– Schornsteine			x		
– schwierige Schornsteine,				x	
– besonders schwierige Schornsteine					x
– einfache Masten und Türme ohne Aufbauten	x				
– Masten und Türme ohne Aufbauten			x		
– Masten und Türme mit Aufbauten				x	
– Masten und Türme mit Aufbauten und Betriebsgeschoss,				x	
– Masten und Türme mit Aufbauten, Betriebsgeschoss und Publikumseinrichtungen					x
– einfache Kühltürme			x		

Verordnungstext HOAI 2013 – Anlage 12 – Zu §§ 43 Absatz 5, 44 Absatz 5

– Kühltürme				x	
– schwierige Kühltürme					x
– Versorgungsbauwerke und Schutzrohre in sehr einfachen Fällen ohne Zwangspunkte	x				
– Versorgungsbauwerke und Schutzrohre mit zugehörigen Schächten für Versorgungssysteme mit wenigen Zwangspunkten		x			
– Versorgungsbauwerke mit zugehörigen Schächten für Versorgungssysteme unter beengten Verhältnissen			x		
– Versorgungsbauwerke mit zugehörigen Schächten in schwierigen Fällen für mehrere Medien				x	
– flach gegründete, einzeln stehende Silos ohne Anbauten		x			
– einzeln stehende Silos mit einfachen Anbauten, auch in Gruppenbauweise			x		
– Silos mit zusammengefügten Zellenblöcken und Anbauten				x	
– schwierige Windkraftanlagen				x	
– Unverankerte Stützbauwerke bei geringen Geländesprüngen ohne Verkehrsbelastung als Mittel zur Geländegestaltung und zur konstruktiven Böschungssicherung	x				
– unverankerte Stützbauwerke bei hohen Geländesprüngen mit Verkehrsbelastungen mit einfachen Baugrund-, Belastungs- und Geländeverhältnissen		x			
– Stützbauwerke mit Verankerung oder unverankerte Stützbauwerke bei schwierigen Baugrund-, Belastungs- oder Geländeverhältnissen			x		
– Stützbauwerke mit Verankerung und schwierigen Baugrund-, Belastungs- oder Geländeverhältnissen,				x	
– Stützbauwerke mit Verankerung und ungewöhnlich schwierigen Randbedingungen					x
– Schlitz- und Bohrpfahlwände, Trägerbohlwände			x		
– einfache Traggerüste und andere einfache Gerüste			x		
– Traggerüste und andere Gerüste				x	
– sehr schwierige Gerüste und sehr hohe oder weitgespannte Traggerüste, verschiebliche (Trag-)Gerüste					x
– eigenständige Tiefgaragen, einfache Schacht- und Kavernenbauwerke, einfache Stollenbauten			x		
– schwierige eigenständige Tiefgaragen, schwierige Schacht- und Kavernenbauwerke, schwierige Stollenbauwerke				x	
– besonders schwierige Schacht- und Kavernenbauwerke					x

Anlage 13 zu §§ 47 Absatz 2, 48 Absatz 5

Grundleistungen im Leistungsbild Verkehrsanlagen, Besondere Leistungen, Objektliste

13.1 Leistungsbild Verkehrsanlagen

Grundleistungen	Besondere Leistungen
LPH 1 Grundlagenermittlung	
a) Klären der Aufgabenstellung aufgrund der Vorgaben oder der Bedarfsplanung des Auftraggebers b) Ermitteln der Planungsrandbedingungen sowie Beraten zum gesamten Leistungsbedarf c) Formulieren von Entscheidungshilfen für die Auswahl anderer an der Planung fachlich Beteiligter d) Ortsbesichtigung e) Zusammenfassen, Erläutern und Dokumentieren der Ergebnisse	– Ermitteln besonderer, in den Normen nicht festgelegter Einwirkungen – Auswahl und Besichtigen ähnlicher Objekte
LPH 2 Vorplanung	
a) Beschaffen und Auswerten amtlicher Karten b) Analysieren der Grundlagen c) Abstimmen der Zielvorstellungen auf die öffentlich-rechtlichen Randbedingungen sowie Planungen Dritter d) Untersuchen von Lösungsmöglichkeiten mit ihren Einflüssen auf bauliche und konstruktive Gestaltung, Zweckmäßigkeit, Wirtschaftlichkeit unter Beachtung der Umweltverträglichkeit e) Erarbeiten eines Planungskonzepts einschließlich Untersuchung von bis zu 3 Varianten nach gleichen Anforderungen mit zeichnerischer Darstellung und Bewertung unter Einarbeitung der Beiträge anderer an der Planung fachlich Beteiligter Überschlägige verkehrstechnische Bemessung der Verkehrsanlage, Ermitteln der Schallimmissionen von der Verkehrsanlage an kritischen Stellen nach Tabellenwerten Untersuchen der möglichen Schallschutzmaßnahmen, ausgenommen detaillierte schalltechnische Untersuchungen f) Klären und Erläutern der wesentlichen fachspezifischen Zusammenhänge, Vorgänge und Bedingungen	

Grundleistungen	Besondere Leistungen
g) Vorabstimmen mit Behörden und anderen an der Planung fachlich Beteiligten über die Genehmigungsfähigkeit, gegebenenfalls Mitwirken bei Verhandlungen über die Bezuschussung und Kostenbeteiligung h) Mitwirken bei Erläutern des Planungskonzepts gegenüber Dritten an bis zu 2 Terminen i) Überarbeiten des Planungskonzepts nach Bedenken und Anregungen j) Bereitstellen von Unterlagen als Auszüge aus der Voruntersuchung zur Verwendung für ein Raumordnungsverfahren k) Kostenschätzung, Vergleich mit den finanziellen Rahmenbedingungen l) Zusammenfassen, Erläutern und Dokumentieren	– Erstellen von Leitungsbestandsplänen – Untersuchungen zur Nachhaltigkeit – Anfertigen von Nutzen-Kosten-Untersuchungen – Wirtschaftlichkeitsprüfung – Beschaffen von Auszügen aus Grundbuch, Kataster und anderen amtlichen Unterlagen

LPH 3 Entwurfsplanung

Grundleistungen	Besondere Leistungen
a) Erarbeiten des Entwurfs auf Grundlage der Vorplanung durch zeichnerische Darstellung im erforderlichen Umfang und Detaillierungsgrad unter Berücksichtigung aller fachspezifischen Anforderungen Bereitstellen der Arbeitsergebnisse als Grundlage für die anderen an der Planung fachlich Beteiligten sowie Integration und Koordination der Fachplanungen b) Erläuterungsbericht unter Verwendung der Beiträge anderer an der Planung fachlich Beteiligter c) Fachspezifische Berechnungen, ausgenommen Berechnungen aus anderen Leistungsbildern d) Ermitteln der zuwendungsfähigen Kosten, Mitwirken beim Aufstellen des Finanzierungsplans sowie Vorbereiten der Anträge auf Finanzierung e) Mitwirken beim Erläutern des vorläufigen Entwurfs gegenüber Dritten an bis zu 3 Terminen, Überarbeiten des vorläufigen Entwurfs auf Grund von Bedenken und Anregungen f) Vorabstimmen der Genehmigungsfähigkeit mit Behörden und anderen an der Planung fachlich Beteiligten g) Kostenberechnung einschließlich zugehöriger Mengenermittlung, Vergleich der Kostenberechnung mit der Kostenschätzung	– Fortschreiben von Nutzen-Kosten-Untersuchungen – Detaillierte signaltechnische Berechnung – Mitwirken bei Verwaltungsvereinbarungen – Nachweis der zwingenden Gründe des überwiegenden öffentlichen Interesses der Notwendigkeit der Maßnahme (zum Beispiel Gebiets- und Artenschutz gemäß der Richtlinie 92/43/EWG des Rates vom 21. Mai 1992 zur Erhaltung der natürlichen Lebensräume sowie der wildlebenden Tiere und Pflanzen (ABl. L 206 vom 22.7.1992, S. 7) – Fiktivkostenberechnungen (Kostenteilung)

Grundleistungen	Besondere Leistungen

h) Überschlägige Festlegung der Abmessungen von Ingenieurbauwerken
i) Ermitteln der Schallimmissionen von der Verkehrsanlage nach Tabellenwerten; Festlegen der erforderlichen Schallschutzmaßnahmen an der Verkehrsanlage, gegebenenfalls unter Einarbeitung der Ergebnisse detaillierter schalltechnischer Untersuchungen und Feststellen der Notwendigkeit von Schallschutzmaßnahmen an betroffenen Gebäuden
j) Rechnerische Festlegung des Objekts
k) Darlegen der Auswirkungen auf Zwangspunkte
l) Nachweis der Lichtraumprofile
m) Ermitteln der wesentlichen Bauphasen unter Berücksichtigung der Verkehrslenkung und der Aufrechterhaltung des Betriebes während der Bauzeit
n) Bauzeiten- und Kostenplan
o) Zusammenfassen, Erläutern und Dokumentieren der Ergebnisse

LPH 4 Genehmigungsplanung

Grundleistungen	Besondere Leistungen
a) Erarbeiten und Zusammenstellen der Unterlagen für die erforderlichen öffentlich-rechtlichen Verfahren oder Genehmigungsverfahren einschließlich der Anträge auf Ausnahmen und Befreiungen, Aufstellen des Bauwerksverzeichnisses unter Verwendung der Beiträge anderer an der Planung fachlich Beteiligter	– Mitwirken bei der Beschaffung der Zustimmung von Betroffenen
b) Erstellen des Grunderwerbsplanes und des Grunderwerbsverzeichnisses unter Verwendung der Beiträge anderer an der Planung fachlich Beteiligter	
c) Vervollständigen und Anpassen der Planungsunterlagen, Beschreibungen und Berechnungen unter Verwendung der Beiträge anderer an der Planung fachlich Beteiligter	
d) Abstimmen mit Behörden	
e) Mitwirken in Genehmigungsverfahren einschließlich der Teilnahme an bis zu 4 Erläuterungs-, Erörterungsterminen	
f) Mitwirken beim Abfassen von Stellungnahmen zu Bedenken und Anregungen in bis zu 10 Kategorien	

Grundleistungen	Besondere Leistungen

LPH 5   Ausführungsplanung

a) Erarbeiten der Ausführungsplanung auf Grundlage der Ergebnisse der Leistungsphasen 3 und 4 unter Berücksichtigung aller fachspezifischen Anforderungen und Verwendung der Beiträge anderer an der Planung fachlich Beteiligter bis zur ausführungsreifen Lösung
b) Zeichnerische Darstellung, Erläuterungen und zur Objektplanung gehörige Berechnungen mit allen für die Ausführung notwendigen Einzelangaben einschließlich Detailzeichnungen in den erforderlichen Maßstäben
c) Bereitstellen der Arbeitsergebnisse als Grundlage für die anderen an der Planung fachlich Beteiligten und Integrieren ihrer Beiträge bis zur ausführungsreifen Lösung
d) Vervollständigen der Ausführungsplanung während der Objektausführung

- Objektübergreifende, integrierte Bauablaufplanung
- Koordination des Gesamtprojekts
- Aufstellen von Ablauf- und Netzplänen

LPH 6 Vorbereiten der Vergabe

a) Ermitteln von Mengen nach Einzelpositionen unter Verwendung der Beiträge anderer an der Planung fachlich Beteiligter
b) Aufstellen der Vergabeunterlagen, insbesondere Anfertigen der Leistungsbeschreibungen mit Leistungsverzeichnissen sowie der Besonderen Vertragsbedingungen
c) Abstimmen und Koordinieren der Schnittstellen zu den Leistungsbeschreibungen der anderen an der Planung fachlich Beteiligten
d) Festlegen der wesentlichen Ausführungsphasen
e) Ermitteln der Kosten auf Grundlage der vom Planer (Entwurfsverfasser) bepreisten Leistungsverzeichnisse.
f) Kostenkontrolle durch Vergleich der vom Planer (Entwurfsverfasser) bepreisten Leistungsverzeichnisse mit der Kostenberechnung
g) Zusammenstellen der Vergabeunterlagen

- detaillierte Planung von Bauphasen bei besonderen Anforderungen

LPH 7 Mitwirken bei der Vergabe

a) Einholen von Angeboten
b) Prüfen und Werten der Angebote, Aufstellen der Preisspiegel
c) Abstimmen und Zusammenstellen der Leistungen der fachlich Beteiligten, die an der Vergabe mitwirken
d) Führen von Bietergesprächen

- Prüfen und Werten von Nebenangeboten

Grundleistungen	Besondere Leistungen

e) Erstellen der Vergabevorschläge, Dokumentation des Vergabeverfahrens
f) Zusammenstellen der Vertragsunterlagen
g) Vergleichen der Ausschreibungsergebnisse mit den vom Planer bepreisten Leistungsverzeichnissen und der Kostenberechnung
h) Mitwirken bei der Auftragserteilung

LPH 8 Bauoberleitung

Grundleistungen	Besondere Leistungen
a) Aufsicht über die örtliche Bauüberwachung, Koordinierung der an der Objektüberwachung fachlich Beteiligten, einmaliges Prüfen von Plänen auf Übereinstimmung mit dem auszuführenden Objekt und Mitwirken bei deren Freigabe b) Aufstellen, Fortschreiben und Überwachen eines Terminplans (Balkendiagramm) c) Veranlassen und Mitwirken daran, die ausführenden Unternehmen in Verzug zu setzen d) Kostenfeststellung, Vergleich der Kostenfeststellung mit der Auftragssumme e) Abnahme von Bauleistungen, Leistungen und Lieferungen unter Mitwirkung der örtlichen Bauüberwachung und anderer an der Planung und Objektüberwachung fachlich Beteiligter, Feststellen von Mängeln, Fertigen einer Niederschrift über das Ergebnis der Abnahme f) Antrag auf behördliche Abnahmen und Teilnahme daran g) Überwachen der Prüfungen der Funktionsfähigkeit der Anlagenteile und der Gesamtanlage h) Übergabe des Objekts i) Auflisten der Verjährungsfristen der Mängelansprüche j) Zusammenstellen und Übergeben der Dokumentation des Bauablaufs, der Bestandsunterlagen und der Wartungsvorschriften	– Kostenkontrolle – Prüfen von Nachträgen – Erstellen eines Bauwerksbuchs – Erstellen von Bestandsplänen – Örtliche Bauüberwachung: – Plausibilitätsprüfung der Absteckung – Überwachen der Ausführung der Bauleistungen – Mitwirken beim Einweisen des Auftragnehmers in die Baumaßnahme (Bauanlaufbesprechung) – Überwachen der Ausführung des Objektes auf Übereinstimmung mit den zur Ausführung freigegebenen Unterlagen, dem Bauvertrag und den Vorgaben des Auftraggebers, – Prüfen und Bewerten der Berechtigung von Nachträgen – Durchführen oder Veranlassen von Kontrollprüfungen – Überwachen der Beseitigung der bei der Abnahme der Leistungen festgestellten Mängel – Dokumentation des Bauablaufs – Mitwirken beim Aufmaß mit den ausführenden Unternehmen und Prüfen der Aufmaße – Mitwirken bei behördlichen Abnahmen – Mitwirken bei der Abnahme von Leistungen und Lieferungen – Rechnungsprüfung, Vergleich der Ergebnisse der Rechnungsprüfungen mit der Auftragssumme – Mitwirken beim Überwachen der Prüfung der Funktionsfähigkeit der Anlagenteile und der Gesamtanlage – Überwachen der Ausführung von Tragwerken nach Anlage 14.2 Honorarzone I und II mit sehr geringen und geringen Planungsanforderungen auf Übereinstimmung mit dem Standsicherheitsnachweis

Grundleistungen	Besondere Leistungen
LPH 9 Objektbetreuung	
a) Fachliche Bewertung der innerhalb der Verjährungsfristen für Gewährleistungsansprüche festgestellten Mängel, längstens jedoch bis zum Ablauf von fünf Jahren seit Abnahme der Leistung, einschließlich notwendiger Begehungen b) Objektbegehung zur Mängelfeststellung vor Ablauf der Verjährungsfristen für Mängelansprüche gegenüber den ausführenden Unternehmen c) Mitwirken bei der Freigabe von Sicherheitsleistungen	– Überwachen der Mängelbeseitigung innerhalb der Verjährungsfrist

13.2 Objektliste Verkehrsanlagen

Nachstehende Verkehrsanlagen werden in der Regel folgenden Honorarzonen zugeordnet:

Objekte	Honorarzone				
	I	II	III	IV	V
a) Anlagen des Straßenverkehrs					
Außerörtliche Straßen					
– ohne besondere Zwangspunkte oder im wenig bewegten Gelände		x			
– mit besonderen Zwangspunkten oder in bewegtem Gelände			x		
– mit vielen besonderen Zwangspunkten oder in stark bewegtem Gelände				x	
– im Gebirge					x
Innerörtliche Straßen und Plätze					
– Anlieger- und Sammelstraßen		x			
– sonstige innerörtliche Straßen mit normalen verkehrstechnischen Anforderungen oder normaler städtebaulicher Situation (durchschnittliche Anzahl Verknüpfungen mit der Umgebung)			x		
– sonstige innerörtliche Straßen mit hohen verkehrstechnischen Anforderungen oder schwieriger städtebaulicher Situation (hohe Anzahl Verknüpfungen mit der Umgebung)				x	
– sonstige innerörtliche Straßen mit sehr hohen verkehrstechnischen Anforderungen oder sehr schwieriger städtebaulicher Situation (sehr hohe Anzahl Verknüpfungen mit der Umgebung)					x
Wege					
– im ebenen Gelände mit einfachen Entwässerungsverhältnissen	x				
– im bewegten Gelände mit einfachen Baugrund- und Entwässerungsverhältnissen		x			
– im bewegten Gelände mit schwierigen Baugrund- und Entwässerungsverhältnissen			x		
Plätze, Verkehrsflächen					
– einfache Verkehrsflächen, Plätze außerorts		x			

Objekte	Honorarzone				
	I	II	III	IV	V
– innerörtliche Parkplätze		x			
– verkehrsberuhigte Bereiche mit normalen städtebaulichen Anforderungen			x		
– verkehrsberuhigte Bereiche mit hohen städtebaulichen Anforderungen				x	
– Flächen für Güterumschlag Straße zu Straße			x		
– Flächen für Güterumschlag in kombinierten Ladeverkehr				x	
– Tankstellen, Rastanlagen					
– mit normalen verkehrstechnischen Anforderungen	x				
– mit hohen verkehrstechnischen Anforderungen			x		
– Knotenpunkte					
– einfach höhengleich		x			
– schwierig höhengleich			x		
– sehr schwierig höhengleich				x	
– einfach höhenungleich			x		
– schwierig höhenungleich				x	
– sehr schwierig höhenungleich					x
b) Anlagen des Schienenverkehrs					
Gleis- und Bahnsteiganlagen der freien Strecke					
– ohne Weichen und Kreuzungen	x				
– ohne besondere Zwangspunkte oder in wenig bewegtem Gelände		x			
– mit besonderen Zwangspunkten oder in bewegtem Gelände			x		
– mit vielen Zwangspunkten oder in stark bewegtem Gelände				x	
Gleis- und Bahnsteiganlagen der Bahnhöfe					
– mit einfachen Spurplänen		x			
– mit schwierigen Spurplänen			x		
– mit sehr schwierigen Spurplänen				x	
c) Anlagen des Flugverkehrs					
– einfache Verkehrsflächen für Landeplätze, Segelfluggelände		x			
– schwierige Verkehrsflächen für Landeplätze, einfache Verkehrsflächen für Flughäfen			x		
– schwierige Verkehrsflächen für Flughäfen				x	

Anlage 14 zu §§ 51 Absatz 6, 52 Absatz 2

Grundleistungen im Leistungsbild Tragwerksplanung, Besondere Leistungen, Objektliste

14.1 Leistungsbild Tragwerksplanung

Grundleistungen	Besondere Leistungen
LPH 1 Grundlagenermittlung	
a) Klären der Aufgabenstellung aufgrund der Vorgaben oder der Bedarfsplanung des Auftraggebers im Benehmen mit dem Objektplaner b) Zusammenstellen der die Aufgabe beeinflussenden Planungsabsichten c) Zusammenfassen, Erläutern und Dokumentieren der Ergebnisse	
LPH 2 Vorplanung (Projekt- u. Planungsvorbereitung)	
a) Analysieren der Grundlagen b) Beraten in statisch-konstruktiver Hinsicht unter Berücksichtigung der Belange der Standsicherheit, der Gebrauchsfähigkeit und der Wirtschaftlichkeit c) Mitwirken bei dem Erarbeiten eines Planungskonzepts einschließlich Untersuchung der Lösungsmöglichkeiten des Tragwerks unter gleichen Objektbedingungen mit skizzenhafter Darstellung, Klärung und Angabe der für das Tragwerk wesentlichen konstruktiven Festlegungen für zum Beispiel Baustoffe, Bauarten und Herstellungsverfahren, Konstruktionsraster und Gründungsart d) Mitwirken bei Vorverhandlungen mit Behörden und anderen an der Planung fachlich Beteiligten über die Genehmigungsfähigkeit e) Mitwirken bei der Kostenschätzung und bei der Terminplanung f) Zusammenfassen, Erläutern und Dokumentieren der Ergebnisse	– Aufstellen von Vergleichsberechnungen für mehrere Lösungsmöglichkeiten unter verschiedenen Objektbedingungen – Aufstellen eines Lastenplanes, zum Beispiel als Grundlage für die Baugrundbeurteilung und Gründungsberatung – Vorläufige nachprüfbare Berechnung wesentlicher tragender Teile – Vorläufige nachprüfbare Berechnung der Gründung
LPH 3 Entwurfsplanung (System- u. Integrationsplanung)	
a) Erarbeiten der Tragwerkslösung, unter Beachtung der durch die Objektplanung integrierten Fachplanungen, bis zum konstruktiven Entwurf mit zeichnerischer Darstellung b) Überschlägige statische Berechnung und Bemessung	– Vorgezogene, prüfbare und für die Ausführung geeignete Berechnung wesentlich tragender Teile – Vorgezogene, prüfbare und für die Ausführung geeignete Berechnung der Gründung

Grundleistungen	Besondere Leistungen
c) Grundlegende Festlegungen der konstruktiven Details und Hauptabmessungen des Tragwerks für zum Beispiel Gestaltung der tragenden Querschnitte, Aussparungen und Fugen; Ausbildung der Auflager- und Knotenpunkte sowie der Verbindungsmittel d) Überschlägiges Ermitteln der Betonstahlmengen im Stahlbetonbau, der Stahlmengen im Stahlbau und der Holzmengen im Ingenieurholzbau e) Mitwirken bei der Objektbeschreibung bzw. beim Erläuterungsbericht f) Mitwirken bei Verhandlungen mit Behörden und anderen an der Planung fachlich Beteiligten über die Genehmigungsfähigkeit g) Mitwirken bei der Kostenberechnung und bei der Terminplanung h) Mitwirken beim Vergleich der Kostenberechnung mit der Kostenschätzung i) Zusammenfassen, Erläutern und Dokumentieren der Ergebnisse	– Mehraufwand bei Sonderbauweisen oder Sonderkonstruktionen, zum Beispiel Klären von Konstruktionsdetails – Vorgezogene Stahl- oder Holzmengenermittlung des Tragwerks und der kraftübertragenden Verbindungsteile für eine Ausschreibung, die ohne Vorliegen von Ausführungsunterlagen durchgeführt wird – Nachweise der Erdbebensicherung

LPH 4 Genehmigungsplanung

Grundleistungen	Besondere Leistungen
a) Aufstellen der prüffähigen statischen Berechnungen für das Tragwerk unter Berücksichtigung der vorgegebenen bauphysikalischen Anforderungen b) Bei Ingenieurbauwerken: Erfassen von normalen Bauzuständen c) Anfertigen der Positionspläne für das Tragwerk oder Eintragen der statischen Positionen, der Tragwerksabmessungen, der Verkehrslasten, der Art und Güte der Baustoffe und der Besonderheiten der Konstruktionen in die Entwurfszeichnungen des Objektsplaners d) Zusammenstellen der Unterlagen der Tragwerksplanung zur Genehmigung e) Abstimmen mit Prüfämtern und Prüfingenieuren oder Eigenkontrolle f) Vervollständigen und Berichtigen der Berechnungen und Pläne	– Nachweise zum konstruktiven Brandschutz, soweit erforderlich unter Berücksichtigung der Temperatur (Heißbemessung) – Statische Berechnung und zeichnerische Darstellung für Bergschadenssicherungen und Bauzustände bei Ingenieurbauwerken, soweit diese Leistungen über das Erfassen von normalen Bauzuständen hinausgehen – Zeichnungen mit statischen Positionen und den Tragwerksabmessungen, den Bewehrungs-Querschnitten, den Verkehrslasten und der Art und Güte der Baustoffe sowie Besonderheiten der Konstruktionen zur Vorlage bei der bauaufsichtlichen Prüfung anstelle von Positionsplänen – Aufstellen der Berechnungen nach militärischen Lastenklassen (MLC) – Erfassen von Bauzuständen bei Ingenieurbauwerken, in denen das statische System von dem des Endzustands abweicht – Statische Nachweise an nicht zum Tragwerk gehörenden Konstruktionen (zum Beispiel Fassaden)

Grundleistungen	Besondere Leistungen

LPH 5 Ausführungsplanung

a) Durcharbeiten der Ergebnisse der Leistungsphasen 3 und 4 unter Beachtung der durch die Objektplanung integrierten Fachplanungen
b) Anfertigen der Schalpläne in Ergänzung der fertig gestellten Ausführungspläne des Objektplaners
c) Zeichnerische Darstellung der Konstruktionen mit Einbau- und Verlegeanweisungen, zum Beispiel Bewehrungspläne, Stahlbau- oder Holzkonstruktionspläne mit Leitdetails (keine Werkstattzeichnungen)
d) Aufstellen von Stahl- oder Stücklisten als Ergänzung zur zeichnerischen Darstellung der Konstruktionen mit Stahlmengenermittlung
e) Fortführen der Abstimmung mit Prüfämtern und Prüfingenieuren oder Eigenkontrolle

– Konstruktion und Nachweise der Anschlüsse im Stahl- und Holzbau
– Werkstattzeichnungen im Stahl- und Holzbau einschließlich Stücklisten, Elementpläne für Stahlbetonfertigteile einschließlich Stahl- und Stücklisten
– Berechnen der Dehnwege, Festlegen des Spannvorganges und Erstellen der Spannprotokolle im Spannbetonbau
– Rohbauzeichnungen im Stahlbetonbau, die auf der Baustelle nicht der Ergänzung durch die Pläne des Objektplaners bedürfen

LPH 6 Vorbereitung der Vergabe

a) Ermitteln der Betonstahlmengen im Stahlbetonbau, der Stahlmengen in Stahlbau und der Holzmengen im Ingenieurholzbau als Ergebnis der Ausführungsplanung und als Beitrag zur Mengenermittlung des Objektplaners
b) Überschlägiges Ermitteln der Mengen der konstruktiven Stahlteile und statisch erforderlichen Verbindungs- und Befestigungsmittel im Ingenieurholzbau
c) Mitwirken beim Erstellen der Leistungsbeschreibung als Ergänzung zu den Mengenermittlungen als Grundlage für das Leistungsverzeichnis des Tragwerks

– Beitrag zur Leistungsbeschreibung mit Leistungsprogramm des Objektplaners*)
– Beitrag zum Aufstellen von vergleichenden Kostenübersichten des Objektplaners
– Beitrag zum Aufstellen des Leistungsverzeichnisses des Tragwerks

*) diese Besondere Leistung wird bei Leistungsbeschreibung mit Leistungsprogramm Grundleistung. In diesem Fall entfallen die Grundleistungen dieser Leistungsphase

LPH 7 Mitwirkung bei der Vergabe

– Mitwirken bei der Prüfung und Wertung der Angebote Leistungsbeschreibung mit Leistungsprogramm des Objektplaners
– Mitwirken bei der Prüfung und Wertung von Nebenangeboten
– Mitwirken beim Kostenanschlag nach DIN 276 oder anderer Vorgaben des Auftraggebers aus Einheitspreisen oder Pauschalangeboten

Grundleistungen	Besondere Leistungen
LPH 8 Objektüberwachung	
	– Ingenieurtechnische Kontrolle der Ausführung des Tragwerks auf Übereinstimmung mit den geprüften statischen Unterlagen – Ingenieurtechnische Kontrolle der Baubehelfe, zum Beispiel Arbeits- und Lehrgerüste, Kranbahnen, Baugrubensicherungen – Kontrolle der Betonherstellung und -verarbeitung auf der Baustelle in besonderen Fällen sowie Auswertung der Güteprüfungen – Betontechnologische Beratung – Mitwirken bei der Überwachung der Ausführung der Tragwerkseingriffe bei Umbauten und Modernisierungen
LPH 9 Dokumentation u. Objektbetreuung	
	– Baubegehung zur Feststellung und Überwachung von die Standsicherheit betreffenden Einflüssen

14.2 Objektliste Tragwerksplanung

Nachstehende Tragwerke können in der Regel folgenden Honorarzonen zugeordnet werden:

	Honorarzone				
	I	II	III	IV	V
Bewertungsmerkmale zur Ermittlung der Honorarzone bei der Tragwerksplanung					
– Tragwerke mit sehr geringem Schwierigkeitsgrad, insbesondere – einfache statisch bestimmte ebene Tragwerke aus Holz, Stahl, Stein oder unbewehrtem Beton mit ruhenden Lasten, ohne Nachweis horizontaler Aussteifung	x				
– Tragwerke mit geringem Schwierigkeitsgrad, insbesondere – statisch bestimmte ebene Tragwerke in gebräuchlichen Bauarten ohne Vorspann- und Verbundkonstruktionen, mit vorwiegend ruhenden Lasten		x			
– Tragwerke mit durchschnittlichem Schwierigkeitsgrad, insbesondere – schwierige statisch bestimmte und statisch unbestimmte ebene Tragwerke in gebräuchlichen Bauarten und ohne Gesamtstabilitätsuntersuchungen			x		
– Tragwerke mit hohem Schwierigkeitsgrad, insbesondere – statisch und konstruktiv schwierige Tragwerke in gebräuchlichen Bauarten und Tragwerke, für deren Standsicherheits- und Festigkeitsnachweis schwierig zu ermittelnde Einflüsse zu berücksichtigen sind				x	
– Tragwerke mit sehr hohem Schwierigkeitsgrad, insbesondere statisch u. konstruktiv ungewöhnlich schwierige Tragwerke					x
Stützwände, Verbau					
– unverankerte Stützwände zur Abfangung von Geländesprüngen bis 2 m Höhe und konstruktive Böschungssicherungen bei einfachen Baugrund-, Belastungs- und Geländeverhältnissen	x				
– Sicherung von Geländesprüngen bis 4 m Höhe ohne Rückverankerungen bei einfachen Baugrund-, Belastungs- und Geländeverhältnissen wie z. B. Stützwände, Uferwände, Baugrubenverbauten		x			

	Honorarzone				
	I	II	III	IV	V
– Sicherung von Geländesprüngen ohne Rückverankerungen bei schwierigen Baugrund-, Belastungs- oder Geländeverhältnissen oder mit einfacher Rückverankerung bei einfachen Baugrund-, Belastungs- oder Geländeverhältnissen wie z. B. Stützwände, Uferwände, Baugrubenverbauten			x		
– schwierige, verankerte Stützwände, Baugrubenverbauten oder Uferwände				x	
– Baugrubenverbauten mit ungewöhnlich schwierigen Randbedingungen					x
Gründung					
– Flachgründungen einfacher Art		x			
– Flachgründungen mit durchschnittlichem Schwierigkeitsgrad, ebene und räumliche Pfahlgründungen mit durchschnittlichem Schwierigkeitsgrad			x		
– schwierige Flachgründungen, schwierige ebene und räumliche Pfahlgründungen, besondere Gründungsverfahren, Unterfahrungen				x	
Mauerwerk					
– Mauerwerksbauten mit bis zur Gründung durchgehenden tragenden Wänden ohne Nachweis horizontaler Aussteifung		x			
– Tragwerke mit Abfangung der tragenden beziehungsweise aussteifenden Wände			x		
– Konstruktionen mit Mauerwerk nach Eignungsprüfung (Ingenieurmauerwerk)				x	
Gewölbe					
– einfache Gewölbe			x		
– schwierige Gewölbe und Gewölbereihen				x	
Deckenkonstruktionen, Flächentragwerke					
– Deckenkonstruktionen mit einfachem Schwierigkeitsgrad, bei vorwiegend ruhenden Flächenlasten		x			
– Deckenkonstruktionen mit durchschnittlichem Schwierigkeitsgrad			x		
– schiefwinklige Einfeldplatten				x	
– schiefwinklige Mehrfeldplatten					x
– schiefwinklig gelagerte oder gekrümmte Träger				x	
– schiefwinklig gelagerte, gekrümmte Träger					x
– Trägerroste und orthotrope Platten mit durchschnittlichem Schwierigkeitsgrad,				x	
– schwierige Trägerroste und schwierige orthotrope Platten					x
– Flächentragwerke (Platten, Scheiben) mit durchschnittlichem Schwierigkeitsgrad				x	
– schwierige Flächentragwerke (Platten, Scheiben, Faltwerke, Schalen)					x
– einfache Faltwerke ohne Vorspannung				x	
Verbund-Konstruktionen					
– einfache Verbundkonstruktionen ohne Berücksichtigung des Einflusses von Kriechen und Schwinden			x		
– Verbundkonstruktionen mittlerer Schwierigkeit				x	
– Verbundkonstruktionen mit Vorspannung durch Spannglieder oder andere Maßnahmen					x

	Honorarzone				
	I	II	III	IV	V
Rahmen- und Skelettbauten					
– ausgesteifte Skelettbauten			x		
– Tragwerke für schwierige Rahmen- und Skelettbauten sowie turmartige Bauten, bei denen der Nachweis der Stabilität und Aussteifung die Anwendung besonderer Berechnungsverfahren erfordert				x	
– einfache Rahmentragwerke ohne Vorspannkonstruktionen und ohne Gesamtstabilitätsuntersuchungen			x		
– Rahmentragwerke mit durchschnittlichem Schwierigkeitsgrad				x	
– schwierige Rahmentragwerke mit Vorspannkonstruktionen und Stabilitätsuntersuchungen					x
Räumliche Stabwerke					
– räumliche Stabwerke mit durchschnittlichem Schwierigkeitsgrad				x	
– schwierige räumliche Stabwerke					x
Seilverspannte Konstruktionen					
– einfache seilverspannte Konstruktionen				x	
– seilverspannte Konstruktionen mit durchschnittlichem bis sehr hohem Schwierigkeitsgrad					x
Konstruktionen mit Schwingungsbeanspruchung					
– Tragwerke mit einfachen Schwingungsuntersuchungen				x	
– Tragwerke mit Schwingungsuntersuchungen mit durchschnittlichem bis sehr hohem Schwierigkeitsgrad					x
Besondere Berechnungsmethoden					
– schwierige Tragwerke, die Schnittgrößenbestimmungen nach der Theorie II. Ordnung erfordern				x	
– ungewöhnlich schwierige Tragwerke, die Schnittgrößenbestimmungen nach der Theorie II. Ordnung erfordern					x
– schwierige Tragwerke in neuen Bauarten					x
– Tragwerke mit Standsicherheitsnachweisen, die nur unter Zuhilfenahme modellstatischer Untersuchungen oder durch Berechnungen mit finiten Elementen beurteilt werden können					x
– Tragwerke, bei denen die Nachgiebigkeit der Verbindungsmittel bei der Schnittkraftermittlung zu berücksichtigen ist					x
Spannbeton					
– einfache, äußerlich und innerlich statisch bestimmte und zwängungsfrei gelagerte vorgespannte Konstruktionen			x		
– vorgespannte Konstruktionen mit durchschnittlichem Schwierigkeitsgrad				x	
– vorgespannte Konstruktionen mit hohem bis sehr hohem Schwierigkeitsgrad					x
Traggerüste					
– einfache Traggerüste und andere einfache Gerüste für Ingenieurbauwerke		x			
– schwierige Traggerüste und andere schwierige Gerüste für Ingenieurbauwerke				x	
– sehr schwierige Traggerüste und andere sehr schwierige Gerüste für Ingenieurbauwerke, zum Beispiel weit gespannte oder hohe Traggerüste					x

Anlage 15 zu §§ 55 Absatz 3, 56 Absatz 3

Grundleistungen im Leistungsbild Technische Ausrüstung, Besondere Leistungen, Objektliste

15.1 Grundleistungen und Besondere Leistungen im Leistungsbild Technische Ausrüstung

Grundleistungen	Besondere Leistungen
LPH 1 Grundlagenermittlung	
a) Klären der Aufgabenstellung aufgrund der Vorgaben oder der Bedarfsplanung des Auftraggebers im Benehmen mit dem Objektplaner b) Ermitteln der Planungsrandbedingungen und Beraten zum Leistungsbedarf und gegebenenfalls zur technischen Erschließung c) Zusammenfassen, Erläutern und Dokumentieren der Ergebnisse	– Mitwirken bei der Bedarfsplanung für komplexe Nutzungen zur Analyse der Bedürfnisse, Ziele und einschränkenden Gegebenheiten (Kosten-, Termine und andere Rahmenbedingungen) des Bauherrn und wichtiger Beteiligter – Bestandsaufnahme, zeichnerische Darstellung und Nachrechnen vorhandener Anlagen und Anlagenteile – Datenerfassung, Analysen und Optimierungsprozesse im Bestand – Durchführen von Verbrauchsmessungen – Endoskopische Untersuchungen – Mitwirken bei der Ausarbeitung von Auslobungen und bei Vorprüfungen für Planungswettbewerbe
LPH 2 Vorplanung (Projekt- und Planungsvorbereitung)	
a) Analysieren der Grundlagen Mitwirken beim Abstimmen der Leistungen mit den Planungsbeteiligten b) Erarbeiten eines Planungskonzepts, dazu gehören zum Beispiel: Vordimensionieren der Systeme und maßbestimmenden Anlagenteile, Untersuchen von alternativen Lösungsmöglichkeiten bei gleichen Nutzungsanforderungen einschließlich Wirtschaftlichkeitsvorbetrachtung, zeichnerische Darstellung zur Integration in die Objektplanung unter Berücksichtigung exemplarischer Details, Angaben zum Raumbedarf c) Aufstellen eines Funktionsschemas bzw. Prinzipschaltbildes für jede Anlage d) Klären und Erläutern der wesentlichen fachübergreifenden Prozesse, Randbedingungen und Schnittstellen, Mitwirken bei der Integration der technischen Anlagen e) Vorverhandlungen mit Behörden über die Genehmigungsfähigkeit und mit den zu beteiligenden Stellen zur Infrastruktur	– Erstellen des technischen Teils eines Raumbuches – Durchführen von Versuchen und Modellversuchen

Grundleistungen	Besondere Leistungen

f) Kostenschätzung nach DIN 276 (2. Ebene) und Terminplanung
g) Zusammenfassen, Erläutern und Dokumentieren der Ergebnisse

LPH 3 Entwurfsplanung (System- u. Integrationsplanung)

Grundleistungen	Besondere Leistungen
a) Durcharbeiten des Planungskonzepts (stufenweise Erarbeitung einer Lösung) unter Berücksichtigung aller fachspezifischen Anforderungen sowie unter Beachtung der durch die Objektplanung integrierten Fachplanungen, bis zum vollständigen Entwurf b) Festlegen aller Systeme und Anlagenteile c) Berechnen und Bemessen der technischen Anlagen und Anlagenteile, Abschätzen von jährlichen Bedarfswerten (z. B. Nutz-, End- und Primärenergiebedarf) und Betriebskosten; Abstimmen des Platzbedarfs für technische Anlagen und Anlagenteile; Zeichnerische Darstellung des Entwurfs in einem mit dem Objektplaner abgestimmten Ausgabemaßstab mit Angabe maßbestimmender Dimensionen Fortschreiben und Detaillieren der Funktions- und Strangschemata der Anlagen Auflisten aller Anlagen mit technischen Daten und Angaben zum Beispiel für Energiebilanzierungen Anlagenbeschreibungen mit Angabe der Nutzungsbedingungen d) Übergeben der Berechnungsergebnisse an andere Planungsbeteiligte zum Aufstellen vorgeschriebener Nachweise; Angabe und Abstimmung der für die Tragwerksplanung notwendigen Angaben über Durchführungen und Lastangaben (ohne Anfertigen von Schlitz- und Durchführungsplänen) e) Verhandlungen mit Behörden und mit anderen zu beteiligenden Stellen über die Genehmigungsfähigkeit f) Kostenberechnung nach DIN 276 (3. Ebene) und Terminplanung g) Kostenkontrolle durch Vergleich der Kostenberechnung mit der Kostenschätzung h) Zusammenfassen, Erläutern und Dokumentieren der Ergebnisse	– Erarbeiten von besonderen Daten für die Planung Dritter, zum Beispiel für Stoffbilanzen etc. – Detaillierte Betriebskostenberechnung für die ausgewählte Anlage – Detaillierter Wirtschaftlichkeitsnachweis – Berechnung von Lebenszykluskosten – Detaillierte Schadstoffemissionsberechnung für die ausgewählte Anlage – Detaillierter Nachweis von Schadstoffemissionen – Aufstellen einer gewerkeübergreifenden Brandschutzmatrix – Fortschreiben des technischen Teils des Raumbuches – Auslegung der technischen Systeme bei Ingenieurbauwerken nach Maschinenrichtlinie – Anfertigen von Ausschreibungszeichnungen bei Leistungsbeschreibung mit Leistungsprogramm; – Mitwirken bei einer vertieften Kostenberechnung – Simulationen zur Prognose des Verhaltens von Gebäuden, Bauteilen, Räumen und Freiräumen

Grundleistungen	Besondere Leistungen

LPH 4 Genehmigungsplanung

a) Erarbeiten und Zusammenstellen der Vorlagen und Nachweise für öffentlich-rechtliche Genehmigungen oder Zustimmungen, einschließlich der Anträge auf Ausnahmen oder Befreiungen sowie Mitwirken bei Verhandlungen mit Behörden
b) Vervollständigen und Anpassen der Planungsunterlagen, Beschreibungen und Berechnungen

LPH 5 Ausführungsplanung

Grundleistungen	Besondere Leistungen
a) Erarbeiten der Ausführungsplanung auf Grundlage der Ergebnisse der Leistungsphasen 3 und 4 (stufenweise Erarbeitung und Darstellung der Lösung) unter Beachtung der durch die Objektplanung integrierten Fachplanungen bis zur ausführungsreifen Lösung b) Fortschreiben der Berechnungen und Bemessungen zur Auslegung der technischen Anlagen und Anlagenteile Zeichnerische Darstellung der Anlagen in einem mit dem Objektplaner abgestimmten Ausgabemaßstab und Detaillierungsgrad einschließlich Dimensionen (keine Montage- oder Werkstattpläne) Anpassen und Detaillieren der Funktions- und Strangschemata der Anlagen bzw. der GA-Funktionslisten Abstimmen der Ausführungszeichnungen mit dem Objektplaner und den übrigen Fachplanern c) Anfertigen von Schlitz- und Durchbruchsplänen d) Fortschreibung des Terminplans e) Fortschreiben der Ausführungsplanung auf den Stand der Ausschreibungsergebnisse und der dann vorliegenden Ausführungsplanung des Objektplaners, Übergeben der fortgeschriebenen Ausführungsplanung an die ausführenden Unternehmen f) Prüfen und Anerkennen der Montage- und Werkstattpläne der ausführenden Unternehmen auf Übereinstimmung mit der Ausführungsplanung	– Prüfen und Anerkennen von Schalplänen des Tragwerksplaners auf Übereinstimmung mit der Schlitz- und Durchbruchsplanung – Anfertigen von Plänen für Anschlüsse von beigestellten Betriebsmitteln und Maschinen (Maschinenanschlussplanung) mit besonderem Aufwand, (zum Beispiel bei Produktionseinrichtungen) – Leerrohrplanung mit besonderem Aufwand, (zum Beispiel bei Sichtbeton oder Fertigteilen) – Mitwirkung bei Detailplanungen mit besonderem Aufwand, zum Beispiel Darstellung von Wandabwicklungen in hochinstallierten Bereichen – Anfertigen von allpoligen Stromlaufplänen

Grundleistungen	Besondere Leistungen
LPH 6 Vorbereitung der Vergabe	
a) Ermitteln von Mengen als Grundlage für das Aufstellen von Leistungsverzeichnissen in Abstimmung mit Beiträgen anderer an der Planung fachlich Beteiligter b) Aufstellen der Vergabeunterlagen, insbesondere mit Leistungsverzeichnissen nach Leistungsbereichen, einschließlich der Wartungsleistungen auf Grundlage bestehender Regelwerke c) Mitwirken beim Abstimmen der Schnittstellen zu den Leistungsbeschreibungen der anderen an der Planung fachlich Beteiligten d) Ermitteln der Kosten auf Grundlage der vom Planer bepreisten Leistungsverzeichnisse e) Kostenkontrolle durch Vergleich der vom Planer bepreisten Leistungsverzeichnisse mit der Kostenberechnung f) Zusammenstellen der Vergabeunterlagen	– Erarbeiten der Wartungsplanung und -organisation – Ausschreibung von Wartungsleistungen, soweit von bestehenden Regelwerken abweichend
LPH 7 Mitwirkung bei der Vergabe	
a) Einholen von Angeboten b) Prüfen und Werten der Angebote, Aufstellen der Preisspiegel nach Einzelpositionen, Prüfen und Werten der Angebote für zusätzliche oder geänderte Leistungen der ausführenden Unternehmen und der Angemessenheit der Preise c) Führen von Bietergesprächen d) Vergleichen der Ausschreibungsergebnisse mit den vom Planer bepreisten Leistungsverzeichnissen und der Kostenberechnung e) Erstellen der Vergabevorschläge, Mitwirken bei der Dokumentation der Vergabeverfahren f) Zusammenstellen der Vertragsunterlagen und bei der Auftragserteilung	– Prüfen und Werten von Nebenangeboten – Mitwirken bei der Prüfung von bauwirtschaftlich begründeten Angeboten (Claimabwehr)
LPH 8 Objektüberwachung (Bauüberwachung) u. Dokumentation	
a) Überwachen der Ausführung des Objekts auf Übereinstimmung mit der öffentlich rechtlichen Genehmigung oder Zustimmung, den Verträgen mit den ausführenden Unternehmen, den Ausführungsunterlagen, den Montage- und Werkstattplänen, den einschlägigen Vorschriften und den allgemein anerkannten Regeln der Technik b) Mitwirken bei der Koordination der am Projekt Beteiligten	– Durchführen von Leistungsmessungen und Funktionsprüfungen – Werksabnahmen – Fortschreiben der Ausführungspläne (zum Beispiel Grundrisse, Schnitte, Ansichten) bis zum Bestand – Erstellen von Rechnungsbelegen anstelle der ausführenden Firmen, zum Beispiel Aufmaß – Schlussrechnung (Ersatzvornahme)

Grundleistungen	Besondere Leistungen
c) Aufstellen, Fortschreiben und Überwachen des Terminplans (Balkendiagramm) d) Dokumentation des Bauablaufs (Bautagebuch) e) Prüfen und Bewerten der Notwendigkeit geänderter oder zusätzlicher Leistungen der Unternehmer und der Angemessenheit der Preise f) Gemeinsames Aufmaß mit den ausführenden Unternehmen g) Rechnungsprüfung in rechnerischer und fachlicher Hinsicht mit Prüfen und Bescheinigen des Leistungsstandes anhand nachvollziehbarer Leistungsnachweise h) Kostenkontrolle durch Überprüfen der Leistungsabrechnungen der ausführenden Unternehmen im Vergleich zu den Vertragspreisen und dem Kostenanschlag i) Kostenfeststellung j) Mitwirken bei Leistungs- u. Funktionsprüfungen k) fachtechnische Abnahme der Leistungen auf Grundlage der vorgelegten Dokumentation, Erstellung eines Abnahmeprotokolls, Feststellen von Mängeln und Erteilen einer Abnahmeempfehlung l) Antrag auf behördliche Abnahmen und Teilnahme daran m) Prüfung der übergebenen Revisionsunterlagen auf Vollzähligkeit, Vollständigkeit und stichprobenartige Prüfung auf Übereinstimmung mit dem Stand der Ausführung n) Auflisten der Verjährungsfristen der Ansprüche auf Mängelbeseitigung o) Überwachen der Beseitigung der bei der Abnahme festgestellten Mängel p) Systematische Zusammenstellung der Dokumentation, der zeichnerischen Darstellungen und rechnerischen Ergebnisse des Objekts	– Erstellen fachübergreifender Betriebsanleitungen (zum Beispiel Betriebshandbuch, Reparaturhandbuch) oder computer-aided Facility Management-Konzepte – Planung der Hilfsmittel für Reparaturzwecke

LPH 9 Objektbetreuung

a) Fachliche Bewertung der innerhalb der Verjährungsfristen für Gewährleistungsansprüche festgestellten Mängel, längstens jedoch bis zum Ablauf von fünf Jahren seit Abnahme der Leistung, einschließlich notwendiger Begehungen

Grundleistungen	Besondere Leistungen
b) Objektbegehung zur Mängelfeststellung vor Ablauf der Verjährungsfristen für Mängelansprüche gegenüber den ausführenden Unternehmen c) Mitwirken bei der Freigabe von Sicherheitsleistungen	– Überwachen der Mängelbeseitigung innerhalb der Verjährungsfrist – Energiemonitoring innerhalb der Gewährleistungsphase, Mitwirkung bei den jährlichen Verbrauchsmessungen aller Medien – Vergleich mit den Bedarfswerten aus der Planung, Vorschläge für die Betriebsoptimierung und zur Senkung des Medien- und Energieverbrauches

Anlage 15.2 Objektliste

	Honorarzone		
	I	II	III
Anlagengruppe 1 Abwasser-, Wasser- oder Gasanlagen			
– Anlagen mit kurzen einfachen Netzen	x		
– Abwasser-, Wasser-, Gas- oder sanitärtechnische Anlagen mit verzweigten Netzen, Trinkwasserzirkulationsanlagen, Hebeanlagen, Druckerhöhungsanlagen		x	
– Anlagen zur Reinigung, Entgiftung oder Neutralisation von Abwasser, Anlagen zur biologischen, chemischen oder physikalischen Behandlung von Wasser, Anlagen mit besonderen hygienischen Anforderungen oder neuen Techniken (zum Beispiel Kliniken, Alten- oder Pflegeeinrichtungen)			x
– Gasdruckreglerstationen, mehrstufige Leichtflüssigkeitsabscheider			
Anlagengruppe 2 Wärmeversorgungsanlagen			
– Einzelheizgeräte, Etagenheizung	x		
– Gebäudeheizungsanlagen, mono- oder bivalente Systeme (zum Beispiel Solaranlage zur Brauchwassererwärmung, Wärmepumpenanlagen) – Flächenheizungen – Hausstationen – verzweigte Netze		x	
– Multivalente Systeme – Systeme mit Kraft-Wärme-Kopplung, Dampfanlagen, Heißwasseranlagen, Deckenstrahlheizungen (zum Beispiel Sport- oder Industriehallen)			x
Anlagengruppe 3 Lufttechnische Anlagen			
– Einzelabluftanlagen	x		
– Lüftungsanlagen mit einer thermodynamischen Luftbehandlungsfunktion (zum Beispiel Heizen), Druckbelüftung		x	
– Lüftungsanlagen mit mindestens 2 thermodynamischen Luftbehandlungsfunktionen (zum Beispiel Heizen oder Kühlen), Teilklimaanlagen, Klimaanlagen – Anlagen mit besonderen Anforderungen an die Luftqualität (zum Beispiel Operationsräume) – Kühlanlagen, Kälteerzeugungsanlagen ohne Prozesskälteanlagen – Hausstationen für Fernkälte, Rückkühlanlagen			x
Anlagengruppe 4 Starkstromanlagen			
– Niederspannungsanlagen mit bis zu 2 Verteilungsebenen ab Übergabe EVU, einschließlich Beleuchtung oder Sicherheitsbeleuchtung mit Einzelbatterien – Erdungsanlagen	x		

	Honorarzone		
	I	II	III
– Kompakt-Transformatorenstationen, Eigenstromerzeugungsanlagen (zum Beispiel zentrale Batterie- oder unterbrechungsfreie Stromversorgungsanlagen, Photovoltaik-Anlagen) – Niederspannungsanlagen mit bis zu 3 Verteilebenen ab Übergabe EVU, einschließlich Beleuchtungsanlagen – zentrale Sicherheitsbeleuchtungsanlagen – Niederspannungsinstallationen einschließlich Bussysteme – Blitzschutz- oder Erdungsanlagen, soweit nicht in HZ I oder HZ III erwähnt – Außenbeleuchtungsanlagen		x	
– Hoch- oder Mittelspannungsanlagen, Transformatorenstationen, – Eigenstromversorgungsanlagen mit besonderen Anforderungen (zum Beispiel Notstromaggregate, Blockheizkraftwerke, dynamische unterbrechungsfreie Stromversorgung) – Niederspannungsanlagen mit mindestens 4 Verteilebenen oder mehr als 1.000 A Nennstrom – Beleuchtungsanlagen mit besonderen Planungsanforderungen (zum Beispiel Lichtsimulationen in aufwendigen Verfahren für Museen oder Sonderräume)			x

	Honorarzone		
Objektliste – Technische Ausrüstung	I	II	III
Anlagengruppe 4 Starkstromanlagen			
– Blitzschutzanlagen mit besonderen Anforderungen (zum Beispiel für Kliniken, Hochhäuser, Rechenzentren)			x
Anlagengruppe 5 Fernmelde- oder informationstechnische Anlagen			
– Einfache Fernmeldeinstallationen mit einzelnen Endgeräten	x		
– Fernmelde- oder informationstechnische Anlagen, soweit nicht in HZ I oder HZ III erwähnt		x	
– Fernmelde- oder informationstechnische Anlagen mit besonderen Anforderungen (zum Beispiel Konferenz- oder Dolmetscheranlagen, Beschallungsanlagen von Sonderräumen, Objektüberwachungsanlagen, aktive Netzwerkkomponenten, Fernübertragungsnetze, Fernwirkanlagen, Parkleitsysteme)			x
Anlagengruppe 6 Förderanlagen			
– Einzelne Standardaufzüge, Kleingüteraufzüge, Hebebühnen	x		
– Aufzugsanlagen, soweit nicht in Honorarzone I oder III erwähnt, – Fahrtreppen oder Fahrsteige, – Krananlagen, Ladebrücken, Stetigförderanlagen		x	
– Aufzugsanlagen mit besonderen Anforderungen, Fassadenaufzüge, Transportanlagen mit mehr als zwei Sende- oder Empfangsstellen			x
Anlagengruppe 7 Nutzungsspezifische oder verfahrenstechnische Anlagen			
7.1. Nutzungsspezifische Anlagen			
– Küchentechnische Geräte, zum Beispiel für Teeküchen	x		
– Küchentechnische Anlagen, zum Beispiel Küchen mittlerer Größe, Aufwärmküchen, Einrichtungen zur Speise- oder Getränkeaufbereitung, -ausgabe oder -lagerung (keine Produktionsküche) einschließlich zugehöriger Kälteanlagen		x	
– Küchentechnische Anlagen, zum Beispiel Großküchen, Einrichtungen für Produktionsküchen einschließlich der Ausgabe oder Lagerung sowie der zugehörigen Kälteanlagen, Gewerbekälte für Großküchen, große Kühlräume oder Kühlzellen			x
– Wäscherei- oder Reinigungsgeräte, zum Beispiel für Gemeinschaftswaschküchen	x		
– Wäscherei- oder Reinigungsanlagen, zum Beispiel Wäschereieinrichtungen für Waschsalons		x	
– Wäscherei- oder Reinigungsanlagen, zum Beispiel chemische oder physikalische Einrichtungen für Großbetriebe			x

Objektliste – Technische Ausrüstung	Honorarzone		
	I	II	III
– Medizin- oder labortechnische Anlagen, zum Beispiel für Einzelpraxen der Allgemeinmedizin	x		
– Medizin- oder labortechnische Anlagen, zum Beispiel für Gruppenpraxen der Allgemeinmedizin oder Einzelpraxen der Fachmedizin, Sanatorien, Pflegeeinrichtungen, Krankenhausabteilungen, Laboreinrichtungen für Schulen		x	
– Medizin- oder labortechnische Anlagen, zum Beispiel für Kliniken, Institute mit Lehr- oder Forschungsaufgaben, Laboratorien, Fertigungsbetriebe			x
– Feuerlöschgeräte, zum Beispiel Handfeuerlöscher	x		
– Feuerlöschanlagen, zum Beispiel manuell betätigte Feuerlöschanlagen		x	
– Feuerlöschanlagen, zum Beispiel selbsttätig auslösende Anlagen			x
– Entsorgungsanlagen, zum Beispiel Abwurfanlagen für Abfall oder Wäsche,	x		
– Entsorgungsanlagen, zum Beispiel zentrale Entsorgungsanlagen für Wäsche oder Abfall, zentrale Staubsauganlagen			x
– Bühnentechnische Anlagen, zum Beispiel technische Anlagen für Klein- oder Mittelbühnen		x	
– Bühnentechnische Anlagen, zum Beispiel für Großbühnen			x
– Medienversorgungsanlagen, zum Beispiel zur Erzeugung, Lagerung, Aufbereitung oder Verteilung medizinischer oder technischer Gase, Flüssigkeiten oder Vakuum			x
– Badetechnische Anlagen, zum Beispiel Aufbereitungsanlagen, Wellenerzeugungsanlagen, höhenverstellbare Zwischenböden			x
– Prozesswärmeanlagen, Prozesskälteanlagen, Prozessluftanlagen, zum Beispiel Vakuumanlagen, Prüfstände, Windkanäle, industrielle Ansauganlagen			x
– Technische Anlagen für Tankstellen, Fahrzeugwaschanlagen			x
– Lagertechnische Anlagen, zum Beispiel Regalbediengeräte (mit zugehörigen Regalanlagen), automatische Warentransportanlagen			x
– Taumittelsprühanlagen oder Enteisungsanlagen		x	
– Stationäre Enteisungsanlagen für Großanlagen zum Beispiel Flughäfen			x
7.2. Verfahrenstechnische Anlagen			
– Einfache Technische Anlagen der Wasseraufbereitung (zum Beispiel Belüftung, Enteisung, Entmanganung, chemische Entsäuerung, physikalische Entsäuerung)		x	
– Technische Anlagen der Wasseraufbereitung (zum Beispiel Membranfiltration, Flockungsfiltration, Ozonierung, Entarsenierung, Entaluminierung, Denitrifikation)			x
– Einfache Technische Anlagen der Abwasserreinigung (zum Beispiel gemeinsame aerobe Stabilisierung)		x	
– Technische Anlagen der Abwasserreinigung (zum Beispiel für mehrstufige Abwasserbehandlungsanlagen)			x
– Einfache Schlammbehandlungsanlagen (zum Beispiel Schlammabsetzanlagen mit mechanischen Einrichtungen)		x	
– Anlagen für mehrstufige oder kombinierte Verfahren der Schlammbehandlung			x
– Einfache Technische Anlagen der Abwasserableitung		x	
– Technische Anlagen der Abwasserableitung			x
– Einfache Technische Anlagen der Wassergewinnung, -förderung, -speicherung		x	
– Technische Anlagen der Wassergewinnung, -förderung, -speicherung			x
– Einfache Regenwasserbehandlungsanlagen		x	
– Einfache Anlagen für Grundwasserdekontaminierungsanlagen		x	

	Honorarzone		
Objektliste – Technische Ausrüstung	I	II	III
– Komplexe Technische Anlagen für Grundwasserdekontaminierungsanlage			X
– Einfache Technische Anlagen für die Ver- und Entsorgung mit Gasen (zum Beispiel Odorieranlage)		X	
– Einfache Technische Anlagen für die Ver- und Entsorgung mit Feststoffen		X	
– Technische Anlagen für die Ver- und Entsorgung mit Feststoffen			X
– Einfache Technische Anlagen der Abfallentsorgung (zum Beispiel für Kompostwerke, Anlagen zur Konditionierung von Sonderabfällen, Hausmülldeponien oder Monodeponien für Sonderabfälle, Anlagen für Untertagedeponien, Anlagen zur Behandlung kontaminierter Böden)		X	
– Technische Anlagen der Abfallentsorgung (zum Beispiel für Verbrennungsanlagen, Pyrolyseanlagen, mehrfunktionale Aufbereitungsanlagen für Wertstoffe)			X
Anlagengruppe 8 Gebäudeautomation			
– Herstellerneutrale Gebäudeautomationssysteme oder Automationssysteme mit anlagengruppenübergreifender Systemintegration			X

„rechts kon forme Rechnungserstellung"

Die amtliche Begründung zur HAOI 2013 sowie einschlägige Entscheidungen des Bundesgerichtshofes finden Sie unter

http://www.ernst-und-sohn.de/baurecht-praxistipps

GHV Gütestelle Honorar- und
Vergabe recht E.V.
68165 Mannheim
Friedrichsplatz 6
0621/ 860 861-0
Gütestelle - Frankfurt → Mediation